新工科建设之路·计算机学科"十三五"规划教材

数据库原理与应用

（SQL Server）

赵明渊　主编

电子工业出版社

Publishing House of Electronics Industry

北京·BEIJING

内 容 简 介

本书以关系数据库管理系统 SQL Server 2014 作为平台，以商店销售数据库作为主线，全面系统地介绍了数据库原理、数据库系统和数据管理新技术。数据库原理部分包括数据库概述、关系数据库、关系数据库规范化理论和数据库设计；数据库系统部分包括 SQL Server 数据库基础、创建数据库和创建表、数据定义语言和数据操纵语言、数据查询语言、索引和视图、数据完整性、数据库程序设计、数据库编程技术、事务和锁、系统安全管理、备份和恢复、基于 Visual C#和 SQL Server 数据库的学生管理系统的开发；数据管理新技术部分包括大数据和云计算。

本书可作为高等院校计算机及相关专业的教学用书，为读者免费提供习题答案、教学课件、所有实例的源代码。

图书在版编目（CIP）数据

数据库原理与应用：SQL Server / 赵明渊主编. —北京：电子工业出版社，2019.3
ISBN 978-7-121-36076-3

Ⅰ. ①数…　Ⅱ. ①赵…　Ⅲ. ①关系数据库系统－高等学校－教材　Ⅳ. ①TP311.132.3

中国版本图书馆 CIP 数据核字（2019）第 036398 号

策划编辑：章海涛
责任编辑：章海涛　　特约编辑：穆丽丽
印　　刷：北京盛通数码印刷有限公司
装　　订：北京盛通数码印刷有限公司
出版发行：电子工业出版社
　　　　　北京市海淀区万寿路 173 信箱　　邮编：100036
开　　本：787×1092　1/16　印张：24.5　字数：627 千字
版　　次：2019 年 3 月第 1 版
印　　次：2024 年 7 月第 10 次印刷
定　　价：58.00 元

凡所购买电子工业出版社图书有缺损问题，请向购买书店调换。若书店售缺，请与本社发行部联系，联系及邮购电话：(010) 88254888，88258888。
质量投诉请发邮件至 zlts@phei.com.cn，盗版侵权举报请发邮件至 dbqq@phei.com.cn。
本书咨询联系方式：192910558（QQ 群）。

前　言

数据库技术作为现代计算环境中数据管理的基础技术，发展非常快速，已被广泛应用到各行各业的数据处理系统中，而作为数据管理新技术的大数据已成为行业热点和产业发展的新增长点。

本书以功能强大的关系数据库管理系统 SQL Server 2014 作为平台，以商店销售数据库作为主线，全面系统地介绍了数据库原理、数据库系统和数据管理新技术。数据库原理部分包括数据库概述、关系数据库、关系数据库规范化理论和数据库设计；数据库系统部分包括 SQL Server 数据库基础、创建数据库和创建表、数据定义语言和数据操纵语言、数据查询语言、索引和视图、数据完整性、数据库程序设计、数据库编程技术、事务和锁、系统安全管理、备份和恢复、基于 Visual C#和 SQL Server 数据库的学生管理系统的开发；数据管理新技术部分包括大数据和云计算。

本书的特点如下：

（1）理论与实践相结合。将理论和实际应用有机结合起来，以数据库原理作为基础，以 SQL Server 2014 作为平台，有利于学生对数据库的基本概念、原理、方法和技术有较深刻的理解，培养学生掌握数据库应用、开发的基本知识和技术。

（2）技术新颖。介绍了云计算、大数据、云数据库、NoSQL 数据库等内容。

（3）在数据库设计和学生管理系统开发等章节，可作为教学和实训的内容，培养学生设计、开发一个简单数据库应用系统的能力。

本书可作为大学本科、高职高专及培训班课程的教学用书，也可供计算机应用人员参考。

本书由赵明渊主编，参加本书编写的有成和平、胡宇、文思群、李华春、张凤荔、周亮宇、赵凯文、李文君、程小菊、邓铠凌、王成均。对本书提供帮助的同志，在此表示感谢！

本书免费提供习题答案、教学课件、所有实例的源代码，读者可到华信教育资源网（http://www.hxedu.com.cn）注册后进行下载。

由于编者水平有限，书中难免有错误和不妥之处，恳请读者批评指正。

作　者

目　　录

第1章 数据库概述

数据库技术是数据管理的有效技术，其作为信息系统的核心和基础，有着越来越广泛的应用。数据库管理系统是一个系统软件，用于科学地组织和存储数据、高效地获取和维护数据。数据库系统是在计算机系统中引入数据库之后组成的系统，它用来组织和存取大量数据。在本章中，介绍数据库、数据库管理系统、数据库系统、数据库系统结构、数据模型等内容，它是学习以后各章的基础。

1.1 数据库系统概述

下面介绍数据库的一些基本概念，并强调数据库管理系统是数据库系统的核心组成部分。

1.1.1 数据库

1. 数据

数据（Data）是事物的符号表示，数据可以是数字、文字、图像、声音等。一个学生记录数据如下所示：

161001	周浩然	男	1995-09-14	电子信息工程	52

2. 数据库

数据库（DataBase）是以特定的组织结构存放在计算机的存储介质中的相互关联的数据集合。

数据库具有以下特征：

（1）是相互关联的数据集合，不是杂乱无章的数据集合。

（2）数据存储在计算机的存储介质中。

（3）数据结构比较复杂，有专门理论支持。

数据库包含了以下含义：

（4）提高了数据和程序的独立性，有专门的语言支持。

（5）建立数据库的目的是为应用服务。

1.1.2 数据库管理系统

数据库管理系统（DataBase Management System, DBMS）是位于用户和操作系统之间的一个数据管理软件，它是在操作系统支持下的系统软件，是数据库应用系统的核心组成部分，它的主要功能如下：

（1）数据定义功能：提供数据定义语言，定义数据库和数据库对象。

（2）数据操纵功能：提供数据操纵语言，对数据库中的数据进行查询、插入、修改、删除等操作。

（3）数据控制功能：提供数据控制语言，进行数据控制，即提供数据的安全性、完整性、并发控制等功能。

（4）数据库建立维护功能：包括数据库初始数据的装入、转储、恢复和系统性能监视、分析等功能。

1.1.3 数据库系统

数据库系统（DataBase System, DBS）是由数据库、操作系统、数据库管理系统、应用程序、用户、数据库管理员组成的用于存储、管理、处理和维护数据的系统，数据库系统是数据库应用系统的简称，如图 1.1 所示。

数据库系统分为客户-服务器模式（C/S）和三层客户-服务器（B/S）模式。

1. C/S 模式

应用程序直接与用户打交道，数据库管理系统不直接与用户打交道，因此，应用程序称为前台，数据库管理系统称为后台。因为应用程序向数据库管理系统提出服务请求，所以称为客户程序（Client），而数据库管理系统向应用程序提供服务，所以称为服务器程序（Server），上述操作数据库的模式称为客户-服务器模式（C/S），如图 1.2 所示。

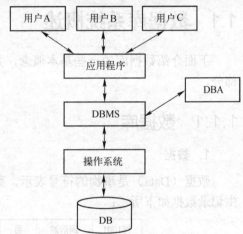

图 1.1 数据库系统的组成

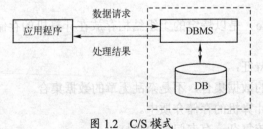

图 1.2 C/S 模式

2. B/S 模式

基于 Web 的数据库应用采用三层客户-服务器模式（B/S），第一层为浏览器，第二层为 Web 服务器，第三层为数据库服务器，如图 1.3 所示。

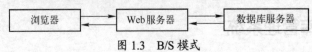

图 1.3 B/S 模式

1.2 数据管理技术的发展

数据管理是指对数据进行分类、组织、编码、存储、检索和维护等工作，数据管理技术的发展经历了人工管理阶段、文件系统阶段、数据库系统阶段，现在正在向更高一级的数据库系统发展。

1. 人工管理阶段

20 世纪 50 年代中期以前，人工管理阶段的数据是面向应用程序的，一个数据集只能对应一个程序，应用程序与数据之间的关系如图 1.4 所示。

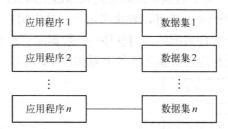

图 1.4　人工管理阶段应用程序与数据之间的关系

人工管理阶段的特点如下：

（1）数据不保存。只是在计算某一课题时将数据输入，用完即撤走。

（2）数据不共享。数据面向应用程序，一个数据集只能对应一个程序，即使多个不同程序用到相同的数据，也得各自定义。

（3）数据和程序不具有独立性。数据的逻辑结构和物理结构发生改变，必须修改相应的应用程序，即要修改数据必须修改程序。

（4）没有软件系统对数据进行统一管理。

2. 文件系统阶段

20 世纪 50 年代后期到 60 年代中期，计算机不仅用于科学计算，也开始用于数据管理。数据处理的方式不仅有批处理，还有联机实时处理。应用程序和数据之间的关系如图 1.5 所示。

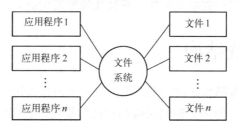

图 1.5　文件系统阶段应用程序与数据之间的关系

文件系统阶段数据管理的特点如下：

（1）数据可长期保存。数据以文件的形式长期保存。

（2）数据共享性差，冗余度大。在文件系统中，一个文件基本对应一个应用程序，当不同应用程序具有相同的数据时，也必须各自建立文件，而不能共享数据，数据冗余度大。

（3）数据独立性差。当数据的逻辑结构改变时，必须修改相应的应用程序，数据依赖于应用程序，独立性差。

（4）由文件系统对数据进行管理。由专门的软件——文件系统进行数据管理。文件系统把数据组织成相互独立的数据文件，可按文件名访问，按记录存取。应用程序与数据之间有一定的独立性。

3. 数据库系统阶段

20 世纪 60 年代后期开始，数据管理对象的规模越来越大，应用越来越广泛，数据量快速增加。为了实现数据的统一管理，解决多用户、多应用共享数据的需求，数据库技术应运而生，出现了统一管理数据的专门软件——数据库管理系统。

数据库系统阶段应用程序和数据之间的关系如图 1.6 所示。

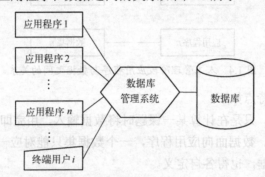

图 1.6　数据库系统阶段应用程序与数据之间的关系

数据库系统与文件系统相比较，具有以下主要特点：
（1）数据结构化。
（2）数据的共享度高，冗余度小。
（3）有较高的数据独立性。
（4）由数据库管理系统对数据进行管理。

在数据库系统中，数据库管理系统作为用户与数据库的接口，提供了数据库定义、数据库运行、数据库维护和数据安全性、完整性等控制功能。

1.3　数据库系统结构

从数据库管理系统内部系统结构看，数据库系统通常采用三级模式结构。

数据模式是数据库中全体数据的结构和特征的描述，它仅仅涉及型的描述，不涉及具体的值。模式的一个具体值称为模式的一个实例，同一个模式可以有很多实例。模式是相对稳定的，而实例是相对变动的。模式反映的是数据的结构及其关系，而实例反映的是数据库某一时刻的状态。

模型与模式的区别在于：模型用图形来表示，直观清晰，但计算机无法识别，需要使用一种语言（如由 DBMS 提供的 DDL）来进行描述。模式则是对模型的描述。

1.3.1　数据库系统的三级模式结构

模式（Schema）是指对数据的逻辑结构或物理结构、数据特征、数据约束的定义和描述，它是对数据的一种抽象，模式反映数据的本质、核心或类型等方面。

数据库系统的标准结构是三级模式结构，它包括外模式、模式和内模式，如图 1.7 所示。

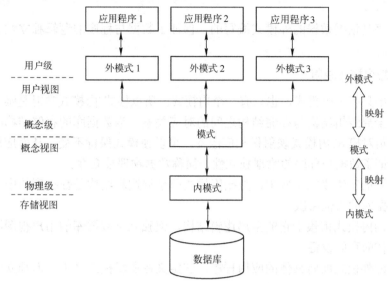

图 1.7　数据库系统的三级模式结构

1. 外模式

外模式（External Schema）又称子模式或用户模式，位于三级模式的最外层，对应于用户级。它是某个或某几个用户所看到的数据视图，是与某一应用有关的数据的逻辑表示。外模式通常是模式的子集，一个数据库可以有多个外模式，同一外模式也可以为某一用户的多个应用系统所用，但一个应用程序只能使用一个外模式，它是由外模式描述语言（外模式 DDL）来描述和定义的。

2. 模式

模式（Schema）又称概念模式，也称逻辑模式，位于三级模式的中间层，对应于概念级。它是由数据库设计者综合所有用户的数据，按照统一观点构造的全局逻辑结构，是所有用户的公共数据视图（全局视图）。一个数据库只有一个模式，它是由模式描述语言（模式 DDL）来描述和定义的。

3. 内模式

内模式（Internal Schema）又称存储模式，位于三级模式的底层，对应于物理级。它是数据物理结构和存储方式的描述，是数据在数据库内部的表示方式。一个数据库只有一个内模式，它是由内模式描述语言（内模式 DDL）来描述和定义的。

1.3.2　数据库的二级映射功能和数据独立性

为了能够在内部实现这三个抽象层次的联系和转换，数据库管理系统在这三级模式之间提供了两级映射：外模式/模式映射，模式/内模式映射。

1. 外模式/模式映射

模式描述的是数据的全局逻辑结构，外模式描述的是数据的局部逻辑结构。数据库系统都有一个外模式/模式映射，它定义了该外模式与模式之间的对应关系。

当模式改变时，由数据库管理员对各个外模式/模式映射做相应改变，可以使外模式保持不变。

应用程序是依据数据的外模式编写的，保证了数据与程序的逻辑独立性，简称数据逻辑独立性。

2. 模式/内模式映射

数据库中只有一个模式，也只有一个内模式，所以模式/内模式映射是唯一的，它定义了数据库全局逻辑结构与存储结构之间的对应关系。当数据库的存储结构改变时，由数据库管理员对模式/内模式映射做相应改变，可以使模式保持不变，从而应用程序也不必改变。保证了数据与程序的物理独立性，简称数据物理独立性。

在数据库的三级模式结构中，数据库模式即全局逻辑结构是数据库的中心与关键，它独立于数据库的其他层次。

数据库的内模式依赖于它的全局逻辑结构，但独立于数据库的用户视图即外模式，也独立于具体的存储设备。

数据库的外模式面向具体的应用程序，它定义在逻辑模式之上，但独立于内模式和存储设备。

数据库的二级映射保证了数据库外模式的稳定性，从而根本上保证了应用程序的稳定性，使得数据库系统具有较高的数据与程序的独立性。数据库的三级模式与二级映射使得数据的定义和描述可以从应用程序中分离出去。

1.3.3 数据库管理系统的工作过程

数据库管理系统控制的数据操作过程基于数据库系统的三级模式结构与二级映射功能，下面通过读取一个用户记录的过程反映数据库管理系统的工作过程，如图 1.8 所示。

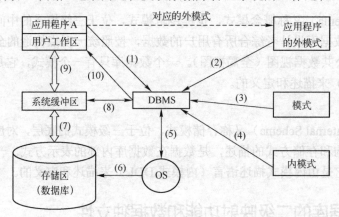

图 1.8 应用程序从数据库中读取一个用户记录的过程

（1）应用程序 A 向 DBMS 发出从数据库中读用户记录的命令。

（2）DBMS 对该命令进行语法检查、语义检查，并调用应用程序 A 对应的外模式，检查 A 的存取权限，决定是否执行该命令。如果拒绝执行，则转（10）向用户返回错误信息。

（3）在决定执行该命令后，DBMS 调用模式，依据外模式/模式映射的定义，确定应读入模式中的哪些记录。

（4）DBMS 调用内模式，依据模式/内模式映射的定义，决定应从哪个文件、用什么存取方式、读入哪个或哪些物理记录。

（5）DBMS 向操作系统（OS）发出执行读取所需物理记录的命令。

（6）操作系统执行从物理文件中读数据的有关操作。

（7）操作系统将数据从数据库的存储区送至系统缓冲区。

（8）DBMS 依据内模式/模式、模式/外模式映射的定义（仅为模式/内模式、外模式/模式映射的反方向，并不是另一种新映射），导出应用程序 A 所要读取的用户记录格式。

（9）DBMS 将用户记录从系统缓冲区传送到应用程序 A 的用户工作区。

（10）DBMS 向应用程序 A 返回命令执行情况的状态信息。

以上为 DBMS 读一个用户记录的过程，DBMS 向数据库写一个用户记录的过程与此类似，只是过程基本相反而已。由 DBMS 控制的用户记录的存取操作，就是由很多读或写的基本过程组合完成的。

1.4 数据模型

模型是对现实世界中某个对象特征的模拟和抽象，数据模型（Data Model）是对现实世界数据特征的抽象，它用来描述数据、组织数据和对数据进行操作。数据模型是数据库系统的核心和基础。

1.4.1 两类数据模型

数据模型需要满足三方面的要求：能比较真实地模拟现实世界，容易为人所理解，便于在计算机上实现。

在开发设计数据库应用系统时需要使用不同的数据模型，它们是概念模型、逻辑模型、物理模型。根据模型应用的不同目的，按不同的层次可将它们分为两类，第一类是概念模型，第二类是逻辑模型、物理模型。

第一类中的概念模型，按用户的观点对数据和信息建模，是对现实世界的第一层抽象，又称信息模型。它通过各种概念来描述现实世界的事物以及事物之间的联系，主要用于数据库设计。

第二类中的逻辑模型，按计算机的观点对数据建模，是概念模型的数据化，是事物及事物之间联系的数据描述，提供了表示和组织数据的方法。主要的逻辑模型有层次模型、网状模型、关系模型、面向对象数据模型、对象关系数据模型和半结构化数据模型等。

第二类中的物理模型，是对数据底层的抽象，它描述数据在系统内部的表示方式和存取方法，如数据在磁盘上的存储方式和存取方法。它是面向计算机系统的，由数据库管理系统具体实现。

为了把现实世界具体的事物抽象、组织为某一个数据库管理系统支持的数据模型，需要经历一个逐级抽象的过程，将现实世界抽象为信息世界，然后将信息世界转换为机器世界。即首先将现实世界的客观对象抽象为某一种信息结构，这种信息结构不依赖于具体计算机系统，不是某一个数据库管理系统支持的数据模型，而是概念级的模型，然后，将概念模型转换为计算机上某一个数据库管理系统支持的数据模型，如图1.9所示。

从概念模型到逻辑模型的转换由数据库设计人员完成，从逻辑模型到物理模型的转换主要由数据库管理系统完成。

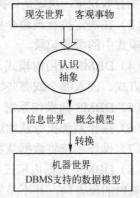

图 1.9　现实世界客观事物的抽象过程

1.4.2　概念模型

概念模型（Conceptual Model）是现实世界到机器世界的一个中间层次。

概念模型又称信息模型，它按用户的观点对数据和信息进行建模，是描述现实世界的概念化结构，它独立于数据库逻辑结构和具体的 DBMS。

1. 概念模型的基本概念

概念模型有以下基本概念：

（1）实体（Entity）：客观存在并可相互区别的事物称为实体。实体用矩形框表示，框内为实体名。实体可以是具体的人、事、物或抽象的概念，例如，在学生成绩管理系统中，"学生"就是一个实体。

（2）属性（Attribute）：实体所具有的某一特性称为属性。属性采用椭圆框表示，框内为属性名，并用无向边与其相应实体连接。例如，在学生成绩管理系统中，学生的特性有学号、姓名、性别、出生日期、专业、总学分，它们就是学生实体的 6 个属性。

（3）码（Key）：能唯一标识实体的最小属性集，又称为键或关键字。例如，学号是学生实体的码。

（4）实体型（Entity Type）：用实体名及其属性名集合来抽象和刻画同类实体，称为实体型。例如，学生（学号，姓名，性别，出生日期，专业，总学分）就是一个实体型。

（5）实体集（Entity Set）：同型实体的集合称为实体集，例如，全体学生记录就是一个实体集。

（6）联系（Relationship）：实体之间的联系，可分为两个实体集之间的联系、多个实体集之间的联系、单个实体集内的联系。

两个实体集之间的联系包括一对一的联系、一对多的联系、多对多的联系。

● 一对一的联系（1∶1）

如果实体 A 中的每个实例在实体 B 中至多有一个（也可以没有）实例与之关联，反之亦然，则称实体 A 与实体 B 具有一对一联系，记作：1：1。

例如，一个班只有一个正班长，而一个正班长只属于一个班，班级与正班长两个实体间具有一对一的联系。

● **一对多的联系（1：n）**

如果实体 A 与实体 B 之间存在联系，并且对于实体 A 中的一个实例，实体 B 中有多个实例与之对应；而对实体 B 中的任意一个实例，在实体 A 中都只有一个实例与之对应，则称实体 A 到实体 B 的联系是一对多的，记为 1：n。

例如，一个班可有若干学生，一个学生只能属于一个班，班级与学生两个实体间具有一对多的联系。

● **多对多的联系（m：n）**

如果实体 A 与实体 B 之间存在联系，并且对于实体 A 中的一个实例，实体 B 中有多个实例与之对应；而对实体 B 中的一个实例，在实体 A 中也有多个实例与之对应，则称实体 A 到实体 B 的联系是多对多的，记为 m：n。

例如，一个学生可选多门课程，一门课程可被多个学生选修，学生与课程两个实体间具有多对多的联系。

2．概念模型的表示方法

概念模型较常用的表示方法是实体-联系模型（Entity-Relationship Model, E-R 模型）。

在 E-R 模型中：

（1）实体采用矩形框表示，把实体名写在矩形框内。

（2）属性采用椭圆框表示，把属性名写在椭圆框内，并用无向边将其与相应的实体框相连。

（3）联系采用菱形框表示，联系名写在菱形框中，用无向边将参加联系的实体矩形框分别与菱形框相连，并在连线上标明联系的类型，例如 1：1、1：n 或 m：n。如果联系也具有属性，则将属性框与菱形框也用无向边连上。

【例 1.1】 画出学生成绩管理系统中的学生实体图和课程实体图。

学生实体有学号、姓名、性别、出生日期、专业、总学分等 6 个属性，课程实体有课程号、课程名、学分、教师号等 4 个属性，它们的实体图如图 1.10 所示。

图 1.10　学生成绩管理系统中的学生实体图和课程实体图

【例 1.2】 画出学生成绩管理系统的 E-R 模型。

学生成绩管理系统有学生、课程两个实体，它们之间的联系是选课，学生选修一门课程后都有一个成绩，一个学生可选多门课程，一门课程可被多个学生选修，学生成绩管理系统的 E-R 模型如图 1.11 所示。

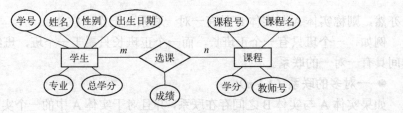

图 1.11　学生成绩管理系统的 E-R 模型

【例 1.3】　画出商店销售管理系统中的员工、订单、商品、部门实体图。

员工、订单、商品、部门实体如下：

员工：员工号、姓名、性别、出生日期、地址、工资。

订单：订单号、客户号、销售日期、总金额。

商品：商品号、商品名称、商品类型代码、单价、库存量、未到货商品数量。

部门：部门号、部门名称。

它们的实体图如图 1.12 和图 1.13 所示。

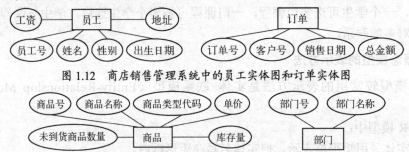

图 1.12　商店销售管理系统中的员工实体图和订单实体图

图 1.13　商店销售管理系统中的商品实体图和部门实体图

【例 1.4】　画出商店销售管理系统的 E-R 模型。

商店销售管理系统中的实体存在如下联系：

（1）一个部门拥有多个员工，一个员工只属于一个部门。

（2）一个员工可开出多个订单，一个订单只能由一个员工开出。

（3）一个订单可订购多类商品，一类商品可有多个订单。

商店销售管理系统的 E-R 模型如图 1.14 所示。

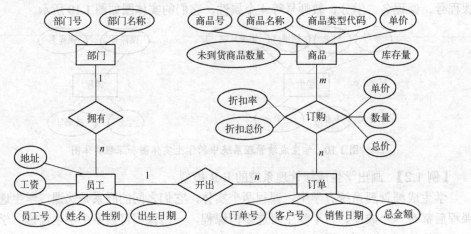

图 1.14　商店销售管理系统的 E-R 模型

1.4.3 数据模型组成要素

数据模型是严格定义的一组概念的集合，一般由数据结构、数据操作、数据完整性约束三部分组成。

1. 数据结构

数据结构用于描述系统的静态特性，是所研究的对象类型的集合。数据模型按其数据结构分为层次模型、网状模型和关系模型等。数据结构研究的对象是数据库的组成部分，包括两类：一类是与数据类型、内容、性质有关的对象，例如关系模型中的域、属性等，另一类是与数据之间联系有关的对象，例如关系模型中反映联系的关系等。

2. 数据操作

数据操作用于描述系统的动态特性，是指对数据库中各种对象及对象的实例允许执行的操作的集合，包括对象的创建、修改和删除，对对象实例的检索、插入、删除、修改及其他有关操作等。

3. 数据完整性约束

数据完整性约束是一组完整性约束规则的集合，完整性约束规则是给定数据模型中数据及其联系所具有的制约和依存的规则。

数据模型三要素在数据库中都是严格定义的一组概念的集合。在关系数据库中，数据结构是表结构定义及其他数据库对象定义的命令集，数据操作是数据库管理系统提供的数据操作（操作命令、语法规定、参数说明等）命令集，数据完整性约束是各关系表约束的定义及操作约束规则等的集合。

1.4.4 常用的数据模型

常用的数据模型有层次模型、网状模型、关系模型、面向对象数据模型、对象关系数据模型、半结构化数据模型等，下面介绍层次模型、网状模型和关系模型。

1. 层次模型

层次模型采用树状层次结构组织数据，树状结构的每个节点表示一个记录类型，记录类型之间的联系是一对多的联系。层次模型有且仅有一个根节点，位于树状结构顶部，其他节点有且仅有一个父节点。某大学按层次模型组织数据的示例如图 1.15 所示。

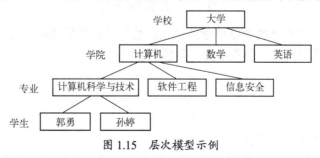

图 1.15 层次模型示例

层次模型简单易用，但现实世界很多联系是非层次性的，如多对多的联系等，表达起来比较笨拙且不直观。

2. 网状模型

网状模型采用网状结构组织数据，网状结构的每个节点表示一个记录类型，记录类型之间可以有多种联系。按网状模型组织数据的示例如图 1.16 所示。

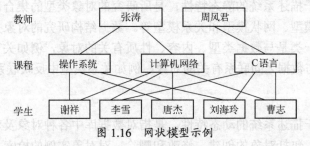

图 1.16　网状模型示例

网状模型可以更直接地描述现实世界，层次模型是网状模型的特例，但网状模型结构复杂，用户不易掌握。

3. 关系模型

关系模型采用关系的形式组织数据，一个关系就是一张二维表，二维表由行和列组成。按关系模型组织数据的示例如图 1.17 所示。

学生关系框架

学号	姓名	性别	出生日期	专业	总学分

成绩关系框架

学号	课程号	分数

学生关系

学号	姓名	性别	出生日期	专业	总学分
161001	周浩然	男	1995-09-14	电子信息工程	52
161002	王丽萍	女	1997-02-21	电子信息工程	48
161004	程杰	男	1996-10-08	电子信息工程	50

成绩关系

学号	课程号	分数
161001	1002	93
161002	1002	70
161004	1002	86
161001	1007	92

图 1.17　关系模型示例

关系模型建立在严格的数学概念基础上，数据结构简单清晰，用户易懂易用，关系数据库是目前应用最广泛、最重要的一种数学模型。

1.5　小结

本章主要介绍了以下内容：

（1）数据库（DataBase, DB）是长期存放在计算机内的有组织的可共享的数据集合，数据库中的数据按一定的数据模型组织、描述和存储，具有尽可能小的冗余度、较高的数据独立性和易扩张性。

数据库管理系统（DataBase Management System, DBMS）是数据库系统的核心组成部分，它是在操作系统支持下的系统软件，是对数据进行管理的大型系统软件。用户在数据库系统中的一些操作都是由数据库管理系统来实现的。

数据库系统（DataBase System, DBS）是在计算机系统中引入数据库后的系统构成。数据库系统由数据库、操作系统、数据库管理系统、应用程序、用户、数据库管理员（DataBase Administrator, DBA）组成。

（2）数据管理技术的发展经历了人工管理阶段、文件系统阶段、数据库系统阶段，现在正在向更高一级的数据库系统发展。

（3）数据库系统的标准结构是三级模式结构，它包括外模式、模式和内模式，数据库管理系统在这三级模式之间提供了两级映射：外模式/模式映射，模式/内模式映射。数据库的三级模式与二级映射使得数据的定义和描述可以从应用程序中分离出去。

（4）数据模型（Data Model）是现实世界数据特征的抽象，根据模型应用的不同目的，按不同的层次可将它们分为两类，第一类是概念模型，第二类是逻辑模型、物理模型。数据模型是数据库系统的核心和基础。

概念模型（Conceptual Model）又称信息模型，它按用户的观点对数据和信息进行建模，是描述现实世界的概念化结构。它独立于数据库逻辑结构和具体的 DBMS。概念模型较常用的表示方法是实体-联系模型（Entity-Relationship Model, E-R 模型）。

数据模型一般由数据结构、数据操作、数据完整性约束三部分组成。常用的数据模型有层次模型、网状模型、关系模型、面向对象数据模型、对象关系数据模型、半结构化数据模型等。

习　题　1

一、选择题

1.1　数据库中存储的是_____。
　　A．数据　　　　　　　　　　　B．数据以及数据之间的联系
　　C．数据模型　　　　　　　　　D．信息

1.2　信息的数据表现形式是_____。
　　A．只能是文字　　　　　　　　B．只能是图形
　　C．只能是声音　　　　　　　　D．以上皆可

1.3　数据库具有_____、最小的冗余度和较高的程序与数据的独立性等特点。
　　A．数据结构化　　　　　　　　B．程序结构化
　　C．程序标准化　　　　　　　　D．数据模块化

1.4　数据库（DB）、数据库系统（DBS）和数据库管理系统（DBMS）的关系是_____。
　　A．DBMS 包括 DBS 和 DB　　　B．DBS 包括 DBMS 和 DB
　　C．DB 包括 DBS 和 DBMS　　　D．DBS 就是 DBMS，也就是 DB

1.5　下面不属于数据模型要素的是_____。

　　A．数据结构　　　　　　　　　　B．数据操作
　　C．数据控制　　　　　　　　　　D．完整性约束

1.6　数据管理技术的发展阶段中，数据库系统阶段与文件系统阶段的根本区别是数据库系统_____。

　　A．数据可共享　　　　　　　　　B．数据可长期保存
　　C．由专门软件对数据进行管理　　D．采用一定的数据模型组织数据

1.7　数据库三级模式体系结构的划分，有利于保持数据库的_____。

　　A．数据独立性　　　　　　　　　B．数据安全性
　　C．结构规范化　　　　　　　　　D．操作可行性

1.8　在数据库三级模式结构中，内模式有_____。

　　A．3个　　　　B．2个　　　　C．1个　　　　D．任意多个

1.9　一个数据库系统的外模式_____。

　　A．只能有一个　　　　　　　　　B．可以有多个
　　C．最多只能有一个　　　　　　　D．至少2个

1.10　要保证数据库的数据独立性，需要修改的是_____。

　　A．模式与内模式　　　　　　　　B．模式与外模式
　　C．三层模式　　　　　　　　　　D．三层模式之间的两层映射

二、填空题

1.13　数据模型由数据结构、数据操作和_____组成。

1.14　数据库系统的三级模式包括外模式、模式和_____。

1.15　数据库的特性包括共享性、独立性、完整性和_____。

三、问答题

1.16　什么是数据库？

1.17　数据库管理系统有哪些功能？

1.18　数据管理技术的发展经历了哪些阶段？各阶段有何特点？

1.19　简述数据库系统的三级模式结构和两级映射。

1.20　什么是关系数据库？简述关系运算。

第 2 章　关系数据库

关系数据库理论由 IBM 公司的 E. F. Codd 首先提出。关系数据库用关系模型来描述和组织数据，是目前应用最广泛的数据库。关系模型的原理、技术和应用是本书的重要内容。本章讲解关系模型的数据结构、关系操作和关系的完整性，以及关系代数、关系演算、SQL 简介等内容。

2.1　关系模型

关系数据库系统采用关系模型作为数据的组织方式，关系模型由关系数据结构、关系操作和关系的完整性三部分组成。

2.1.1　关系数据结构

关系模型建立在集合代数的基础上，本节从集合论角度给出关系数据结构的形式化定义。

1. 关系

（1）域（Domain）

定义 2.1　域是一组具有相同数据类型的值的集合。

例如，整数、正整数、实数、大于等于 0 且小于等于 100 的正整数、{0,1,2,3,4}等都可以是域。

（2）笛卡儿积（Cartesian Product）

定义 2.2　设定一组域 $D_1, D_2, ..., D_n$，在这组域中可以是相同的域。定义 $D_1, D_2, ..., D_n$ 的笛卡儿积为

$$D_1 \times D_2 \times ... \times D_n = \{(d_1, d_2, ..., d_n) \mid d_i \in D_i, i=1, 2, ..., n\}$$

其中，每个元素 $(d_1, d_2, ..., d_n)$ 叫作一个 n 元组（n-Tuple），简称元组（Tuple），元素中的每个值 $d_i(i=1, 2, ..., n)$ 叫作一个分量（Component）。

如果 $D_i(i=1, 2, ..., n)$ 为有限集，其基数（Cardinal Number）为 $m_i(i=1, 2, ..., n)$，则 $D_1 \times D_2 \times ... \times D_n$ 的基数为

$$M = \prod_{i=1}^{n} m_i$$

笛卡儿积可以表示为一个二维表，表中每行对应一个元组，每列的值来自一个域。

【例 2.1】　笛卡儿积举例。

给出 3 个域:

$$D_1=学号集合 \text{ stno}=\{161001, 161002\}$$
$$D_2=姓名集合 \text{ stname}=\{周浩然, 王丽萍\}$$
$$D_3=性别集合 \text{ stsex}=\{男, 女\}$$

则 D_1, D_2, D_3 的笛卡儿积为:

$D_1 \times D_2 \times D_3 =\{$(121001, 周浩然, 男), (121001, 周浩然, 女), (121001, 王丽萍, 男), (121001, 王丽萍, 女), (121002, 周浩然, 男), (121002, 周浩然, 女), (121002, 王丽萍, 男), (121002, 王丽萍, 女)$\}$

其中, (121001, 周浩然, 男), (121001, 周浩然, 女), (121002, 王丽萍, 男)等都是元组, 121001, 121002, 周浩然, 王丽萍, 男, 女等都是分量, 这个笛卡儿积的基数是 $2 \times 2 \times 2 = 8$, 即共有 8 个元组, 可列成一张二维表, 如表 2.1 所示。

表 2.1　D_1, D_2, D_3 的笛卡儿积

stno	stname	stsex
161001	周浩然	男
161001	周浩然	女
161001	王丽萍	男
161001	王丽萍	女
161002	周浩然	男
161002	周浩然	女
161002	王丽萍	男
161002	王丽萍	女

（3）关系（Relation）

定义 2.3　笛卡儿积 $D_1 \times D_2 \times \ldots \times D_n$ 的子集称为 $D_1, D_2, \ldots, D_n$ 上的关系, 表示为

$$R(D_1, D_2, \ldots, D_n)$$

这里的 R 表示关系的名称, n 是关系的目或度（Degree）。当 $n=1$ 时, 称该关系为单元关系或一元关系; 当 $n=2$ 时, 称该关系为二元关系; 当 $n=m$ 时, 称该关系为 m 元关系。关系中的每个元素是关系中的元组, 通常用 t 表示。

在一般情况下, $D_1, D_2, \ldots, D_n$ 的笛卡儿积是没有实际意义的, 只有它的某个子集才有实际意义, 举例如下。

【例 2.2】关系举例。

在例 2.1 的笛卡儿积中, 许多元组是没有意义的, 因为一个学号只标识一个学生的姓名, 一个学生只有一个性别。表 2.1 中只有一个子集有意义, 可以表示学生关系。将学生关系取名为 S, 表示为 S(stno, stname, stsex), 列成二维表如表 2.2 所示。

表 2.2　S 关系

stno	stname	stsex
161001	周浩然	男
161002	王丽萍	女

① 关系的元组、属性和候选码

关系是笛卡儿积的有限子集, 所以关系也是一个二维表。

● 元组（Tuple）: 表的每行对应一个元组。

● 属性（Attribute）：表的每列对应一个域。由于域可以相同，为了加以区分，必须对每列起一个唯一的名字，称为属性。

● 候选码（Candidate Key）：若关系中某一属性组的值能唯一地标识一个元组，则称该属性组为候选码，又称为候选键。

候选码中的属性称为主属性（Prime Attribute），不包含在任何候选码中的属性称为非主属性（Non-Prime Attribute）或非码属性（Non-Key Attribute）。

在最简单的情况下，候选码只包含一个属性，在最极端的情况下，关系模式的所有属性组成这个关系模式的候选码，称为全码（All-Key）。

● 主码（Primary Key）：在一个关系中有多个候选码，从中选定一个作为主码。

② 关系的类型

关系有 3 种类型：基本关系（又称基本表或基表）、查询表和视图表。

● 基本关系：实际存在的表，是实际存储数据的逻辑表示。

● 查询表：查询结果对应的表。

● 视图表：由基本表或其他视图表导出的表，是虚表，不对应实际存储的数据。

③ 关系的性质

关系具有以下性质：

● 列的同质性：每列中的分量是同一类型的数据，来自同一个域。

● 列名唯一性：每列具有不同的属性名，但不同列的值可以来自同一个域。

● 元组相异性：关系中任意两个元组的候选码不能相同。

● 行序的无关性：行的次序可以互换。

● 列序的无关性：列的次序可以互换。

● 分量原子性：分量值是原子的，即每个分量都必须是不可分的数据项。

④ 规范化

关系模型要求关系必须是规范化（Normalization）的，规范化要求关系必须满足一定的规范条件，而在规范条件中，最基本的一条是每个分量必须是不可分的数据项。规范化的关系简称为范式（Normal Form）。

例如，表 2.3 所示的关系就是不规范的，存在"表中有表"的现象。

表2.3　非规范化关系

stno	stname	stsex	stbirthday		
			year	month	day
161001	周浩然	男	1995	9	14
161002	王丽萍	女	1997	2	21

2．关系模式

在关系数据库中，关系模式是型，关系是值。

关系是元组的集合，关系模式是对关系的描述，所以关系模式必须指出这个元组集合的结构，即它由哪些属性构成，这些属性来自哪些域。

定义 2.4　关系模式（Relation Schema）可以形式化地表示为

$$R(U, D, \text{DOM}, F)$$

其中，R 是关系名，U 是组成该关系的属性名集合，D 是属性所来自的域，DOM 是属性向域的映射集合，F 是属性间的数据依赖关系集合。

关系模式通常可以简记为

$$R(U)$$

或

$$R(A_1, A_2, ..., A_n)$$

其中，R 是关系名，$A_1, A_2, ..., A_n$ 为属性名。

关系是关系模式在某一时刻的状态或内容。关系模式是静态的、稳定的，而关系是动态的、随时间不断变化的，因为关系操作在不断地更新着数据库中的数据。

在实际应用中，我们常常把关系模式和关系统称为关系。

3．关系数据库

在一个给定的应用领域中，所有实体及实体之间联系的关系的集合构成一个关系数据库。

关系数据库的型称为关系数据库模式，是对关系数据库的描述，包括若干域的定义和在这些域上定义的若干关系模式。

关系数据库的值是这些关系模式在某一时刻对应的关系的集合。

2.1.2 关系操作

关系模型给出了关系操作的能力说明，但不对关系数据库管理系统语言给出具体语法要求。本节介绍基本的关系操作和关系操作语言。

1．基本的关系操作

关系操作包括查询（Query）操作和插入（Insert）、删除（Delete）、修改（Update）操作两大部分。

查询操作是关系操作最重要的部分，可分为选择（Select）、投影（Project）、连接（Join）、除（Divide）、并（Union）、差（Except）、交（Intersection）、笛卡儿积等。其中的 5 种基本操作是并、差、笛卡儿积，选择、投影，其他操作可由基本操作来定义和导出。

关系操作的特点是集合操作方式，即操作的对象与结果都是集合。这种操作方式亦称为一次一集合（set-at-a-time）方式，相应地，非关系模型的数据操作方式则为一次一记录（record-at-a-time）方式。

2．关系操作语言

关系操作语言是数据库管理系统提供的用户接口，是用户用来操作数据库的工具。关系操作语言灵活方便，表达能力强大，可分为关系代数语言、关系演算语言和结构化查询语言三类。

（1）关系代数语言

这是用对关系的运算来表达查询要求的语言，如 ISBL。

（2）关系演算语言

这是用谓词来表达查询要求的语言，又分为元组关系演算语言和域关系演算语言，前者如 ALPHA，后者如 QBE。

（3）结构化查询语言

它介于关系代数和关系运算之间，具有关系代数和关系演算双重特点，如 SQL。

以上三种语言，在表达能力上是完全等价的。

关系操作语言是一种高度非过程化语言，存取路径的选择由数据库管理系统的优化机制自动完成。

2.1.3 关系的完整性

关系模型的完整性规则是对关系的某种约束条件。关系的值在不断变化，为了维护数据库中的数据与现实世界的一致性，任何关系在任何时刻都应满足这些约束条件。

关系模型的三种完整性约束为：实体完整性，参照完整性和用户定义完整性。

任何关系数据库都应支持实体完整性和参照完整性，此外，不同关系数据库系统根据实际情况需要一些特殊约束条件形成用户定义完整性。

1. 实体完整性（Entity Integrity）

规则 2.1 实体完整性规则 若属性（一个或一组属性）A 是基本关系 R 的主属性，则 A 不能取空值。

空值（null value）指"不知道"或"不存在"的值。

例如，在学生关系 S(stno, stname, stsex)中，学号 stno 是这个关系的主码，则 stno 不能取空值。又如在选课(学号, 课程号, 分数)中，"学号，课程号"为主码，则"学号"和"课程号"两个属性都不能取空值。

实体完整性规则说明如下：

（1）实体完整性规则是针对基本关系而言的。一个基本表通常对应现实世界的一个实体集。

（2）现实世界中的实体是可区分的，即它们具有某种唯一性标识。

（3）相应地，关系模型中以主码作为唯一性标识。

（4）主码中的属性即主属性不能取空值。

2. 参照完整性（Referential Integrity）

在现实世界中，实体之间存在的联系在关系模型中都是用关系来描述的，自然存在关系与关系间的引用。参照完整性一般指多个实体之间的联系，一般用外码实现，举例如下。

【例 2.3】 学生实体与学院实体可用以下关系表示，其中的主码用下画线标识。

学生(学号，姓名，性别，出生日期，专业，总学分，学院号)
学院(学院号，学院名，院长)

这两个关系存在属性的引用，学生关系引用了学院关系的主码"学院号"，学生关系中的"学院号"必须是确实存在的学院的学院号，即学院关系中有该学院的记录。

【例 2.4】 学生、课程、学生与课程之间的联系可用以下 3 个关系表示，其中的主码用下画线标识。

学生(学号，姓名，性别，出生日期，专业，总学分)
课程(课程号,课程名,学分)
选课(学号,课程号,分数)

这 3 个关系存在属性的引用，选课关系引用了学生关系的主码"学号"和课程关系的主码"课程号"，选课关系中"学号"和"课程号"的取值需要参照学生关系中的"学号"取值和课程关系中的"课程号"取值。

【例 2.5】 学生关系的内部属性之间存在引用关系，其中的主码用下画线标识。

学生(<u>学号</u>，姓名，性别，出生日期，专业，总学分，班长学号)

在该关系中，"学号"属性是主码，"班长学号"属性是所在班级班长的学号，它引用了本关系"学号"属性，即"班长学号"必须是确实存在的学生学号。

定义 2.5 设 F 是基本关系 R 的一个或一组属性，但不是关系 R 的码，K_s 是基本关系 S 的主码。如果 F 与 K_s 相对应，则称 F 是 R 的外码（Foreign Key）。并称基本关系 R 为参照关系（Referencing Relation），基本关系 S 为被参照关系（Referenced Relation）或目标关系（Target Relation）。关系 R 和 S 不一定是不同的关系。

在例 2.3 中，学生关系的"学院号"与学院关系的主码"学院号"相对应，所以，"学院号"属性是学生关系的外码，学生关系是参照关系，学院关系是被参照关系。

在例 2.4 中，选课关系"学号"和学生关系的主码"学号"相对应，选课关系"课程号"和课程关系的主码"课程号"相对应，所以，"学号"属性和"课程号"属性是选课关系的外码，选课关系是参照关系，学生关系和课程关系都是被参照关系。

在例 2.5 中，"班长学号"属性与本身的主码"学号"属性相对应，所以，"班长学号"属性是学生关系的外码，学生关系既是参照关系，也是被参照关系。

外码不一定要与相应的主码同名，在例 2.5 中，学生关系的主码名是"学号"，外码名是"班长学号"。但在实际应用中，为了便于识别，当外码与相应的主码属于不同的关系时，往往取相同的名字。

参照完整性规则就是定义外码与主码之间的引用规则。

规则 2.2 参照完整性规则 若属性（或属性组）F 是基本关系 R 的外码，它与基本关系 S 的主码 K_s 相对应（基本关系 R 和 S 不一定是不同的关系），则对于 R 中每个元组在 F 上的值必须：

- 或者取空值（F 的每个属性值均为空值）；
- 或者等于 S 中某个元组的主码的值。

在例 2.3 中，学生关系每个元组的"学院号"属性只能取下面两类值：

（1）空值，表示尚未给该学生分配学院；

（2）非空值，被参照关系"学院号"中一定存在一个元组，它的主码的值等于该参照关系"学院号"中的外码的值。

3. 用户定义完整性（User-defined Integrity）

用户定义的完整性是针对某一具体关系数据库的约束条件，使某一具体应用涉及数据必须满足语义要求。

用户定义的完整性数据也称为域完整性或语义完整性，通过这些规则限制数据库只接受符合完整性约束条件的数据值，不接受违反约束条件的数据，从而保证数据库中数据的有效性和可靠性。

按应用语义，属性数据有：

（1）类型与长度限制。

（2）取值范围限制。

例如，学生关系中"性别"数据只能是男或女，选课关系中"成绩"数据为 1 到 100 之间等。

2.2 关系代数

关系代数是一种抽象的查询语言，它用对关系的运算来表达查询。关系代数是施加于关系上的一组集合代数运算，是基于关系代数的数据操作语言，称为关系代数语言，简称关系代数。

任何一种运算都需要将一定的运算符作用于某运算对象上，得到预期的运算结果，故运算符、运算对象及运算结果是关系代数运算的三要素。关系代数运算的运算对象是关系，运算结果也是关系，用到的运算符包括集合运算符、专门的关系运算符、比较运算符和逻辑运算符等。

关系代数中的操作可以分为两类：

（1）传统的集合运算，如并、交、差、笛卡儿积。这类运算将关系看成元组的集合，运算时从行的角度进行。

（2）专门的关系运算，如选择、投影、连接、除。这些运算不仅涉及行而且也涉及列。

关系代数使用的运算符如下：

（1）传统的集合操作：∪(并)、−(差)、∩ (交)、×(笛卡儿积)。

（2）专门的关系操作：σ(选择)、Π(投影)、$\bowtie$(连接)、÷(除)。

（3）比较运算符：>(大于)、≥(大于等于)、<(小于)、≤(小于等于)、=(等于)、≠(不等于)。

（4）逻辑运算符：∧(与)、∨(或)、¬(非)。

2.2.1 传统的集合运算

传统的集合运算有并、差、交和笛卡儿积运算，它们都是二目运算。

传统的集合运算用于关系运算时，要求参与运算的两个关系必须是相容的，即两个关系的列数相同，且对应的属性列都出自同一个域。

设关系 R 和关系 S 具有相同的 n 目（即两个关系都有 n 个属性），且相应的属性取自同一个域，t 是元组变量，$t \in R$ 表示 t 是 R 的一个元组。

以下定义并、差、交和笛卡儿积运算。

1．并（Union）

关系 R 和关系 S 的并记为 $R \cup S$，即

$$R \cup S = \{t \mid t \in R \vee t \in S\}$$

其结果仍为 n 目关系，由属于 R 或属于 S 的元组组成。

2．差（Except）

关系 R 和关系 S 的差记为 $R - S$，即

$$R - S = \{t \mid t \in R \wedge t \notin S\}$$

其结果仍为 n 目关系，由属于 R 且不属于 S 的所有元组组成。

3. 交（Intersection）

关系 R 和关系 S 的交为 $R \cap S$，即

$$R \cap S = \{t \mid t \in R \wedge t \in S\}$$

其结果仍为 n 目关系，由既属于 R 又属于 S 的元组组成。关系的交可用差来表示，即 $R \cap S = R - (R - S)$。

4. 笛卡儿积（Cartesian Product）

这里的笛卡儿积是广义笛卡儿积，因为笛卡儿积的元素是元组。

设 n 目和 m 目的关系 R 和 S，它们的笛卡儿积是一个（$n+m$）目的元组集合。元组的前 n 列是关系 R 的一个元组，后 m 列是关系 S 的一个元组。

若 R 有 r 个元组，S 有 s 个元组，则关系 R 和关系 S 的笛卡儿积应当有 $r \times s$ 个元组，记为 $R \times S$，即

$$R \times S = \{\widehat{t_r t_s} \mid t_r \in R \wedge t_s \in S\}$$

【例 2.6】 有两个关系 R、S，如图 2.1 所示，求以下各传统的集合运算结果。

（1）$R \cup S$ （2）$R - S$ （3）$R \cap S$ （4）$R \times S$

	R				S	
A	B	C		A	B	C
a	b	c		a	d	b
b	a	c		b	a	c
c	d	a		d	c	b

图 2.1　2 个关系 R、S

解：

（1）$R \cup S$ 由属于 R 和属于 S 的所有不重复的元组组成。

（2）$R - S$ 由属于 R 且不属于 S 的所有元组组成。

（3）$R \cap S$ 由既属于 R 又属于 S 的元组组成。

（4）$R \times S$ 为 R 和 S 的笛卡儿积，共有 3×3=9 个元组。

传统的集合运算结果如图 2.2 所示。

	$R \cup S$	
A	B	C
a	b	c
b	a	c
c	d	a
a	d	b
d	c	b

	$R - S$	
A	B	C
a	b	c
c	d	a

	$R \cap S$	
A	B	C
b	a	c

		$R \times S$			
$R.A$	$R.B$	$R.C$	$S.A$	$S.B$	$S.C$
a	b	c	a	d	b
a	b	c	b	a	c
a	b	c	d	c	b
b	a	c	a	d	b
b	a	c	b	a	c
b	a	c	d	c	b
c	d	a	a	d	b
c	d	a	b	a	c
c	d	a	d	c	b

图 2.2　传统的集合运算结果

2.2.2　专门的关系运算

专门的关系运算有选择、投影、连接和除等运算，既涉及行也涉及列。在介绍专门的关系运算前，引入以下符号。

（1）分量

设关系模式为 $R(A_1, A_2, ..., A_n)$，它的一个关系设为 R，$t \in R$ 表示 t 是 R 的一个元组，$t[A_i]$ 则表示元组 t 中属性 A_i 上的一个分量。

（2）属性组

若 $A = \{A_{i1}, A_{i2}, ..., A_{ik}\}$，其中 $A_{i1}, A_{i2}, ..., A_{ik}$ 是 $A_1, A_2, ..., A_n$ 中的一部分，则 A 称为属性组或属性列。$t[A] = \{t[A_{i1}], t[A_{i2}], ..., t[A_{ik}]\}$ 表示元组 t 在属性列 A 上诸分量的集合。$\overline{A}$ 则表示 $\{A_1, A_2, ..., A_n\}$ 中去掉 $\{A_{i1}, A_{i2}, ..., A_{ik}\}$ 后剩余的属性组。

（3）元组的连接

R 为 n 目关系，S 为 m 目关系，$t_r \in R$，$t_s \in S$，则 $\widehat{t_r t_s}$ 称为元组的连接（Concatenation）。

（4）象集

给定一个关系 $R(X, Z)$，Z 和 X 为属性组，当 $t[X] = x$ 时，x 在 R 中的象集（Images Set）定义为

$$Z_x = \{t[Z] \mid t \in R, t[X] = x\}$$

表示 R 中属性组 X 上值为 x 的诸元组在 Z 上分量的集合。

【例 2.7】 在关系 R 中，Z 和 X 为属性组，X 包含属性 x_1, x_2，Z 包含属性 z_1, z_2，如图 2.3 所示，求 x 在 R 中的象集。

解：

在关系 R 中，X 可取值 $\{(a,b),(b,c),(c,a)\}$。(a,b) 的象集为 $\{(m,n),(n,p),(m,p)\}$，(b,c) 的象集为 $\{(r,n)\}$，(c,a) 的象集为 $\{(s,t),(p,m)\}$。

R			
x_1	x_2	z_1	z_2
a	b	m	n
a	b	n	p
a	b	m	p
b	c	r	n
c	a	s	t
c	a	p	m

图 2.3　象集举例

1．选择（Selection）

在关系 R 中选出满足给定条件的诸元组称为选择。选择是从行的角度进行的运算，表示为

$$\sigma_F(R) = \{t \mid t \in R \wedge F(t) = \text{'真'}\}$$

其中，F 是一个逻辑表达式，表示选择条件，取逻辑值真或假，t 表示 R 中的元组，$F(t)$ 表示 R 中满足 F 条件的元组。

逻辑表达式 F 的基本形式是

$$X_1 \theta Y_1$$

其中，θ 由比较运算符（>、≥、<、≤、=、≠）和逻辑运算符（∧、∨、¬）组成，X_1，Y_1 等是属性名、常量或简单函数，属性名也可用它的序号来代替。

2. 投影（Projection）

在关系 R 中选出若干属性列组成新的关系称为投影。投影是从列的角度进行的运算，表示为

$$\Pi_A(R) = \{t[A] \mid t \in R\}$$

其中，A 为 R 的属性列。

【例 2.8】 关系 R 如图 2.4 所示，求以下选择和投影运算的结果。

（1）$\sigma_{C=8}(R)$

（2）$\Pi_{A,B}(R)$

解：

（1）$\sigma_{C=8}(R)$ 由 R 的 C 属性值为 8 的元组组成。

（2）$\Pi_{A,B}(R)$ 由 R 的 A，B 属性列组成。

选择和投影运算结果如图 2.5 所示。

R		
A	B	C
1	4	7
2	5	8
3	6	9

$\sigma_{C=8}(R)$		
A	B	C
2	5	8

$\Pi_{A,B}(R)$	
A	B
1	4
2	5
3	6

图 2.4 关系 R 图 2.5 选择和投影运算结果

3. 连接（Join）

连接也称为 θ 连接，它从两个关系 R 和 S 的笛卡儿积中选取属性值满足一定条件的元组，记作

$$R \underset{A\theta B}{\bowtie} S = \{\widehat{t_r t_s} \mid t_r \in R \wedge t_s \in S \wedge t_r[A]\theta t_s[B]\}$$

其中，A 和 B 分别为 R 和 S 上度数相等且可比的属性组，θ 为比较运算符，连接运算从 R 和 S 的笛卡儿积 $R\times S$ 中选取 R 关系在 A 属性组上的值和 S 关系在 B 属性组上的值满足比较运算符 θ 的元组。

下面介绍几种常用的连接。

（1）等值连接（Equijoin）

θ 为等号 "=" 的连接运算称为 "等值连接"，记作

$$R \underset{A=B}{\bowtie} S = \{\widehat{t_r t_s} \mid t_r \in R \wedge t_s \in S \wedge t_r[A] = t_s[B]\}$$

等值连接从 R 和 S 的笛卡儿积 $R\times S$ 中选取 A，B 属性值相等的元组。

（2）自然连接（Natural join）

自然连接是除去重复属性的等值连接，记作

$$R \bowtie S = \{\widehat{t_r t_s} \mid t_r \in R \wedge t_s \in S \wedge t_r[A] = t_s[B]\}$$

等值连接与自然连接的区别如下：

● 自然连接一定是等值连接，但等值连接不一定是自然连接。因为自然连接要求相等的分量必须是公共属性，而等值连接相等的分量不一定是公共属性。

● 等值连接不把重复的属性去掉，而自然连接要把重复属性去掉。

一般连接从行的角度进行计算，而自然连接要取消重复列，它同时从行和列的角度进行计算。

（3）外连接（Outer join）

两个关系 R 和 S 在做自然连接时，关系 R 中某些元组可能在 S 中不存在公共属性上值相等的元组，造成 R 中这些元组被舍弃，同样，S 中某些元组也可能被舍弃。

如果把舍弃的元组保存在结果关系中，而在其他属性上填空值（Null），这种连接称为全外连接（Full Outer join），符号为 $R \bowtie S$。

如果只把左边关系 R 中舍弃的元组保留，则这种连接称为左外连接（Left Outer join 或 Left join），符号为 $R \bowtie S$。

如果只把右边关系 S 中舍弃的元组保留，则这种连接称为右外连接（Right Outer join 或 Right join），符号为 $R \bowtie S$。

【例 2.9】 关系 R、S 如图 2.6 所示，求以下各个连接运算的结果。

（1）$R \underset{C>D}{\bowtie} S$ （2）$R \underset{R.B=S.B}{\bowtie} S$ （3）$R \bowtie S$

（4）$R \bowtie S$ （5）$R \bowtie S$ （6）$R \bowtie S$

R		
A	B	C
a	c	5
a	d	7
b	e	8

S	
B	D
c	2
d	6
d	9
f	10

图 2.6 关系 R、S

解：

（1）$R \underset{C>D}{\bowtie} S$ 该连接由 R 的 C 属性值大于 S 的 D 属性值的元组连接组成。

（2）$R \underset{R.B=S.B}{\bowtie} S$ 该等值连接由 R 的 B 属性值等于 S 的 B 属性值的元组连接组成。

（3）$R \bowtie S$ 该自然连接由 R 的 B 属性值等于 S 的 B 属性值的元组连接组成，并去掉重复列。

（4）$R \bowtie S$ 该左外连接取出左边关系 R 中舍弃的所有元组，用空值填充右边关系 S 中的属性，再把产生的元组添加到自然连接结果中。

（5）$R \bowtie S$ 该右外连接取出右边关系 S 中舍弃的所有元组，用空值填充左边关系 R 中的属性，再把产生的元组添加到自然连接结果中。

（6）$R \bowtie S$ 该全外连接既做左外连接又做右外连接，并把产生的元组添加到自然连接结果中。

各个连接运算的结果如图 2.7 所示。

$$R \bowtie S \atop C>D$$

A	R.B	C	S.B	D
a	c	5	c	2
a	d	7	c	2
a	d	7	d	6
b	e	8	c	2
b	e	8	d	6

$$R \bowtie S \atop R.B=S.B$$

A	R.B	C	S.B	D
a	c	5	c	2
a	d	7	d	6
a	d	7	d	9

$$R \bowtie S$$

A	B	C	D
a	c	5	2
a	d	7	6
a	d	7	9

$$R ⟕ S$$

A	B	C	D
a	c	5	2
a	d	7	6
a	d	7	9
b	e	8	NULL

$$R ⟖ S$$

A	B	C	D
a	c	5	2
a	d	7	6
a	d	7	9
NULL	f	NULL	10

$$R ⟗ S$$

A	B	C	D
a	c	5	2
a	d	7	6
a	d	7	9
b	e	8	NULL
NULL	f	NULL	10

图 2.7 各个连接运算的结果

4．除（Division）

给定关系 $R(X,Y)$ 和 $S(Y,Z)$，其中 X，Y，Z 为属性组。R 中的 Y 与 S 中的 Y 可以有不同的属性名，但必须出自相同的域集。

R 与 S 的除运算得到一个新的关系 $P(X)$，P 是 R 中满足下列条件的元组在 X 属性列上的投影：元组在 X 上的分量值 x 的象集 Y_x 包含 S 在 Y 上投影的集合。记作

$$R \div S = \{t_r\,[X] \mid t_r \in R \;\wedge\; \Pi_Y(S) \subseteq Y_x\}$$

其中，Y_x 为 x 在 R 中的象集，$x=t_r[X]$。

除运算是同时从行和列的角度进行的运算。

【例 2.10】 关系 R，S 如图 2.8 所示，求 $R \div S$。

R

A	B	C
a	d	l
a	f	p
a	e	m
b	e	g
b	f	p
c	e	g
c	d	l
a	e	k
a	e	m

S

B	C	D
d	l	u
e	k	v
e	m	u

图 2.8 关系 R，S

解：

在关系 R 中，A 可取值 $\{a,b,c\}$，a 的象集为 $\{(d,l),(e,m),(e,k)\}$，b 的象集为 $\{(f,p),(e,m)\}$，c 的象集为 $\{(g,n)\}$，S 在 (B,C) 上的投影为 $\{(d,l),(e,k),(e,m)\}$。可以看出，只有 a 的象集 $(B,C)_a$ 包含了 S 在 (B,C) 上的投影，所以

$$R \div S = \{a\}$$

如图 2.9 所示。

$R \div S$

A
a

图 2.9 $R \div S$ 的结果

【**例 2.11**】设有如图 2.10 所示的学生课程数据库,包括学生关系 S(Sno, Sname, Sex, Age, Speciality),各属性含义为学号、姓名、性别、年龄、专业;课程关系 C(Cno, Cname, Teacher),各属性含义为课程号、课程名、教师;选课关系 SC(Sno, Cno, Grade),各属性含义为学号、课程号、成绩;试用关系代数表示下列查询语句,并给出(1)、(5)、(10)的查询结果。

(1)查询"电子信息工程"专业学生的学号和姓名。

(2)查询年龄小于 22 岁的女学生学号、姓名和年龄。

(3)查询选修了"1001"号课程的学生的学号、姓名。

(4)查询选修了"1001"号课程或"2004"号课程的学生的学号。

(5)查询未选修"1001"课程的学生的学号、姓名。

(6)查询选修课程名为"数据库原理与应用"的学生的学号和姓名。

(7)查询选修"郭亚平"老师所授课程的学生姓名。

(8)查询"刘德川"未选修课程的课程号。

(9)查询"李莎"的"英语"成绩。

(10)查询选修了全部课程的学生的学号和姓名。

S

Sno	Sname	Sex	Age	Speciality
151001	张杰	男	22	电子信息工程
151002	何海霞	女	20	电子信息工程
152201	李莎	女	21	计算机科学与技术
152204	刘德川	男	20	计算机科学与技术

C

Cno	Cname	Teacher
1001	信号与系统	郭亚平
2004	数据库原理与应用	杜明凯
9001	英语	田敏

SC

Sno	Cno	Grade	Sno	Cno	Grade
151001	1001	95	151002	9001	86
151001	2004	91	152201	2004	84
151001	9001	94	152201	9001	85
151002	1001	78	152204	2004	93
151002	2004	72	152204	9001	94

图 2.10 学生关系 S、课程关系 C 和选课关系 SC

解:

(1) $\Pi_{\text{Sno,Sname}}(\sigma_{\text{Speciality='电子信息工程'}}(S))$

查询结果如图 2.11 所示。

$$\Pi_{\text{Sno,Sname}}(\sigma_{\text{Speciality='电子信息工程'}}(S))$$

Sno	Sname
151001	张杰
151002	何海霞

图 2.11 "电子信息工程"专业学生的学号和姓名

(2) $\Pi_{\text{Sno,Sname,Sex}}(\sigma_{\text{Age<22}\wedge\text{Sex='女'}}(S))$

(3) $\Pi_{\text{Sno,Sname}}(\sigma_{\text{Cno='1001'}}(\text{SC}) \bowtie S)$

（4）$\Pi_{Sno}(\sigma_{Cno='1001' \lor Cno='2004'}(SC))$

（5）$\Pi_{Sno,Sname} - \Pi_{Sno,Sname}(\sigma_{Cno='1001'}(SC) \bowtie S)$

查询结果如图 2.12 所示。

$$\Pi_{Sno,\,Sname} - \Pi_{Sno,\,Sname}(\sigma_{Cno=1001}(SC) \bowtie S)$$

Sno	Sname
152201	李莎
152204	刘德川

图 2.12　未选修 "1001" 号课程的学号、姓名

（6）$\Pi_{Sno,Sname}(\sigma_{Cname='数据库原理与应用'}(C) \bowtie SC \bowtie S)$

（7）$\Pi_{Sname}(\sigma_{Teacher='郭亚平'}(C) \bowtie SC \bowtie S)$

（8）$\Pi_{Cname}(C) - \Pi_{Cname}(\sigma_{Sname='刘德川'}(S) \bowtie SC)$

（9）$\Pi_{Grade}(\sigma_{Cname='英语'}(C) \bowtie SC \bowtie \sigma_{Sname='李莎'}(C))$

（10）$\Pi_{Sno,Cno}(SC) \div \Pi_{Cno}(C) \bowtie \Pi_{Sno,Sname}(S)$

查询结果如图 2.13 所示。

$$\Pi_{Sno,\,Cno}(SC) \div \Pi_{Cno}(C) \bowtie \Pi_{Sno,\,Sname}(S)$$

Sno	Sname
151001	张杰
151002	何海霞

图 2.13　选修了全部课程的学号和姓名

2.3　关系演算

把数理逻辑中的谓词演算应用到关系运算中，就得到了关系演算，关系演算可分为元组关系演算和域关系演算，前者以元组为变量，后者以域为变量。

2.3.1　元组关系演算

在抽象的在元组关系演算中，为了讨论方便，先允许关系是无限的，然后做适当修改，保证关系演算中每个公式表达的是有限关系。

在元组关系演算系统中，称

$$\{t \mid \phi(t)\}$$

为元组演算表达式，其中 t 是元组变量，$\phi(t)$ 是元组关系演算公式，简称公式，它由原子公式和运算符组成。

原子公式有下列 3 种形式：

（1）$R(t)$

R 是关系名，t 是元组变量，$R(t)$ 表示 t 是关系 R 的元组，关系 R 可表示为

$$\{t \mid R(t)\}$$

（2）$t[i]\theta u[j]$

t 和 u 都是元组变量，θ 是算术比较运算符，该原子公式表示命题 "元组 t 的第 i 个分

量与元组 u 的第 j 个分量之间满足 θ 关系"，例如，$t[4]>u[5]$，表示元组 t 的第 4 个分量大于元组 u 的第 5 个分量。

（3）$t[i]\theta c$ 或 $c\theta t[i]$

这里 c 是一个常量，该原子公式表示命题"元组 t 的第 i 个分量与常量 a 之间满足 θ 关系"，例如，$t[2]=6$，表示元组 t 的第 2 个分量等于 6。

在公式中，各种运算符的优先级从高到低依次为：算术运算符、量词（∃、∀）、逻辑运算符（¬、∧、∨）。其中，∃为存在量词符号，∀为全称量词符号。

若元组演算公式中的一个元组变量前有存在量词（∃）和全称量词（∀），则称该变量为约束元组变量，否则称为自由元组变量。

关系代数的 5 种基本运算可以用元组演算表达式表示如下。

（1）并

$$R\cup S=\{t\mid R(t)\vee S(t)\}$$

（2）差

$$R-S=\{t\mid R(t)\wedge\neg S(t)\}$$

（3）笛卡儿积

$$R\times S=\{t^{(r+s)}\mid(\exists u^{(r)})(\exists v^{(s)})(R(u)\wedge S(v)\wedge t[1]=u[1]\wedge\cdots\wedge t[r]=u[r]\wedge t[r+1]$$
$$=v[1]\wedge\cdots\wedge t[r+s]=v[s])\}$$

其中，$t^{(r+s)}$ 表示 t 有 $r+s$ 个属性。

（4）投影

$$\Pi_{i1,\,\ldots,\,ik}(R)=\{t^{(k)}\mid(\exists u)(R(u)\wedge t[1]=u[i_1]\wedge\cdots\wedge t[k]=u[i_k])$$

（5）选择

$$\sigma_F(R)=\{t\mid R(t)\wedge F'\}$$

其中，F' 是 F 的等价表示形式。

上面定义的关系演算允许出现无限关系，例如，$\{t\mid\neg R(t)\}$ 表示所有不属于 R 的元组，有无限多个，必须排除这类无意义的表达式。

为此，引入元组关系公式 ϕ 的域，即 $\mathrm{dom}(\phi)$。$\mathrm{dom}(\phi)$ 是 ϕ 所引用的所有值的集合，通常要进行安全限制，定义 $\mathrm{dom}(\phi)$ 是一个有限符号集。

【例 2.12】 有两个关系 R 和 S，如图 2.14 所示，求以下元组关系演算结果：

（1）$R_1=\{t\mid R(t)\wedge\neg S(t)\}$

（2）$R_2=\{t\mid(\exists u)(S(t)\wedge R(u)\wedge t[2]>u[3])\}$

（3）$R_3=\{t\mid(\forall u)(R(t)\wedge S(u)\wedge t[1]<u[2])\}$

	R				S		
A	B	C		A	B	C	
1	2	3		1	2	4	
4	5	6		3	5	6	
7	8	9		7	8	9	

图 2.14 两个关系 R 和 S

解：

（1）R_1 为差 $R-S$。

（2）R_2 由 S 的部分元组组成，这些元组满足条件：它的第 2 列至少大于 R 的某个元组的第 3 列。

（3）R_3 由 R 的部分元组组成，这些元组满足条件：它的第 1 列比 S 的任何元组的第 2 列都小。

元组关系演算结果如图 2.15 所示。

	R_1			R_2			R_3	
A	B	C	A	B	C	A	B	C
1	2	3	3	5	6	1	2	3
4	5	6	7	8	9			

图 2.15　元组关系演算结果

【例 2.13】　在图 2.10 所示的学生关系 S、课程关系 C 和选课关系 SC 中，求以下元组关系演算结果。

（1）查询计算机科学与技术专业全体学生。

（2）查询年龄大于 20 岁的学生。

（3）查询学生的姓名和年龄。

（4）查询选修课程号为"1001"的学生的学号和成绩。

（5）查询选修课程名为"信号与系统"的学生的学号和年龄。

（6）查询选修课程号为"1001"或"2004"的学生的学号。

（7）查询选修课程号为"1001"和"2004"的学生的学号。

（8）查询未选修课程号为"1001"的学生的姓名和专业。

（9）查询选修全部课程的学生的学号和姓名。

解：

（1）$R_1 = \{t \mid (S(t) \wedge t(5) = \text{'计算机科学与技术'}\}$

（2）$R_2 = \{t \mid (S(t) \wedge t(4) > 20\}$

（3）$R_3 = \{t^{(2)} \mid (\exists u)(S(u) \wedge t[1] = u[2] \wedge t[2] = u[3])\}$

（4）$R_4 = \{t^{(2)} \mid (\exists u)(SC(u) \wedge u[2] = \text{'1001'} \wedge t[1] = u[1] \wedge t[2] = u[3])\}$

（5）$R_5 = \{t^{(2)} \mid (\exists u)(\exists v)(\exists w)(S(u) \wedge SC(v) \wedge C(w) \wedge u[1] = v[1] \wedge v[2]$
$= w[1] \wedge w[2] = \text{'信号与系统'} \wedge t[1] = u[1] \wedge t[2] = u[3])\}$

（6）$R_6 = \{t \mid (\exists u)(SC(u) \wedge (u[2] = \text{'1001'} \vee u[2] = \text{'2004'}) \wedge t[1] = u[1])\}$

（7）$R_7 = \{t \mid (\exists u)(\exists v)(SC(u) \wedge SC(v) \wedge u[2] = \text{'1001'} \wedge v[2] = \text{'2004'} \wedge u[1]$
$= v[1] \wedge t[1] = u[1])\}$

（8）$R_6 = \{t \mid (\exists u)(\forall v)(S(u) \wedge SC(v) \wedge (u[1] \neq v[1] \vee v[2] \neq \text{'1001'}) \wedge t[1] = u[2])\}$

（9）$R_9 = \{t \mid (\exists u)(\forall v)(\exists w)(S(u) \wedge C(v) \wedge SC(w) \wedge u[1] = w[1] \wedge w[2]$
$= v[1] \wedge t[1] = u[2])\}$

2.3.2　域关系演算

关系演算的另一种形式是域关系演算，域关系演算和元组关系演算不同之处是用域变量代替元组变量的每个分量。

域变量的变化范围是某个值域而不是一个关系，域关系演算的原子公式有以下 3 种形式。

（1）$R(x_1, x_2, ..., x_k)$

该公式表示由分量 $x_1, x_2, ..., x_k$ 组成的元组属性关系 R，其中，R 是 k 元关系，每个 x_i 是常量或域变量。

（2）$x_i\theta y_j$

该公式表示 x_i，y_j 满足比较关系 θ，其中，x_i，y_j 是域变量，θ 为算术比较运算符。

（3）$x_i\theta a$ 或 $a\theta y_j$

该公式表示 x_i 与常量 a 或常量 a 与 y_j 满足比较关系 θ，其中 x_i，y_j 是域变量，a 为常量，θ 为算术比较运算符。

在域关系演算的公式中，可以使用 $\wedge$，$\vee$，$\neg$ 等逻辑运算符，还可用 x 和 y 形成新的公式，变量 x_i 是域变量。

域关系演算表达式是形为 $\{t_1, ..., t_k \mid \psi(t_1, ..., t_k)\}$ 的表达式，其中，$\psi(t_1, ..., t_k)$ 是关于自由域变量 $t_1, t_2, ..., t_k$ 的公式。

【例 2.14】 有 3 个关系 R、S 和 W，如图 2.16 所示，求以下域关系演算结果：

（1）$R_1=\{xyz \mid R(xyz)\wedge y>'4'\wedge z<'10'\}$

（2）$R_2=\{xyz \mid R(xyz)\vee S(xyz)\wedge z='8'\}$

（3）$R_3=\{xyz \mid (\exists u)(\exists v)(R(zxu)\wedge W(yv)\wedge u<v\}$

R				S				W	
A	B	C		A	B	C		D	E
1	2	3		1	2	4		7	3
6	5	4		3	5	8		4	9
9	8	7		7	6	9			

图 2.16　3 个关系 R、S 和 W

解：

（1）R_1 由 R 中第 2 列大于 4、第 3 列小于 10 的元组组成。

（2）R_2 由 R 中第 3 列、S 中第 3 列等于 8 的元组组成。

（3）R_3 由 R 中第 3 列、W 中第 2 列组成，这些元组满足条件：R 中第 3 列小于 W 中第 2 列。

域关系演算结果如图 2.17 所示。

R₁				R₂				R₃		
A	B	C		A	B	C		A	B	C
6	5	4		1	2	3		5	4	6
9	8	7		6	5	4		8	4	9
				9	8	7				
				3	5	8				

图 2.17　域关系演算结果

【例 2.15】 设 R 和 S 分别是三元和二元关系，试把表达式：

$$\Pi_{1,5}(\sigma_{2=4\vee3=4}(R\times S))$$

转换成等价的：

（1）中文查询句子。

（2）元组关系演算表达式。

（3）域关系演算表达式。

解:

（1）中文查询含义为：

从 R 与 S 的笛卡儿积中选择 R 的第 2 列与 S 的第 1 列相等或者 R 的第 3 列与 S 的第 1 列相等的元组，并投影 R 的第 1 列和 S 的第 2 列。

（2）元组关系演算表达式为

$$\{t^{(2)}|(\exists u)(\exists v)(R(u) \wedge S(v) \wedge t[1]=u[1] \wedge t[2]=v[2] \wedge (u[2]=v[1] \vee u[3]=v[1]))\}$$

（3）域关系演算表达式为

$$\{xv \mid (\exists x)(\exists u)(R(xyz) \wedge S(uv) \wedge (y=u \vee z=u))\}$$

2.4 SQL 简介

SQL（Structured Query Language）语言，即结构化查询语言，是关系数据库的标准语言，是一种高级的非过程化编程语言，SQL 语言是通用的、功能极强的关系数据库语言，包括数据定义、数据操纵、数据查询、数据控制等功能。

2.4.1 SQL 语言分类

通常将 SQL 语言分为以下 4 类。

1. 数据定义语言（Data Definition Language, DDL）

用于定义数据库对象，对数据库、数据库中的表、视图、索引等数据库对象进行建立和删除，DDL 包括 CREATE、ALTER、DROP 等语句。

2. 数据操纵语言（Data Manipulation Language, DML）

用于对数据库中的数据进行插入、修改、删除等操作，DML 包括 INSERT、UPDATE、DELETE 等语句。

3. 数据查询语言（Data Query Language, DQL）

用于对数据库中的数据进行查询操作，例如，用 SELECT 语句进行查询操作。

4. 数据控制语言（Data Control Language, DCL）

用于控制用户对数据库的操作权限，DCL 包括 GRANT、REVOKE 等语句。

2.4.2 SQL 语言的特点

SQL 语言具有高度非过程化，应用于数据库的语言，面向集合的操作方式，既是自含式语言、又是嵌入式语言，综合统一，语言简洁和易学易用等特点。

1. 高度非过程化

SQL 语言是非过程化语言，进行数据操作，只要提出"做什么"，而无须指明"怎么做"，因此无须说明具体处理过程和存取路径，处理过程和存取路径由系统自动完成。

2. 应用于数据库的语言

SQL 语言本身不能独立于数据库而存在，它是应用于数据库和表的语言，使用 SQL

语言，应熟悉数据库中的表结构和样本数据。

3．面向集合的操作方式

SQL 语言采用集合操作方式，不仅操作对象、查找结果可以是记录的集合，而且一次插入、删除、更新操作的对象也可以是记录的集合。

4．既是自含式语言、又是嵌入式语言

SQL 语言作为自含式语言，它能够用于联机交互的使用方式，让用户可以在终端键盘上直接输入 SQL 命令对数据库进行操作；作为嵌入式语言，SQL 语句能够嵌入到高级语言（例如 C，C++，Java）程序中，供程序员设计程序时使用。在两种不同的使用方式下，SQL 语言的语法结构基本上是一致的，提供了极大的灵活性与方便性。

5．综合统一

SQL 语言集数据查询（Data Query）、数据操纵（Data Manipulation）、数据定义（Data Definition）和数据控制（Data Control）功能于一体。

6．语言简洁，易学易用

SQL 语言接近英语口语，易学使用，功能很强，由于设计巧妙，语言简洁，完成核心功能只用了 9 个动词，如表 2.4 所示。

表 2.4　SQL 语言的动词

SQL 语言的功能	动　　词
数据定义	CREATE, ALTER, DROP
数据操纵	INSERT, UPDATE, DELETE
数据查询	SELECT
数据控制	GRANT, REVOKE

2.4.3　SQL 语言的发展历程

SQL 是 1986 年 10 月由美国国家标准局（ANSI）通过的数据库语言美国标准。1987年，国际标准化组织（ISO）颁布了 SQL 正式国际标准。1989 年 4 月，ISO 提出了具有完整性特征的 SQL89 标准。1992 年 11 月，ISO 又公布了 SQL92 标准。

SQL 发展历程简介如下。

1970 年：E.F.Codd 发表了关系数据库理论。

1974—1979 年：IBM 以 Codd 的理论为基础开发了 "Sequel"，并重命名为 "结构化查询语言"。

1979 年：Oracle 发布了商业版 SQL。

1981—1984 年：出现了其他商业版本，分别来自 IBM（DB2），Data General，Relational Technology（INGRES）。

1986 年：SQL86，ANSI 和 ISO 的第一个标准 SQL。

1989 年：SQL89，具有完整性特征。

1992 年：SQL92，受到数据库管理系统生产商广泛支持。

2003 年：SQL 2003，包含了 XML 相关内容，自动生成列值等。

2006 年：SQL2006，定义了结构化查询语言与 XML（包含 XQuery）的关联应用。

2.5　小结

本章主要介绍了以下内容：

（1）关系模型由关系数据结构、关系操作和关系完整性三部分组成。

在关系数据结构中，定义了域、笛卡儿积、关系、关系模式等概念。

关系模式（Relation Schema）可以形式化地表示为 $R(U, D, DOM, F)$。

关系操作包括基本的关系操作和关系操作语言。关系操作包括查询操作和插入、删除、修改操作两大部分，关系操作的特点是集合操作方式，即操作的对象与结果都是集合。关系操作语言灵活方便，表达能力强大，可分为关系代数语言、关系演算语言和结构化查询语言三类。

关系模型的三种完整性约束为实体完整性、参照完整性和用户定义完整性。

（2）关系代数是一种抽象的查询语言，它用对关系的运算来表达查询。关系代数是施加于关系上的一组集合代数运算，关系代数的运算对象是关系，运算结果也是关系。

关系代数中的操作可以分为两类：传统的集合运算和专门的关系运算。

传统的集合运算有并、交、差、笛卡儿积。这类运算将关系看成元组的集合，运算时从行的角度进行。

专门的关系运算有选择、投影、连接、除。这些运算不仅涉及行而且也涉及列。

（3）关系演算以数理逻辑中的谓词演算为基础，关系演算可分为元组关系演算和域关系演算。

元组关系演算以元组为变量，它的原子公式有 3 种形式，在元组演算公式中各种运算符的优先级从高到低依次为算术运算符、量词（存在量词∃、全称量词∀）、逻辑运算符（¬、∧、∨），关系代数的 5 种基本运算可以用元组演算表达式表示。

域关系演算以域为变量，域变量的变化范围是某个值域，域关系演算的原子公式有 3 种形式。

（4）SQL（Structured Query Language）语言，即结构化查询语言，是关系数据库的标准语言。

通常将 SQL 语言分为 4 类：数据定义语言、数据操纵语言、数据查询语言、数据控制语言。

SQL 语言具有高度非过程化，应用于数据库的语言，面向集合的操作方式，既是自含式语言、又是嵌入式语言，综合统一，语言简洁和易学易用等特点。

习　题　2

一、选择题

2.1　关系模型中的一个候选键_____。

　　A．可由多个任意属性组成

B. 必须由多个属性组成

C. 至少由一个属性组成

D. 可由一个或多个其值能唯一地标识该关心模式中任何元组的属性组成

2.2 设关系 R 中有 4 个属性 3 个元组，设关系 S 中有 6 个属性 4 个元组，则 $R \times S$ 属性和元组个数分别是_____。

A. 10 和 7　　　B. 10 和 12　　　C. 24 和 7　　　D. 24 和 12

2.3 如果关系中某一属性组的值能唯一地标识一个元组，则称之为_____。

A. 候选码　　　B. 外码　　　C. 联系　　　D. 主码

2.4 以下对关系性质的描述中，哪一项是错误的？_____。

A. 关系中每个属性值都是不可分解的

B. 关系中允许出现相同的元组

C. 定义关系模式时可随意指定属性的排列顺序

D. 关系中元组的排列顺序可任意交换

2.5 关系模型上的关系操作包括_____。

A. 关系代数和集合运算　　　B. 关系代数和谓词演算

C. 关系演算和谓词演算　　　D. 关系代数和关系演算

2.6 关系中主码不允许取空值是符合_____约束规则。

A. 实体完整性　　　B. 参照完整性

C. 用户定义完整性　　　D. 数据完整性

2.7 5 种基本关系运算是_____。

A. $\cup$、$\cap$、$\bowtie$、σ、Π　　　B. $\cup$、$-$、$\bowtie$、σ、Π

C. $\cup$、$\cap$、$\times$、σ、Π　　　D. $\cup$、$-$、$\times$、σ、Π

2.8 集合 R 与 S 的交可用关系代数的基本运算表示为_____。

A. $R+(R-S)$　　　B. $S-(R-S)$

C. $R-(S-R)$　　　D. $R-(R-S)$

2.9 把关系 R 和 S 进行自然连接时舍弃的元组放到结果关系中去的操作是_____。

A. 左外连接　　　B. 右外连接　　　C. 外连接　　　D. 外部并

2.10 关系演算是用_____来表达查询要求的方式。

A. 关系的运算　　　B. 域　　　C. 元组　　　D. 谓词

二、填空题

2.11 关系模型由关系数据结构、关系操作和_____三部分组成。

2.12 关系操作的特点是_____操作方式。

2.13 在关系模型的三种完整性约束中，_____是关系模型必须满足的完整性约束条件，由 DBMS 自动支持。

2.14 一个关系模式可以形式化地表示为_____。

2.15 关系操作语言可分为关系代数语言、关系演算语言和_____三类。

2.16 查询操作的 5 种基本操作是_____、差、笛卡儿积、选择、投影。

三、问答题

2.17 简述关系模型的三个组成部分。

2.18 简述关系模型的完整性规则。

2.19 关系操作语言有何特点？可分为哪几类？

2.20 关系代数的运算有哪些？

2.21 试述等值连接和自然连接的区别和联系。

2.22 SQL 语言有何特点？可分为哪几类？

四、应用题

2.23 关系 R,S，如图 2.18 所示，计算 $R_1 = R \cup S$，$R_2 = R - S$，$R_3 = R \cap S$，$R_4 = R \times S$。

	R	
A	B	C
a	b	c
b	a	c
c	a	b
c	b	a

	S	
A	B	C
a	c	b
b	c	a
c	a	b

图 2.18 关系 R、S

2.24 关系 R，S，如图 2.19 所示，计算 $R_1 = R \bowtie S$，$R_2 = R \underset{1<2}{\bowtie} S$，$R_3 = \sigma_{A=D}(R \times S)$。

	R	
A	B	C
a	b	c
b	c	a

S	
B	D
b	d
c	b
d	a

图 2.19 关系 R、S

2.25 设有学生课程数据库，包括学生关系 S(Sno, Sname, Sex, Age, Speciality)，各属性含义为学号、姓名、性别、年龄、专业；课程关系 C(Cno, Cname, Teacher)，各属性含义为课程号、课程名、教师；选课关系 SC(Sno, Cno, Grade)，各属性含义为学号、课程号、成绩；试用关系代数和元组关系演算表示下列查询语句。

（1）查询"计算机应用"专业学生的学号和姓名。

（2）查询年龄在 21 岁到 22 岁的男学生的学号、姓名和年龄。

（3）查询选修了"信号与系统"或"英语"课程的学生的学号、姓名。

（4）查询至少选修了"1001"号课程和"2004"号课程的学生的学号。

（5）查询选修课程名为"数据库原理和应用"的学生的学号、姓名和成绩。

2.26 设 R 和 S 都是二元关系，将表达式：

$$\{t^{(2)} | (\exists u)(\exists v)(R(u) \wedge S(v) \wedge t[1]=u[1] \wedge t[2]=v[2] \wedge u[2]=v[2])\}$$

转换成等价的：

（1）中文查询句子。

（2）关系代数表达式。

第3章 关系数据库规范化理论

数据库设计需要理论指导，关系数据库规范化理论是数据库设计的重要理论基础。应用该理论可针对一个给定的应用环境，设计优化的数据库逻辑结构和物理结构，并据此建立数据库及其应用系统。在本章中，主要介绍关系数据库设计理论概述、规范化、数据依赖的公理系统、关系模式的分解等内容。

3.1 关系数据库设计理论概述

关系数据库设计理论最早由数据库创始人 E.F.Codd 提出，后来很多专家学者做了深入的研究与发展，形成一整套有关关系数据库设计的理论。

设计一个合适的关系数据库系统的关键是关系数据库模式的设计，即应构造几个关系模式，每个模式有哪些属性，怎样将这些相互关联的关系模式组建成一个适合的关系模型。关系数据库的设计必须在关系数据库设计理论的指导下进行。

关系数据库设计理论有三个方面的内容：函数依赖、范式和模式设计。函数依赖起核心作用，它是模式分解和模式设计的基础，范式是模式分解的标准。

关系数据库设计的关键是关系模式的设计，下面举例说明好的关系模式问题。

【例 3.1】 设计一个学生课程数据库，其关系模式 SDSC(Sno,Sname,Age,Dept,DeptHead,Cno,Grade)，各属性含义为学号、姓名、年龄、系名、系主任姓名、课程号、成绩。根据实际情况，这些属性语义规定为：

（1）一个系有若干学生，一个学生只属于一个系。

（2）一个系只有一个系主任。

（3）一个学生可以选修多门课程，一门课程可被多个学生选修。

（4）每个学生学习每门课程有一个成绩。

关系模式 SDSC 在某一时刻的一个实例，即数据表，如表 3.1 所示。

表 3.1 SDSC 表

Sno	Sname	Age	Dept	DeptHead	Cno	Grade
141001	刘星宇	22	电子工程	李建明	101	94
141001	刘星宇	22	电子工程	李建明	204	92
141001	刘星宇	22	电子工程	李建明	901	95
141002	王小凤	20	电子工程	李建明	101	76
141002	王小凤	20	电子工程	李建明	204	74
141002	王小凤	20	电子工程	李建明	901	84
142001	杨燕	21	计算机应用	程海涛	204	87
142001	杨燕	21	计算机应用	程海涛	901	82
142004	周培杰	21	计算机应用	程海涛	204	90
142004	周培杰	21	计算机应用	程海涛	901	92

从上述语义规定和分析表中数据可以看出，(Sno, Cno)能唯一标识一个元组，所以，(Sno, Cno)为该关系模式的主码，但在进行数据库操作时，会出现以下问题。

（1）数据冗余

当一个学生选修多门课程就会出现数据冗余，导致姓名、性别和课程名属性多次重复存储，系名和系主任姓名也多次重复。

（2）插入异常

如果某个新系没有招生，由于没有学生，则系名和系主任姓名无法插入，根据关系实体完整性约束，主码(Sno, Cno)不能取空值，此时 Sno, Cno 均无值，所以不能进行插入操作。

另外，若学生未选修课程，则 Cno 无值，其学号、姓名和年龄无法插入，因为实体完整性约束规定，主码(Sno, Cno)不能部分为空，也不能进行插入操作。

（3）删除异常

当某系学生全部毕业还未招生时，要删除全部记录，系名和系主任姓名也被删除，而这个系仍然存在，这就是删除异常。

（4）修改异常

如果某系需要更换系主任，则属于该系的记录都要修改 DeptHead 的内容。若有不慎，造成漏改或误改，就会造成数据的不一致性，破坏数据完整性。

由于存在上述问题，SDSC 不是一个好的关系模式。为了克服这些异常，将 SDSC 关系分解为学生关系 S(Sno, Sname, Age, Dept)，系关系 D(Dept, DeptHead)，选课关系 SC(Sno, Cno, Grade)，这三个关系模式的实例如表 3.2、表 3.3 和表 3.4 所示。

表 3.2 S 表

Sno	Sname	Age	Dept
141001	刘星宇	22	电子工程
141002	王小凤	20	电子工程
142001	杨燕	21	计算机应用
142004	周培杰	21	计算机应用

表 3.3 D 表

Dept	DeptHead
电子工程	李建明
计算机应用	程海涛

表 3.4 SC 表

Sno	Cno	Grade
141001	101	94
141001	204	92
141001	901	95
141002	101	76
141002	204	74
141002	901	84
142001	204	87
142001	901	82
142004	204	90
142004	901	92

可以看出，首先数据冗余明显降低。当新增一个系时，只需在关系 D 中增加一条记录即可，当某个学生未选修课程时，只需在关系 S 中增加一条记录，而与选课关系 SC 无关，这就避免了插入异常。当某系学生全部毕业时，只需在关系 S 中删除全部记录，不会影响系名和系主任姓名等信息，这就避免了删除异常。当更换系主任时，只需在关系

D 中修改一条记录中的属性 DeptHead 的内容，这就避免了修改异常。

但是，一个好的关系模式不是在任何情况下都是最优的，例如，查询某个学生的系主任姓名和成绩，就需要通过 3 个表的连接操作来完成，需要的开销较大。在实际工作中，要以应用系统功能与性能需求为目标进行设计。

规范化设计关系模式，将结构复杂的关系模式分解为结构简单的关系模式，使不好的关系模式转变为较好的关系模式，成为下一节讨论的内容。

3.2 规范化

在第 2 章中，已定义关系模式可以形式化地表示为一个五元组

$$R(U, D, \text{DOM}, F)$$

其中，R 是关系名，U 是组成该关系的属性名集合，D 是属性所来自的域，DOM 是属性向域的映射集合，F 是属性间的数据依赖关系集合。

由于 D 和 DOM 对设计好的关系模式作用不大，一般将关系模式简化为一个三元组

$$R<U, F>$$

有时还可简化为 $R(U)$。

数据依赖（Data Dependency）是一个关系内部属性与属性之间的一种约束关系，是数据内在的性质，是语义的体现。

数据依赖有多种类型，主要介绍函数依赖（Functional Dependency，FD），简单介绍多值依赖（Multivalued Dependency，MVD）和连接依赖（Join Dependency，JD）

3.2.1 函数依赖、码和范式

1．函数依赖

函数依赖是关系数据库规范化理论的基础。

定义 3.1 设 $R(U)$ 是属性集 U 上的关系模式，X，Y 是 U 的子集。若对于 $R(U)$ 的任意一个可能的关系 r，r 中不可能存在两个元组在 X 上的属性值相等，而在 Y 上的属性值不等，则称 X 函数确定 Y 或 Y 函数依赖于 X，记作 $X {\rightarrow} Y$，称 X 为决定因素，Y 为依赖因素。若 Y 不函数依赖于 X，则记作 $X \nrightarrow Y$。若 $X {\rightarrow} Y$，$Y {\rightarrow} X$，则记作 $X {\leftrightarrow} Y$。

例如，关系模式 SDSC(Sno, Sname, Age, Dept, DeptHead, Cno, Grade)，有

U={Sno, Sname, Age, Dept，DeptHead, Cno,Grade}

F={Sno→Sname, Sno→Age, Sno→Dept, Dept→DeptHead, Sno→DeptHead, (Sno, Cno)→Grade}

一个 Sno 有多个 Grade 的值与之对应，Grade 不能函数依赖于 Sno，即 Sno$\nrightarrow$Grade，同理，Cno$\nrightarrow$Grade，但 Grade 可被(Sno, Cno)唯一确定，所以，(Sno, Cno)→Grade。

注意：函数依赖是指 R 的所有关系实例都要满足的约束条件，不是针对某个或某些关系实例满足的约束条件。

函数依赖和别的数据之间的依赖关系一样，是语义范畴的概念，人们只能根据数据

的语义来确定函数依赖。

函数依赖与属性之间联系的类型有关：

（1）如果X和Y之间是1∶1联系（一对一的联系），则存在函数依赖$X \leftrightarrow Y$，例如学生没有重名时，Sno↔Sname。

（2）如果X和Y之间是1∶n联系（一对多的联系），则存在函数依赖$X \rightarrow Y$，如学号和姓名、部门名之间都有1∶n联系，所以 Sno→Age, Sno→Dept。

（3）如果X和Y之间是m∶n联系（多对多的联系），则X和Y之间不存在函数依赖，如学生和课程之间就是m∶n联系，所以，Sno 和 Cno 之间不存在函数依赖关系。

由于函数依赖与属性之间联系的类型有关，因此可以从分析属性之间的联系入手，确定属性之间的函数依赖。

定义 3.2 若$X \rightarrow Y$是一个函数依赖，且$Y \subseteq X$，则称$X \rightarrow Y$是一个平凡函数依赖，否则称为非平凡函数依赖。例如，(Sno, Cno)→Sno，(Sno, Cno)→Cno 都是平凡函数依赖。

若不特别声明，本书讨论的都是非平凡函数依赖。

定义 3.3 设$R(U)$是属性集U上的关系模式，X, Y是U的子集。设 X→Y 是一个函数依赖，并且对于任何X的一个真子集X'，$X' \rightarrow Y$都不成立，则称$X \rightarrow Y$是一个完全函数依赖（Full Functional Dependency）。即Y函数依赖于整个X，记作$X \xrightarrow{f} Y$。

定义 3.4 设$R(U)$是属性集U上的关系模式，X, Y是U的子集。设$X \rightarrow Y$是一个函数依赖，但不是完全函数依赖，则称 $X \rightarrow Y$ 是一个部分函数依赖（Partial Functional Dependency），或称Y函数依赖于X的某个真子集，记作$X \xrightarrow{P} Y$。

例如，关系模式 SDSC 中，因为 Sno↛Grade，Cno↛Grade，所以，$(Sno,Cno) \xrightarrow{f} Grade$。因为 Sno→Age，所以，$(Sno,Cno) \xrightarrow{P} Age$。

定义 3.5 设$R(U)$是一个关系模式，X, Y, Z是U的子集，如果$X \rightarrow Y (Y \not\subseteq X)$，$Y \not\rightarrow X$，$Y \rightarrow Z$成立，则称$Z$传递函数依赖（Transitive Functional Dependency)于X，记为$X \xrightarrow{t} Y$。

注意：如果有$Y \rightarrow X$，则 $X \leftrightarrow Y$，此时称Z对X直接函数依赖，而不是传递函数依赖。

例如，关系模式 SDSC 中，Sno→Dept，但 Dept↛Sno，又 Dept→DeptHead，所以 $Sno \xrightarrow{t} DeptHead$。

2. 码

定义 3.6 设K为$R<U, F>$中的属性或属性组，若$K \xrightarrow{f} U$，则K为R的候选码（又称候选键或候选关键字，Candidate Key）。若有多个候选码，则选定其中的一个作为主码（又称主键，Primary Key）。

包含在任何一个候选码中的属性称为主属性（Prime Attribute）。不包含在任何候选码中的属性称为非主属性（Nonprime Attribute）或非码属性（Non-key Attribute）。最简单的情况，单个属性是码。最极端的情况，整个属性组是码，称为全码（All-Key），又称为全键。

例如，在关系模式 S(Sno, Age, Dept)中，Sno 是码，而在关系模式 SC(Sno, Cno, Grade)中，属性组合(Sno, Cno)是码。

在后面的章节中，主码和候选码都简称为码，读者可从上下文加以区分。

定义 3.7 关系 R 中的属性或属性组 X 并非 R 的码，但 X 是另一个关系模式的码，

则称 X 是 R 的外部码（Foreign Key），也称外码或外键。

例如，在关系模式 SC(Sno, Cno, Grade)中，单 Sno 不是主码，但 Sno 是关系模式 S(Sno, Sname, Age, Dept)的主码，所以，Sno 是 SC 的外码，同理，Cno 也是 SC 的外码。

主码与外码提供了一个表示关系间的联系手段，例如，关系模式 S 与 SC 的联系就是通过 Sno 这个在 S 中为主码而在 SC 中为外码的属性来实现的。

3. 范式

规范化的基本思想是尽量减小数据冗余，消除数据依赖中不合适的部分，解决插入异常、删除异常和更新异常等问题，这就要求设计出的关系模式要满足一定条件。在关系数据库的规范化过程中，为不同程度的规范化要求设立的不同标准或准则称为范式。满足最低要求的称为第一范式，简称 1NF，在第一范式基础上满足进一步要求的称为第二范式（2NF），以此类推。

1971 年至 1972 年，E.F.Codd 系统地提出了 1NF、2NF、3NF 的概念，讨论了关系模式的规范化问题。1974 年，Codd 和 Boyce 又共同提出了一个新范式，即 BCNF。1976 年，有人提出了 4NF，后又有人提出了 5NF。

各个范式之间的集合关系可以表示为 5NF ⊂ 4NF ⊂ BCNF ⊂ 3NF ⊂ 2NF ⊂ 1NF，如图 3.1 所示。

图 3.1 各范式之间的关系

一个低一级范式的关系模式，通过模式分解可以转换成若干个高一级范式的关系模式的集合，该过程称为规范化。

3.2.2 1NF

定义 3.8 在一个关系模式 R 中，如果 R 的每个属性都是不可再分的数据项，则称 R 属于第一范式 1NF，记作 $R \in 1NF$。

第一范式是最基本的范式，在关系中每个属性都是不可再分的简单数据项。

【例 3.2】 第一范式规范化举例。

表 3.5 所示的关系 R 不是 1NF，关系 R 转化为 1NF 的结果如表 3.6 所示。

表 3.5 关系 R

Sno	Sname	Cname
141001	刘星宇	数字电路，英语
141002	王小凤	数字电路，英语
142001	杨燕	数据库系统，英语
142004	周培杰	数据库系统，英语

表 3.6 关系 R 转化为 1NF

Sno	Sname	Cname
141001	刘星宇	数字电路
141001	刘星宇	英语
141002	王小凤	数字电路
141002	王小凤	英语
142001	杨燕	数据库系统
142001	杨燕	英语
142004	周培杰	数据库系统
142004	周培杰	英语

3.2.3 2NF

定义 3.9 对于关系模式 $R \in 1NF$，且 R 中每个非主属性都完全函数依赖于任意一个候选码，该关系模式 R 属于第二范式，记作 $R \in 2NF$。

第二范式的规范化是指将 1NF 关系模式通过投影分解，消除非主属性对候选码的部分函数依赖，转换成 2NF 关系模式的集合过程。

分解时遵循"一事一地"原则，即一个关系模式描述一个实体或实体间的联系，如果多于一个实体或联系，则进行投影分解。

【例 3.3】 第二范式规范化举例。

在例 3.1 的关系模式 SDSC(Sno, Sname, Age, Dept，DeptHead, Cno, Grade)中，各属性含义为学号、姓名、年龄、系名、系主任姓名、课程名、成绩，(Sno, Cno)为该关系模式的候选码。

该模式属于第一范式，函数依赖关系如下。

$(Sno, Cno) \xrightarrow{f} Grade$

$Sno \to Sname, (Sno, Cno) \xrightarrow{p} Sname$

$Sno \to Age, (Sno, Cno) \xrightarrow{p} Age$

$Sno \to Dept, (Sno, Cno) \xrightarrow{p} Dept, Dept \to DeptHead$

$Sno \xrightarrow{t} DeptHead, (Sno, Cno) \xrightarrow{p} DeptHead$

以上函数依赖关系可用函数依赖图表示，如图 3.2 所示。

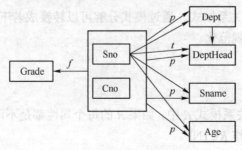

图 3.2 SDSC 中函数依赖图

可以看出，Sno，Cno 为主属性，Sname，Age，Dept，DeptHead，Grade 为非主属性，由于存在非主属性 Sname 对候选码(Sno, Cno)的部分依赖，所以，SDSC $\notin$ 2NF。

在 SDSC 中，既存在完全函数依赖，又存在部分函数依赖和传递函数依赖，导致数据冗余、插入异常、删除异常、修改异常等问题，这在数据库中是不允许的。

根据"一事一地"原则，将关系模式 SDSC 分解为两个关系模式：

SD(Sno, Sname, Age, Dept,DeptHead)

SC(Sno , Cno, Grade)

分解后的函数依赖图如图 3.3 和图 3.4 所示。

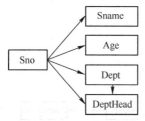

图 3.3 SD 中函数依赖图

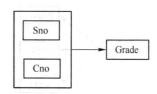

图 3.4 SC 中函数依赖图

分解后的关系模式 SD 的候选码是 Sno，关系模式 SC 的候选码是(Sno,Cno)，非主属性对候选码都是完全函数依赖的，从而消除了非主属性对候选码的部分函数依赖，所以，SD $\in$ 2NF，SC $\in$ 2NF，它们之间通过 SC 中的外码 Sno 相联系，需要时进行自然连接，恢复原来的关系，这种分解不会损失任何信息，具有无损连接性。

注意：如果 R 的候选码都是单属性，或 R 的全体属性都是主属性，则 $R \in$ 2NF。

3.2.4 3NF

定义 3.10 如果关系模式 $R \in$ 2NF，R 中所有非主属性对任何候选码都不存在传递函数依赖，则称 R 属于第三范式，记作 $R \in$ 3NF。

第三范式具有以下性质。

（1）若 $R \in$ 3NF，则 R 也是 2NF。

（2）若 $R \in$ 2NF，则 R 不一定是 3NF。

2NF 的关系模式解决了 1NF 中存在的一些问题，但 2NF 的关系模式 SD 在进行数据操作时，仍然存在以下问题。

（1）数据冗余

每个系名和系主任名存储的次数等于该系的学生人数。

（2）插入异常

当一个新系没有招生时，有关该系的信息无法插入。

（3）删除异常

当某系学生全部毕业没有招生时，删除全部学生记录的同时也删除了该系的信息。

（4）修改异常

更换系主任时需要改动较多的学生记录。

存在以上问题，是因为在 SD 中存在非主属性对候选码的传递函数依赖，消除传递函数依赖就可转换为 3NF。

第三范式的规范化指将 2NF 关系模式通过投影分解，消除非主属性对候选码的传递函数依赖，转换成 3NF 关系模式的集合过程。

分解时遵循"一事一地"原则。

【例 3.4】 第三范式规范化举例。

将属于 2NF 的关系模式 SD(Sno, Sname, Age, Dept，DeptHead)分解为：

S (Sno, Sname, Age, Dept)

D(Dept，DeptHead)

分解后的函数依赖图如图 3.5 和图 3.6 所示。

图 3.5 S 中函数依赖图   图 3.6 D 中函数依赖图

分解后的关系模式 S 的候选码是 Sno，关系模式 D 的候选码是 Dept，不存在传递函数依赖，所以，S∈3NF，D∈3NF。

关系模式 SD 由 2NF 分解为 3NF 后，函数依赖关系变得更简单，既无主属性对候选码的部分依赖，又无主属性对候选码的传递依赖，解决了 2NF 存在的 4 个问题，3NF 的关系模式 S 和 D 特点如下。

（1）降低了数据冗余度

系主任名存储的次数与该系的学生人数无关，只在关系 D 中存储一次。

（2）不存在插入异常

当一个新系没有招生时，该系的信息可直接插入到关系 D 中，与学生关系 S 无关。

（3）不存在删除异常

删除全部学生记录仍然保留该系的信息，可以只删除学生关系 S 中的记录，不影响关系 D 中的数据。

（4）不存在修改异常

更换系主任时，只需修改关系 D 中一个相应元组的 DeptHead 属性值，不影响关系 S 中的数据。

由于 3NF 只限制了非主属性对码的依赖关系，未限制主属性对码的依赖关系，如果发生这种依赖，仍然可能存在数据冗余、插入异常、删除异常、修改异常，需要对 3NF 进一步规范化，消除主属性对码的依赖关系转换为更高一级的范式，这就是下一节要介绍的 BCNF 范式。

3.2.5 BCNF

定义 3.11 对于关系模式 R∈1NF，若 X→Y 且 Y⊄X 时 X 必含有码，则 R∈BCNF。

即若 R 中的每个决定因素都包含码，则 R∈BCNF。

由 BCNF 的定义可以得到如下结论，一个满足 BCNF 的关系模式有：

（1）所有非主属性对每个码都完全函数依赖。

（2）所有主属性对每个不包含它的码也完全函数依赖。

（3）没有任何属性完全函数依赖于非码的任何一组属性。

若 $R \in$ BCNF，按定义排除了任何属性对码的部分依赖和传递依赖，所以 $R \in$ 3NF。但若 $R \in$ 3NF，则 R 未必属于 BCNF。

BCNF 的规范化指将 3NF 关系模式通过投影分解转换成 BCNF 关系模式的集合。

【例 3.5】 BCNF 范式规范化举例。

设有关系模式 SCN(Sno, Sname, Cno, Grade)，各属性含义为学号、姓名、课程名、成绩，并假定姓名不重名。

可以看出，SCN 有两个码(Sno, Cno)和(Sname, Cno)，其函数依赖如下：

Sno $\leftrightarrow$ Sname

(Sno, Cno) $\overset{P}{\longrightarrow}$ Sname

(Sname, Cno) $\overset{P}{\longrightarrow}$ Sno

唯一的非主属性 Grade 对码不存在部分依赖和传递依赖，所以 SCN $\in$ 3NF。但是，由于 Sno $\leftrightarrow$ Sname，即决定因素 Sno 或 Sname 不包含码，从另一个角度看，存在主属性对码的部分依赖：(Sno, Cno) $\overset{P}{\longrightarrow}$ Sname，(Sname, Cno) $\overset{P}{\longrightarrow}$ Sno，所以 SCN $\notin$ BCNF。

根据分解的原则，将 SCN 分解为以下两个关系模式：

S(Sno, Sname)

SC(Sno, Cno, Grade)

S 和 SC 的函数依赖图如图 3.7 和图 3.8 所示。

图 3.7　S 中函数依赖图　　　　图 3.8　SC 中函数依赖图

对于 S，两个候选码为 Sno 和 Sname，对于 SC，主码为(Sno, Cno)。在上述两个关系模式中，主属性和非主属性都不存在对码的部分依赖和传递依赖，所以，$S \in$ BCNF，SC $\in$ BCNF。

关系 SCN 转换为 BCNF 后，数据冗余度明显降低，学生姓名只在关系 S 中存储一次，学生改名时，只需改动一条学生记录中相应 Sname 的值即可，不会发生修改异常。

【例 3.6】 设有关系模式 STC(S, T, C)，其中，S 表示学生，T 表示教师，C 表示课程，语义假设是每个教师只教一门课，每门课有多个教师讲授，某个学生选定某一门课程，就对应一个确定的教师。

由语义假设，STC 的函数依赖是：

$(S, C) \overset{f}{\longrightarrow} T$，$(S, T) \overset{P}{\longrightarrow} C$，$T \overset{f}{\longrightarrow} C$

其中，(S, C)和(S, T)都是候选码。

函数依赖图如图 3.9 所示。

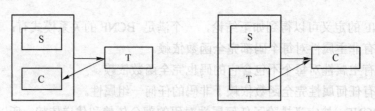

图 3.9　STC 中函数依赖图

由于 STC 没有任何非主属性对码的部分依赖和传递依赖（因为 STC 没有非主属性），所以 STC∈3NF。但不是 BCNF，因为有 $T \rightarrow C$，T 是决定因素，而 T 不包含候选码。

非 BCNF 关系模式分解为 ST(S, T) 和 TC(T, C)，它们都是 BCNF。

3.2.6　多值依赖与 4NF

函数依赖表示的关系模式中属性间一对一或一对多的联系，不能表示属性间多对多的联系，本节讨论属性间多对多的联系即多值依赖问题，以及第四范式。

1. 多值依赖

为了说明多值依赖的概念，参见下面的例题。

【例 3.7】　设一门课程可由多个教师讲授，他们使用相同的一套参考书，可用如图 3.10 所示的非规范关系 CTR 表示课程 C、教师 T 和参考书 R 间的关系。

课程 C	教师 T	参考书 R
数据库原理与应用	刘俊松	数据库系统概念
	李智强	数据库系统概论
		SQL Server 数据库教程
数学	罗燕芬	数学分析
	陈诗雨	线性代数

图 3.10　非规范关系 CTR

转换成规范化的关系 CTR(C, T, R)，如图 3.11 所示。

课程 C	教师 T	参考书 R
数据库原理与应用	刘俊松	数据库系统概念
数据库原理与应用	刘俊松	数据库系统概论
数据库原理与应用	刘俊松	SQL Server 数据库教程
数据库原理与应用	李智强	数据库系统概念
数据库原理与应用	李智强	数据库系统概论
数据库原理与应用	李智强	SQL Server 数据库教程
数学	罗燕芬	数学分析
数学	罗燕芬	线性代数
数学	陈诗雨	数学分析
数学	陈诗雨	线性代数

图 3.11　规范后关系 CTR

关系模式 CTR(C, T, R) 的码是 (C, T, R)，即全码，所以，CTR∈BCNF。但存在以下问题。

（1）数据冗余

课程、教师和参考书都被多次存储。

（2）插入异常

当某一门课程"数据库原理与应用"增加一个讲课教师"周丽"时，必须插入多个元组：（数据库原理与应用，周丽，数据库系统概念），（数据库原理与应用，周丽，数据库系统概论），（数据库原理与应用，周丽，SQL Server 数据库教程）。

（3）删除异常

当某一门课程"数学"要去掉一本参考书"数学分析"时，必须删除多个元组：（数学，罗燕芬，数学分析），（数学，陈诗雨，数学分析）。

分析上述关系模式，发现存在一种称之为多值依赖（Multi-Valued Dependency, MVD）的数据依赖。

定义 3.12 设 $R(U)$ 是属性集 U 上的一个关系模式，X、Y、Z 是 U 的子集，且 $Z=U-X-Y$。如果 R 的任一关系 r，对于给定的 (X, Z) 上的每一对值，都存在一组 Y 值与之对应，且 Y 的这组值仅仅决定于 X 值而与 Z 的值不相关，则称 Y 多值依赖于 X，或 X 多值决定 Y，记为 $X \rightarrow\rightarrow Y$。

若 $X \rightarrow\rightarrow Y$，而 $Z=\varnothing$，则称 $X \rightarrow\rightarrow Y$ 为平凡的多值依赖，否则称 $X \rightarrow\rightarrow Y$ 为非平凡的多值依赖。

在上例的关系模式 CTR(C, T, R) 中，对于给定的 (C, R) 的一对值（数据库原理与应用，数据库系统概念），对应的一组 T 值为{刘俊松，李智强}，这组值仅仅决定于 C 值。对于另一个（数据库原理与应用，SQL Server 数据库教程），对应的一组 T 值仍为{刘俊松，李智强}，尽管此时参考书 R 的值已改变。所以，T 多值依赖于 C，记为 $C \rightarrow\rightarrow T$。

2. 4NF

定义 3.13 设关系模式 $R<U, F>\in$1NF，如果对于 R 的每个非平凡多值依赖 $X \rightarrow\rightarrow Y(Y \nsubseteq X)$，$X$ 都含有码，则称 $R<U, F>\in$4NF。

由定义可知：

（1）根据定义，4NF 要求每个非平凡的多值依赖 $X \rightarrow\rightarrow Y$，$X$ 都含有码，则必然是 $X \rightarrow Y$，所以 4NF 允许的非平凡多值依赖实际上是函数依赖。

（2）一个关系模式是 4NF，则必是 BCNF。而一个关系模式是 BCNF，不一定是 4NF。所以 4NF 是 BCNF 的推广。

例 3.7 的关系模式 CTR(C, T, R) 是 BCNF，分解后产生 CTR1(C, T) 和 CTR2(C, R)，因为 $C \rightarrow\rightarrow T$，$C \rightarrow\rightarrow R$ 都是平凡的多值依赖，已不存在非平凡的非函数依赖的多值依赖，所以 CTR1$\in$4NF，CTR2$\in$4NF。

函数依赖和多值依赖是两种最重要的数据依赖。如果只考虑函数依赖，则属于 BCNF 的关系模式规范化程度已达到最高；如果只考虑多值依赖，则属于 4NF 的关系模式规范化程度已达到最高。在数据依赖中，除函数依赖和多值依赖外，还有其他数据依赖，例如连接依赖。函数依赖是多值依赖的一种特殊情况，而多值依赖又是连接依赖的一种特殊情况。如果消除了属于 4NF 的关系模式中存在的连接依赖，则可进一步达到 5NF 的关系模式，这里就不再进行讨论了。

3.2.7 规范化小结

关系模式规范化目的是使结构更合理,消除插入异常、删除异常和更新异常,使数据冗余尽量小,便于插入、删除和更新。

关系模式规范化的原则是遵从概念单一化"一事一地"原则,即一个关系模式描述一个实体或实体间的一种联系。规范化的实质就是概念的单一化。方法是将关系模式投影分解为两个或两个以上的模式。

一个关系模式只要其每个属性都是不可再分的数据项,则称为 1NF。消除 1NF 中非主属性对码的部分函数依赖,得到 2NF。消除 2NF 中非主属性对码的传递函数依赖,得到 3NF。消除 3NF 中主属性对码的部分函数依赖和传递函数依赖,得到 BCNF。消除 BCNF 中非平凡且非函数依赖的多值依赖,得到 4NF,如图 3.12 所示。

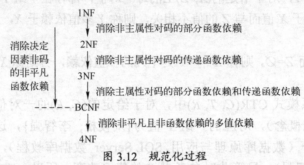

图 3.12 规范化过程

3.3 数据依赖的公理系统

数据依赖的公理系统是函数分解算法的理论基础,下面介绍的 Armstrong 公理系统是一个有效且完备的数据依赖公理系统。

3.3.1 Armstrong 公理系统

定义 3.14 对于满足一组函数依赖 F 的关系模式 $R<U, F>$,其任何一个关系 r,若函数依赖 $X \rightarrow Y$ 都成立(即 r 中任意两元组 t,s,若 $t[X]=s[X]$,则 $t[Y]=s[Y]$),则称 F 逻辑蕴涵 $X \rightarrow Y$,或称 $X \rightarrow Y$ 是 F 的逻辑蕴涵。

怎样从一组函数依赖求得蕴涵的函数依赖?怎样求得给定关系模式的码?问题的关键在于已知一组函数依赖 F,要问 $X \rightarrow Y$ 是否是 F 的逻辑蕴涵。这就需要一组推理规则,这组推理规则就是 Armstrong 公理系统。

Armstrong 公理系统(Armstrong's axiom)设 U 为属性集总体,F 是 U 上的一组函数依赖,有关系模式 $R<U, F>$,对于 $R<U, F>$ 来说有以下推理规则。

(1)自反律(Reflexivity Rule)

如果 $Y \subseteq X \subseteq U$,则 $X \rightarrow Y$ 为 F 所蕴涵。

(2)增广律(Augmentation Rule)

如果 $X \rightarrow Y$ 为 F 所蕴涵,且 $Z \subseteq U$,则 $XZ \rightarrow YZ$ 为 F 所蕴涵。

（3）传递律（Transitivity Rule）

如果 $X \rightarrow Y$ 及 $Y \rightarrow Z$ 为 F 所蕴涵，则 $X \rightarrow Z$ 为 F 所蕴涵。

提示：由自反律得到的函数依赖都是平凡的函数依赖，自反律的使用并不依赖于 F。

注意：XZ 表示 $X \cup Z$，YZ 表示 $Y \cup Z$。

定理 3.1 Armstrong 推理规则是正确的。

证明：

（1）设 $Y \subseteq X \subseteq U$，对于 $R<U, F>$ 的任一个关系中任意两元组 t，s：若 $t[X]=s[X]$，因为 $Y \subseteq X$，有 $t[Y]=s[Y]$，所以 $X \rightarrow Y$。

（2）设 $X \rightarrow Y$ 为 F 所蕴涵，且 $Z \subseteq U$，设 $R<U, F>$ 的任一个关系中任意两元组 t，s：若 $t[XZ]=s[XZ]$，有 $t[X]=s[X]$，$t[Z]=s[Z]$，由 $X \rightarrow Y$，有 $t[Y]=s[Y]$，所以 $t[YZ]=s[YZ]$，$XZ \rightarrow YZ$ 为 F 所蕴涵。

（3）设 $X \rightarrow Y$ 及 $Y \rightarrow Z$ 为 F 所蕴涵，对于 $R<U, F>$ 的任一个关系中任意两元组 t，s：若 $t[X]=s[X]$，因为 $X \rightarrow Y$，有 $t[Y]=s[Y]$，由 $Y \rightarrow Z$，有 $t[Y]=s[Y]$，所以 $X \rightarrow Z$ 为 F 所蕴涵。

注意：$t[X]$ 表示元组 t 在属性组 X 上的分量，等价于 $t.X$。

根据（1）、（2）、（3）这三条推理规则，可得以下三条推理规则：

（4）合并规则（Union Rule）：如果 $X \rightarrow Y$，$Y \rightarrow Z$，则 $X \rightarrow YZ$。

（5）分解规则（Decomposition Rule）：如果 $X \rightarrow Y$，$Z \subseteq Y$，则 $X \rightarrow Z$。

（6）伪传递规则（Preudotransivity Rule）：如果 $X \rightarrow Y$，$WY \rightarrow Z$，则 $XW \rightarrow Z$。

由合并规则和分解规则可得：

引理 3.1 $X \rightarrow A_1 A_2 \dots A_k$ 成立的充要条件是 $X \rightarrow A_i$ 成立（$i = 1, 2, \dots, k$）。

【例 3.8】 设有关系模式 R，A, B, C, D, E, F 是它的属性集的子集，R 满足的函数依赖为 $\{A \rightarrow BC, CD \rightarrow EF\}$，证明函数依赖 $AD \rightarrow F$ 成立。

证明：

$A \rightarrow BC$	题中给定
$A \rightarrow C$	引理 3.1
$AD \rightarrow CD$	增广律
$CD \rightarrow EF$	题中给定
$AD \rightarrow EF$	传递律
$AD \rightarrow F$	引理 3.1

3.3.2 闭包及其计算

定义 3.15 在关系模式 $R<U, F>$ 中，为 F 所逻辑蕴涵的函数依赖的全体称为 F 的闭包（closure），记为 F^+。

把自反律、增广律和传递律称为 Armstrong 公理系统。Armstrong 公理系统是有效的、完备的。其有效性是指：由 F 出发根据 Armstrong 公理推导出来的每个函数依赖一定在 F^+ 中；其完备性是指：F^+ 中的每个函数依赖，必定可以由 F 出发根据 Armstrong 公理推导出来。

要证明完备性，首先要解决如何判定一个函数依赖是否属于由 F 根据 Armstrong 公理推导出来的函数依赖的集合。如果能求出这个集合，也就解决了这个问题。但这是一个NP完全问题，例如，从 $F=\{X \rightarrow A_1, \ldots, X \rightarrow A_n\}$ 出发，至少可以推导出 2^n 个不同的函数依赖。为此，引入以下概念。

定义 3.16 设 F 是属性集 U 上的一组函数依赖，X、$Y \subseteq U$，$X_F^+ = \{A | X \rightarrow A$ 能由 F 根据 Armstrong 公理推导出$\}$，X_F^+ 称为属性集 X 关于函数依赖集 F 的闭包。

由引理 3.1 可得出引理 3.2。

引理 3.2 设 F 是属性集 U 上的一组函数依赖，X、$Y \subseteq U$，$X \rightarrow Y$ 能由 F 根据 Armstrong 公理推导出的充分必要条件是 $Y \subseteq X_F^+$。

这样，判定 $X \rightarrow Y$ 能否由 F 根据 Armstrong 公理推导出的问题可转化为求出 X_F^+，判定 Y 是否为 X_F^+ 的子集问题，该问题可由算法 3.1 解决。

算法 3.1 求属性集 $X(X \subseteq U)$ 关于 U 上的函数依赖集 F 的闭包 X_F^+。

输入：X、F

输出：X_F^+

步骤：计算属性集序列 $X^{(i)}$ $(i=0, 1, \ldots)$

（1）令 $X^{(0)}=X$，$i=0$。

（2）求 B，$B=\{A | (\exists V)(\exists W)(V \rightarrow W \in F \wedge V \subseteq X^{(i)} \wedge A \in W)\}$。即在 F 中寻找尚未用过的左边是 $X^{(i)}$ 的子集的函数依赖：$Y_j \rightarrow Z_j$ $(j=0, 1, \cdots, k)$，其中 $Y_j \subseteq X^{(i)}$。再在 Z_j 中寻找 $X^{(i)}$ 中未出现过的属性构成属性集 B。

（3）$X^{(i+1)}=B \cup X^{(i)}$。

（4）判断 $X^{(i+1)}=X^{(i)}$ 是否成立，若不成立则转（2）。

（5）输出 $X^{(i)}$，即为 X_F^+。

对于（4）的计算停止条件，以下 4 种方法是等价的：

● $X^{(i+1)}=X^{(i)}$ 时。

● 当发现 $X^{(i)}$ 包含了全部属性时。

● 在 F 中的函数依赖的右边属性集中再也找不到 $X^{(i)}$ 中未出现过的属性时。

● 在 F 中未用过的函数依赖的左边属性集中已没有 $X^{(i)}$ 的子集时。

【例 3.9】 已知关系模式 $R<U, F>$，其中：$U=\{A, B, C, D, E\}$，$F=\{AB \rightarrow C, B \rightarrow D, C \rightarrow E, EC \rightarrow B, AC \rightarrow B\}$，求 AB_F^+。

解：

（1）设 $X^{(0)}=AB$。

（2）在 F 中找出左边是 AB 子集的函数依赖，其结果是 $AB \rightarrow C$，$B \rightarrow D$，则 $X^{(1)}=X^{(0)} \cup CD=AB \cup CD=ABCD$，显然 $X^{(1)} \neq X^{(0)}$。

（3）在 F 中找出左边是 $ABCD$ 子集的函数依赖，其结果是 $C \rightarrow E, AC \rightarrow B$，则 $X^{(2)}=X^{(1)} \cup BE=ABCD \cup BE=ABCDE$，显然 $X^{(2)} \neq X^{(1)}$。

（4）由于 $X^{(2)}$ 等于全部属性的集合，所以，$AB_F^+=ABCDE$。

【例 3.10】 设有关系模式 $R<U, F>$，其中 $U=\{A, B, C, D, E, G\}$，函数依赖集 $F=\{A \rightarrow D, AB \rightarrow E, BG \rightarrow E, CD \rightarrow G, E \rightarrow C\}$，$X=AE$，计算 X_F^+。

解：

（1）设 $X^{(0)}=AE$。

（2）在 F 中找出左边是 AE 子集的函数依赖，其结果是 $A{\rightarrow}D$，$E{\rightarrow}C$，则 $X^{(1)}{=}X^{(0)}DC{=}ACDE$，显然 $X^{(1)}{\neq}X^{(0)}$。

（3）在 F 中找出左边是 $ACDE$ 子集的函数依赖，其结果是 $CD{\rightarrow}G$，则 $X^{(2)}{=}X^{(1)}G{=}ACDEG$。

（4）虽然 $X^{(2)}{\neq}X^{(1)}$，但 F 中未用过的函数依赖的左边属性集中已没有 $X^{(2)}$ 的子集，所以不必再计算下去，即 $X_F^+{=}ACDEG$。

定理 3.2 Armstrong 公理是有效的、完备的。

Armstrong 公理的有效性可由定理 3.1 得到证明，完备性证明略。

Armstrong 公理的完备性及有效性说明"导出"与"蕴涵"是两个完全等价的概念，F^+ 也可称为由 F 出发根据 Armstrong 公理导出的函数依赖的集合。

3.3.3 确定候选码

设关系模式为 $R{<}U,F{>}$，F 为函数依赖集，将 U 中的属性分为以下 4 类：

L 类属性：只在 F 中各个函数依赖的左部出现。

R 类属性：只在 F 中各个函数依赖的右部出现。

LR 类属性：在 F 中各个函数依赖的左部和右部两边都出现。

N 类属性：不在 F 中各个函数依赖中出现。

L 类属性集中每个属性都必定是候选码中的属性，R 类和 N 类属性集中每个属性都必定不是候选码中的属性，LR 类属性集中每个属性不能确定是否在候选码中。

确定候选码的步骤如下：

（1）划分属性类别。令 X 为 L 类属性集的集合，Y 为 LR 类属性集的集合。

（2）基于 F 计算 X^+。若 X^+ 包含了 R 的全部属性，则 X 是 R 的唯一候选码，算法结束。否则，转（3）。

（3）逐一取 Y 中单一属性 A，与 X 组成属性组 XA，如果 $(XA)_F^+{=}U$，则 XA 为候选码，令 $Y{=}Y{-}\{A\}$，转（4）。

（4）若已找出所有候选码，转（5）；否则，依次取 Y 中的任意两个、三个……属性，与 X 组成属性组 XZ，如果 $(XZ)_F^+{=}U$，且 XZ 不包含已求得的候选码，则 XZ 为候选码。

（5）算法结束。

【例 3.11】 设 $R(A，B，C，D，E，F)$，$G{=}\{AB{\rightarrow}E，AC{\rightarrow}F，AD{\rightarrow}B，B{\rightarrow}C，C{\rightarrow}D\}$，求 R 的所有候选码。

解：

（1）R 中 L 类属性：A；LR 类属性：B，C，D。

（2）$A_F^+{=}A{\neq}U$。

（3）因为 $(AB)_F^+{=}ABCDEF$，所以 AB 为候选码。因为 $(AC)_F^+{=}ABCDEF$，所以 AC 为候选码。因为 $(AD)_F^+{=}ABCDEF$，所以 AD 为候选码。

故 R 的所有候选码为 AB，AC，AD。

3.3.4　函数依赖集的等价和最小函数依赖集

从蕴涵（或导出）的概念出发，引出两个函数依赖集的等价和最小函数依赖集的概念。

1．两个函数依赖集的等价

定义 3.17　如果 $G^+ = F^+$，就称函数依赖集 F 覆盖 G（F 是 G 的覆盖，或 G 是 F 的覆盖），或 F 和 G 等价。

引理 3.3　$F^+ = G^+$ 的充分必要条件是 $F \subseteq G^+$ 和 $G \subseteq F^+$。

证明：必要性显然，只证充分性。

若 $F \subseteq G^+$，则 $X_F^+ \subseteq X_{G^+}^+$，任取 $X \to Y \in F^+$，则有 $Y \subseteq X_F^+ \subseteq X_{G^+}^+$，所以 $X \to Y \subseteq (G^+)^+ \subseteq G^+$，即 $F^+ \subseteq G^+$，同理可证 $G^+ \subseteq F^+$，所以 $F^+ = G^+$。

引理 3.4 给出了判定两个函数依赖集等价的算法。

引理 3.4　要判定 $F \subseteq G^+$，只需逐一对 F 中的函数依赖 $X \to Y$ 考察 Y 是否属于 G^+ 即可。

【例 3.12】　设有 F 和 G 两个函数依赖集，$F = \{A \to B, B \to C\}$，$G = \{A \to BC, B \to C\}$，判断它们是否等价。

解：首先检查 F 中的每个函数依赖是否属于 G^+。因为 $A_G^+ = ABC$，$B \subseteq A_G^+$，所以 $A \to B \in A_G^+$，因为 $B_G^+ = BC$，$C \subseteq B_G^+$，所以 $B \to C \in B_G^+$，故 $F \subseteq G^+$。

同理有 $G \subseteq F^+$。所以两个函数依赖集 F 和 G 是等价的。

2．最小函数依赖集

定义 3.18　如果函数依赖集 F 满足以下条件，则称 F 为一个极小函数依赖集，也称为最小函数依赖集或最小覆盖（minimal cover）。

（1）F 中的任一函数依赖的右部仅含有一个属性。

（2）F 中不存在这样一个函数依赖 $X \to A$，X 有真子集 Z，使得 $F - \{X \to A\} \cup \{Z \to A\}$ 与 F 等价，即左部无多余的属性。

（3）F 中不存在这样一个函数依赖 $X \to A$，使得 F 与 $F - \{X \to A\}$ 等价，即无多余的函数依赖。

【例 3.13】　以下三个函数依赖集中哪一个是最小函数依赖集？

（1）$F_1 = \{A \to D, BD \to C, C \to AD\}$

（2）$F_2 = \{AB \to C, B \to A, B \to C\}$

（3）$F_3 = \{BC \to D, D \to A, A \to D\}$

解：

（1）在 F_1 中，有 $C \to AD$，即右部没有单一化，所以 F_1 不是最小函数依赖集。

（2）在 F_2 中，有 $AB \to C$，$B \to C$，即左部存在多余的属性，所以 F_2 不是最小函数依赖集。

（3）F_3 满足最小函数依赖集的所有条件，它是最小函数依赖集。

【例 3.14】　在关系模式 $R<U, F>$ 中，$U = \{$Sno, Dept, DeptHead, Cno, Grade$\}$，考察下面的函数依赖中，哪一个是最小函数依赖集？

$F = \{$Sno$\to$Dept, Dept$\to$DeptHead, (Sno, Cno)$\to$Grade$\}$

$F_1 = \{$Sno$\to$Dept, Sno$\to$DeptHead, Dept$\to$DeptHead, (Sno, Cno)$\to$Grade, (Sno, Dept)$\to$Dept$\}$

解：

F 是最小函数依赖集。

F_1 不是最小函数依赖集，因为 $F_1-\{$ Sno→DeptHead $\}$ 与 F_1 等价，$F_1-\{$ (Sno, Dept)→Dept$\}$ 与 F_1 等价。

定理 3.3 每个函数依赖集 F 均等价于一个极小函数依赖集 F_m，此 F_m 称为 F 的最小依赖集。

证明：这是一个构造性的证明，分三步对 F 进行"极小化"处理。

（1）逐一检查 F 中各函数依赖 FD_i，使 F 中每个函数依赖的右部属性单一化。

$X→Y$，若 $Y=A_1A_2...A_k$，$k \geq 2$，则用 $\{X→A_j|$ $(j=1,2,...,k)\}$ 来取代 $X→Y$。

（2）逐一取出 F 中各函数依赖 FD_i，去掉各函数依赖左部多余的属性。

$X→A$，设 $X=B_1B_2...B_m$，$m \geq 2$，逐一考察 $B_i (i=1,2,...,m)$，若 $B \in (X-B_i)_F^+$，则以 $X-B_i$ 取代 X。

（3）逐一检查 F 中各函数依赖 FD_i，去掉多余的函数依赖。

$X→A$，令 $G=F-\{X→A\}$，若 $A \in X_G^+$，则从 F 中去掉此函数依赖。

F 的最小函数依赖集不一定是唯一的，它与对各函数依赖 FD_i 及 $X→A$ 中 X 各属性的处理顺序有关。

【例 3.15】 求函数依赖集 $F=\{A→B$，$B→A$，$B→C$，$A→C$，$C→A\}$ 的最小函数依赖集。

解： 下面给出 F 的两个最小函数依赖集：

$F_{m1}=\{A→B$，$B→C$，$C→A\}$

$F_{m2}=\{A→B$，$B→A$，$A→C$，$C→A\}$

3.4 关系模式的分解

关系模式的分解过程就是将一个关系模式分解成一组等价的关系子模式的过程。对一个关系模式的分解可能有多种方式，但分解后产生的模式应与原来的模式等价。

3.4.1 模式分解的定义

定义 3.19 设有关系模式 $R<U$，$F>$，它的一个分解是指

$$\rho=\{R_1<U_1，F_1>，R_2<U_2，F_2>，...，R_n<U_n，F_n>\}$$

其中，$U=\bigcup_{i=1}^{n} U_i$，并且没有 $U_i \subseteq U_j$（$1 \leq i$，$j \leq n$），F_i 为 F 在 U_i 上的投影，并有

$F_i=\Pi_{R_i}(F)=\{X→Y \mid X→Y \in F^+ \wedge XY \subseteq U_i\}$。

对一个关系模式进行分解有多种方式，但分解后产生的模式应与原来的模式等价。由"等价"的概念，形成以下三种不同的定义：

（1）分解要具有无损连接性（Lossless Join）。

（2）分解要保持函数依赖（Preserve Functional Dependency）。

（3）分解既要保持函数依赖，又要具有无损连接性。

3.4.2 分解的无损连接性

定义 3.20 设 $\rho=\{R_1<U_1, F_1>, R_2<U_2, F_2>, …, R_n<U_k, F_k>\}$ 是关系模式 $R<U, F>$ 的一个分解,如果对于 R 的任一满足 F 的关系 r 都有

$$r=\Pi_{R_1}(r) \bowtie \Pi_{R_2}(r) \bowtie \cdots \bowtie \Pi_{R_k}(r)$$

则称这个分解 ρ 具有无损连接性,简称 ρ 为无损分解。

【例 3.16】 在关系 $R(A, B, C)$ 中,函数依赖集为 $F=\{A{\rightarrow}B, A{\rightarrow}C\}$,有两种分解方式,分解方式 1 为 $\rho_1=\{\Pi_{AB}(R),\Pi_{AC}(R)\}$,分解方式 2 为 $\rho_2=\{\Pi_{AB}(R),\Pi_{BC}(R)\}$,如图 3.13 所示。

	R	
A	B	C
3	1	2
1	3	1
2	3	3

(a) 关系R

$R_1=\Pi_{AB}(R)$

A	B
3	1
1	3
2	3

$R_2=\Pi_{AC}(R)$

A	C
3	2
1	1
2	3

(b) 分解方式1

$R_1=\Pi_{AB}(R)$

A	B
3	1
1	3
2	3

$R_2=\Pi_{BC}(R)$

B	C
1	2
3	1
3	3

(c) 分解方式2

图 3.13 关系 R 中的两种分解方式

两种分解方式自然连接的结果如图 3.14 所示,可以看出,分解方式 1 是无损分解,分解方式 2 不是无损分解。

$\Pi_{AB}(R)\bowtie\Pi_{AC}(R)$

A	B	C
3	1	2
1	3	1
2	3	3

(a) 分解方式1 的自然连接

$\Pi_{AB}(R)\bowtie\Pi_{BC}(R)$

A	B	C
3	1	2
1	3	1
1	3	3
2	3	5
2	3	3

(b) 分解方式2 的自然连接

图 3.14 两种分解方式自然连接的结果

一般直接由定义判断一个分解是否为无损分解是不可能的,下面给出检验一个分解是否为无损分解的算法。

算法 3.2 检验无损连接性的算法。

输入:关系模式 $R(A_1, A_2, …, A_n)$,它的函数依赖集 F 及分解 $\rho=\{R_1, R_2, …, R_k\}$。

输出:确定 ρ 是否具有无损连接性。

步骤:

(1) 构造一个 n 列 k 行的表,每列对应于一个属性,每行对应于分解中的一个关系模式。如果 $A_j\in R_i$,则在第 j 列第 i 行上放符号 a_j,否则放符号 b_{ij}。

(2) 逐个检查 F 中的每个函数依赖,并修改表中的元素。取 F 中一个函数依赖 $X{\rightarrow}Y$,在 X 的分量中寻找相同的行,然后将这些行中 Y 的分量改为相同的符号,如果其中有 a_j,则将 b_{ij} 改为 a_j;若其中无 a_j,则改为 b_{ij}。

（3）如果发现某一行变成了 a_1，a_2，…，a_n，算法结束，分解 ρ 具有无损连接性；如果 F 中所有函数依赖都不能再修改表中的内容，且没有发现这样的行，则分解 ρ 不具有无损连接性。

【例 3.17】 检验例 3.15 中的关系 $R(A, B, C)$、函数依赖集 $F=\{A{\rightarrow}B, A{\rightarrow}C\}$ 的两种分解方式：$\rho_1=\{R_1=\Pi_{AB}(R)$，$R_2=\Pi_{AC}(R)\}$，$\rho_2=\{R_1=\Pi_{AB}(R)$，$R_2=\Pi_{BC}(R)\}$ 的无损连接性。

解：

（1）分解方式 $\rho_1=\{R_1=\Pi_{AB}(R)$，$R_2=\Pi_{AC}(R)\}$

① 构造初始表

对于 R_1，包括 A、B 两个属性，第 1 行 A、B 列的值分别为 a_1、a_2，R_1 中没有 C 属性，该行 C 列的值为 $b_{1,3}$。对于 R_2，包括 A、C 两个属性，第 1 行 A、C 列的值分别为 a_1、a_3，R_2 中没有 B 属性，该行 B 列的值为 $b_{2,2}$，初始表如图 3.15(a)所示。

② 检查 $A{\rightarrow}B$ 并进行表中元素修改

检查 F 中第 1 个函数依赖 $A{\rightarrow}B$，由于 R_1、R_2 的 A 列相同，所以将 R_2 的 B 列修改为 a_2（用粗体表示），如图 3.15(b)所示。因为第 2 行全为 a，所以 ρ_1 具有无损连接性。

R_i	A	B	C
AB	a_1	a_2	$b_{1,3}$
AC	a_1	$b_{2,2}$	a_3

R_i	A	B	C
AB	a_1	a_2	$b_{1,3}$
AC	a_1	a_2	a_3

(a) 构造初始表　　　　　　(b) 检查 $A{\rightarrow}B$ 并进行表中元素修改

图 3.15　检验 ρ_1 的无损连接性

（2）分解方式 $\rho_2=\{R_1=\Pi_{AB}(R)$，$R_2=\Pi_{BC}(R)\}$

① 构造初始表

对于 R_1，包括 A、B 两个属性，第 1 行 A、B 列的值分别为 a_1、a_2，R_1 中没有 C 属性，该行 C 列的值为 $b_{1,3}$。对于 R_2，包括 B、C 两个属性，第 1 行 B、C 列的值分别为 a_2、a_3，R_2 中没有 A 属性，该行 A 列的值为 $b_{2,1}$，初始表如图 3.16(a)所示。

② 检查 $A{\rightarrow}B$，$A{\rightarrow}C$ 并进行表中元素修改

检查 F 中第 1 个函数依赖 $A{\rightarrow}B$，在表中找不到 A 列相同的行，对表中元素值不修改，如图 3.16(b)所示。检查 F 中第 2 个函数依赖 $A{\rightarrow}C$，也找不到 A 列相同的行，不修改表中元素值，如图 3.16(c)所示。因为没有全为 a 的行，所以 ρ_2 不具有无损连接性。

R_i	A	B	C
AB	a_1	a_2	$b_{1,3}$
BC	$b_{2,1}$	a_2	a_3

R_i	A	B	C
AB	a_1	a_2	$b_{1,3}$
BC	$b_{2,1}$	a_2	a_3

R_i	A	B	C
AB	a_1	a_2	$b_{1,3}$
BC	$b_{2,1}$	a_2	a_3

(a) 构造初始表　　　(b) 检查 $A{\rightarrow}B$ 并进行表中元素修改　　　(c) 检查 $A{\rightarrow}C$ 并进行表中元素修改

图 3.16　检验 ρ_2 的无损连接性

3.4.3　分解的保持依赖性

保持关系模式等价的另一个重要条件是原模式所满足的函数依赖在分解后的模式中保持不变。

定义 3.21 若 $F^+ = \left(\bigcup\limits_{i=1}^{k} F_i \right)^+$，则 $R<U, F>$ 的分解 $\rho=\{R_1<U_1, F_1>, R_2<U_2, F_2>, \cdots,$ $R_n<U_k, F_k>\}$ 保持函数依赖。

一个无损分解不一定具有函数依赖保持性；同样，一个依赖保持性分解不一定是无损分解。

3.4.4 模式分解的算法

对于模式分解：

（1）若要求分解具有无损连接性，模式分解一定可达到 4NF。

（2）若要求分解保持函数依赖，模式分解可以达到 3NF，但不一定能达到 BCNF。

（3）若要求分解既要保持函数依赖，又要具有无损连接性，模式分解可以达到 3NF，但不一定能达到 BCNF。

算法 3.3 转换为 3NF 的保持函数依赖的分解。

步骤如下：

（1）求出 $R<U, F>$ 中函数依赖集 F 的最小函数依赖集 $F_{\min}$。

（2）找出 $F_{\min}$ 中不出现的属性，把这样的属性构成一个关系模式。把这些属性从 U 中去掉，剩余的属性仍记为 U。

（3）若有 $X \rightarrow A$，且 $XA=U$，则输出 $\rho=\{R\}$（即 R 也为 3NF，不用分解），算法终止。

（4）对 $F_{\min}$ 按具有相同左部的原则分组（假设分为 k 组），每一组函数依赖 F_i 所涉及的全部属性形成一个属性集 U_i，于是 $\rho=\{R_1<U_1, F_1>, R_2<U_2, F_2>, \dots, R_k<U_k, F_k>\}$ 构成 $R<U, F>$ 的一个保持函数依赖的分解，R_i 均属 3NF。

（5）若 ρ 中没有一个子模式含 R 的候选码 X，则令 $\rho=\rho \cup \{X\}$；若 $U_i \subseteq U_j$（$i \neq j$），就去掉 U_i。

算法 3.4 转换为 3NF 既有无损连接性又保持函数依赖的分解。

步骤如下：

（1）根据算法 3.3 求出保持函数依赖的分解 $\rho=\{R_1<U_1, F_1>, R_2<U_2, F_2>, \dots, R_k<U_k, F_k>\}$。

（2）选取 R 的主码 X，将主码与函数依赖相关的属性组成一个关系模式 R_{k+1}。

（3）如果 $X \subseteq U_i$，则输出 ρ，否则输出 $\rho \cup \{R_{k+1}\}$。

算法 3.5 转换为 BCNF 的无损连接分解。

步骤如下：

（1）令 $\rho=\{R<U, F>\}$。

（2）如果 ρ 中所有关系模式都是 BCNF，算法终止。

（3）如果 ρ 中有一个关系模式 $R_i<U_i, F>$ 不是 BCNF，则必须有 $X \rightarrow A \in F_i^+$（$A$ 不属于 X），且 X 不是 R_i 的码。设 $S_1=XA$，$S_2=U_i-A$，用分解 $\{S_1, S_2\}$ 代替 $R_i(U_i, F_i)$，返回步骤（2）。

3.5 小结

本章主要介绍了以下内容：

（1）关系数据库设计理论有三个方面的内容：函数依赖、范式和模式设计。函数依赖起核心作用，它是模式分解和模式设计的基础，范式是模式分解的标准，关系数据库设计的关键是关系模式的设计。

（2）函数依赖是关系数据库规范化理论的基础。完全函数依赖、部分函数依赖和传递函数依赖的定义。

（3）在关系数据库的规范化过程中，为不同程度的规范化要求设立的不同标准或准则称为范式。

一个低一级范式的关系模式，通过模式分解可以转换成若干个高一级范式的关系模式的集合，该过程称为规范化。

关系模式规范化的目的是使结构更合理，消除插入异常、删除异常和更新异常，使数据冗余尽量小，便于插入、删除和更新。

一个关系模式只要其每个属性都是不可再分的数据项，则称为 1NF。消除 1NF 中非主属性对码的部分函数依赖，得到 2NF。消除 2NF 中非主属性对码的传递函数依赖，得到 3NF。消除 3NF 中主属性对码的部分函数依赖和传递函数依赖，得到 BCNF。消除 BCNF 中非平凡且非函数依赖的多值依赖，得到 4NF。

（4）把自反律、增广律和传递律称为 Armstrong 公理系统。Armstrong 公理系统是有效的、完备的。其有效性是指：由函数依赖集 F 出发根据 Armstrong 公理推导出来的每个函数依赖一定在 F^+ 中；其完备性是指：F^+ 中的每个函数依赖，必定可以由 F 出发根据 Armstrong 公理推导出来。

在关系模式 $R<U, F>$ 中，为 F 所逻辑蕴涵的函数依赖的全体称为 F 的闭包（closure），记为 F^+。

从蕴涵（或导出）的概念出发，引出两个函数依赖集的等价和最小函数依赖集的概念。

（5）对一个关系模式进行分解有多种方式，但分解后产生的模式应与原来的模式等价。由"等价"的概念，形成以下三种不同的定义：分解要具有无损连接性（Lossless Join）、分解要保持函数依赖（Preserve Functional Dependency）、分解既要保持函数依赖，又要具有无损连接性。

习 题 3

一、选择题

3.1 在规范化过程中，需要克服数据库逻辑结构中的冗余度大、插入异常和_____。

    A．结构不合理   B．删除异常

    C．数据丢失   D．数据的不一致性

3.2 关系规范化的插入异常是指_____。

A．不该删除的数据被删除　　　　　　B．应该删除的数据被删除

C．不该插入的数据被插入　　　　　　D．应该插入的数据未被插入

3.3　关系规范化的删除异常是指＿＿＿＿＿＿。

A．不该删除的数据被删除　　　　　　B．应该删除的数据被删除

C．不该插入的数据被插入　　　　　　D．应该插入的数据未被插入

3.4　在关系模式中，如果属性 A 和 B 存在 1：1 的联系，则说明＿＿＿＿＿＿。

A．$A \rightarrow B$　　　B．$A \leftrightarrow B$　　　C．$B \rightarrow A$　　　D．以上都不是

3.5　$X \rightarrow Y$，下列哪一项成立，称为平凡函数依赖。＿＿＿＿＿＿

A．$Y \subset X$　　　B．$X \subset Y$　　　C．$X \bigcap Y = \phi$　　　D．$X \bigcap Y \neq \phi$

3.6　下列说法中，哪一项是错误的？＿＿＿＿＿＿

A．2NF 必然属于 1NF　　　　　　　　B．3NF 必然属于 2NF

C．3NF 必然属于 BCNF　　　　　　　D．BCNF 必然属于 3NF

3.7　若关系模式 $R(A，B)$ 已属于 3NF，下列说法正确的是＿＿＿＿＿＿。

A．一定消除了插入异常和删除异常　　B．仍存在一定的插入异常和删除异常

C．一定属于 BCNF　　　　　　　　　D．A 和 C 都是

3.8　设有关系模式 $R(A，B，C，D)$，其数据依赖集 $F=\{(A，B) \rightarrow C，C \rightarrow D\}$，则关系模式 R 的规范化程度最高达到＿＿＿＿＿＿。

A．1NF　　　　　B．2NF　　　　　C．3NF　　　　　D．BCNF

3.9　在关系模式 S(Sno, Sname, Dept，DeptHead)中，各属性含义为学号、姓名、系、系主任姓名，S 的最高范式是＿＿＿＿＿＿。

A．1NF　　　　　B．2NF　　　　　C．3NF　　　　　D．BCNF

3.10　设关系模式 $R(A，B，C，D，E)$，其数据依赖集 $F=\{A \rightarrow D，B \rightarrow C，E \rightarrow A\}$，则关系模式 R 的候选码为＿＿＿＿＿＿。

A．$A，B$　　　　　B．$C，D$　　　　　C．$D，E$　　　　　D．$B，E$

二、填空题

3.11　关系数据库设计理论有三个方面的内容：函数依赖、范式和＿＿＿＿＿＿。

3.12　在关系数据库的规范化过程中，为不同程度的规范化要求设立的不同＿＿＿＿＿＿称为范式。

3.13　一个低一级范式的关系模式，通过＿＿＿＿＿＿可以转换成若干个高一级范式的关系模式的集合，该过程称为规范化。

3.14　关系模式规范化的目的是使结构更合理，消除插入异常、删除异常和＿＿＿＿＿＿，使数据冗余尽量小。

3.15　任何一个二目关系是属于＿＿＿＿＿＿的。

3.16　把自反律、＿＿＿＿＿＿和传递律称为 Armstrong 公理系统。

3.17　Armstrong 公理系统是有效的、＿＿＿＿＿＿的。

3.18　若 $R.A \rightarrow R.B$，$R.B \rightarrow R.C$，则＿＿＿＿＿＿。

3.19　若 $R.A \rightarrow R.B$，$R.A \rightarrow R.C$，则＿＿＿＿＿＿。

3.20　若 $R.B \rightarrow R.A$，$R.C \rightarrow R.A$，则＿＿＿＿＿＿。

三、问答题

3.21 什么是函数依赖？简述完全函数依赖、部分函数依赖和传递函数依赖。

3.22 什么是范式？什么是关系模式规范化？关系模式规范化目的是什么？

3.23 简述关系模式规范化的过程。

3.24 简述 Armstrong 公理系统的推理规则。

3.25 什么是函数依赖集 F 的闭包？

3.26 什么是最小函数依赖集？简述求最小函数依赖集的步骤。

3.27 简述模式分解的定义。

四、应用题

3.28 设关系模式 $R(A，B，C，D)$，其函数依赖集 $F=\{CD{\to}B，B{\to}A\}$。

（1）说明 R 不是 3NF 的理由。

（2）将 R 分解为 3NF 的模式集。

3.29 设关系模式 $R(W，X，Y，Z)$，其函数依赖集 $F=\{X{\to}Z，WX{\to}Y\}$。

（1）R 属于第几范式？

（2）如果关系 R 不属于 BCNF，将 R 分解为 BCNF。

3.30 设关系模式 $R(A，B，C)$，其函数依赖集 $F=\{C{\to}B，B{\to}A\}$。

（1）求 R 的候选码。

（2）判断 R 是否为 3NF，并说明理由。

（3）如果不是，将 R 分解为 3NF 模式集。

3.31 设关系模式 $R(A，B，C，D)$，其函数依赖集 $F=\{A{\to}C，C{\to}A，B{\to}AC，D{\to}AC，BD{\to}A\}$。

（1）计算 $(AD)^+$。

（2）求 R 的候选码。

（3）求 F 的最小函数依赖集。

（4）将 R 分解为 3NF，使其既具有无损连接性，又保持函数依赖。

第4章 数据库设计

数据库设计的技术和方法是本章讨论的主要内容，本章介绍数据库设计概述、需求分析、概念结构设计、逻辑结构设计、物理结构设计、数据库实施、数据库运行和维护等内容。

4.1 数据库设计概述

通常将使用数据库的应用系统称为数据库应用系统，如电子商务系统、电子政务系统、办公自动化系统、以数据库为基础的各类管理信息系统等。数据库应用系统的设计和开发本质上属于软件工程的范畴。

广义数据库设计是指设计整个数据库的应用系统。狭义数据库设计是指设计数据库各级模式并建立数据库，它是数据库应用系统设计的一部分。本章主要介绍狭义数据库设计。

数据库设计是指对于一个给定的应用环境，构造优化的数据库逻辑结构和物理结构，以建立数据库及其应用系统。

1. 数据库设计的特点和方法

（1）数据库设计的特点

数据库设计和应用系统设计有相同之处，但更具其自身特点，介绍如下：

① 综合性

数据库设计涉及面广，较为复杂，它包含计算机专业知识及业务系统专业知识，要解决技术及非技术两方面的问题。

② 结构设计与行为设计相结合

数据库的结构设计在模式和外模式中定义，应用系统的行为设计在存取数据库的应用程序中设计和实现。

静态结构设计是指数据库的模式框架设计（包括语义结构（概念）、数据结构（逻辑）、存储结构（物理）），动态行为设计是指应用程序设计（动作操纵：功能组织、流程控制）。

由于结构设计和行为设计是分离进行的，程序和数据不易结合，我们必须强调数据库设计和应用系统设计的密切结合。

（2）数据库设计的方法

数据库设计方法有新奥尔良设计方法、基于 E-R 模型的设计方法、基于 3NF 的设计方法、对象定义语言方法等。

① 新奥尔良（New Orleans）设计方法

新奥尔良设计方法是规范设计方法中比较著名的数据库设计方法，该方法将数据库设计分成 4 个阶段：需求分析、概念设计、逻辑设计和物理设计。经过很多人的改进，现将数据库设计分为 6 个阶段：需求分析、概念结构设计、逻辑结构设计、物理结构设计、数据库实施和数据库运行维护。

② 基于 E-R 模型的设计方法

在需求分析的基础上，采用基于 E-R 模型的设计方法设计数据库的概念模型，是数据库概念设计阶段广泛采用的方法。

③ 基于 3NF 的设计方法

基于 3NF 的设计方法以关系数据库设计理论为指导来设计数据库的逻辑模型，是设计关系数据库时在逻辑设计阶段采用的一种有效方法。

④ 对象定义语言（Object Definition Language, ODL）方法

ODL 方法是面向对象的数据库设计方法，该方法使用面向对象的概念和术语来描述和完成数据库的结构设计，通过统一建模语言（Unified Modeling Language，UML）的类图表示数据对象的汇集及它们之间的联系，其所得到的对象模型，既可用于设计关系数据库，也可用于设计面向对象数据库等。

数据库设计工具已经实用化和商品化，例如 SYSBASE 公司的 PowerDesigner、Oracle 公司的 Designer2000、Rational 公司的 Rational Rose 等。

2. 数据库设计的基本步骤

在数据库设计之前，首先要选定参加设计的人员，包括系统分析员、数据库设计人员、应用开发人员、数据库管理员和用户代表。

按照规范设计的方法，考虑数据库及其应用系统开发全过程，将数据库设计分为以下 6 个阶段：需求分析阶段，概念结构设计阶段，逻辑结构设计阶段，物理结构设计阶段，数据库实施阶段，数据库运行和维护阶段，如图 4.1 所示。

（1）需求分析阶段

需求分析是整个数据库设计的基础，在数据库设计中，首先需要准确了解与分析用户的需求，明确系统的目标和实现的功能。

（2）概念结构设计阶段

概念结构设计是整个数据库设计的关键，其任务是根据需求分析，形成一个独立于具体数据库管理系统的概念模型，即设计 E-R 模型。

（3）逻辑结构设计阶段

逻辑结构设计是将概念结构转换为某个具体的数据库管理系统所支持的数据模型。

（4）物理结构设计阶段

物理结构设计是为逻辑数据模型选取一个最适合应用环境的物理结构，包括存储结构和存取方法等。

（5）数据库实施阶段

设计人员运用数据库管理系统所提供的数据库语言和宿主语言，根据逻辑设计和物理设计的结果建立数据库，编写和调试应用程序，组织数据入库和试运行。

（6）数据库运行和维护阶段

通过试运行后即可投入正式运行，在数据库运行过程中，需要不断地对其进行评估、调整和修改。

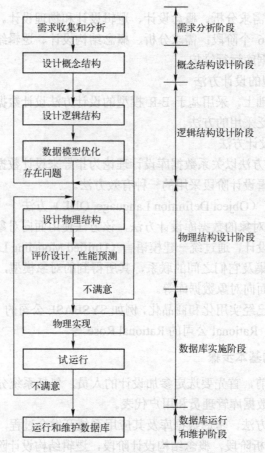

图 4.1 数据库设计步骤

数据库设计的不同阶段形成的数据库各级模式如图 4.2 所示。

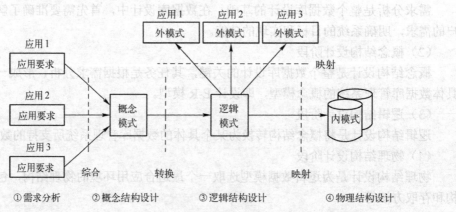

图 4.2 数据库各级模式

在需求分析阶段,设计的中心工作是综合各个用户的需求。在概念结构设计阶段,形成与计算机硬件无关的、独立于各个数据库管理系统产品的概念模式,即 E-R 模型。在逻辑结构设计阶段,将 E-R 模型转换成具体的数据库管理系统产品支持的数据模型,形成数据库逻辑模式,然后,在基本表的基础上再建立必要的视图,形成数据的外模式。

在物理结构设计阶段，根据数据库管理系统的特点和处理的需要，进行物理存储安排，建立索引，形成数据库物理模式。

4.2 需求分析

需求分析阶段是整个数据库设计中最重要的一个步骤，它需要从各个方面对业务对象进行调查、收集、分析，以准确了解用户对数据和处理的需求。

需求分析是数据库设计的起点，需求分析的结果是否准确反映用户要求，将直接影响到后面各阶段的设计，并影响到设计结果是否合理和实用。

1. 需求分析的任务

需求分析阶段的主要任务是对现实世界要处理的对象（公司、部门）进行详细调查，在了解现行系统的概况、确定新系统功能的过程中，收集支持系统目标的基础数据及其处理方法。

需求分析是在用户调查的基础上，通过分析，逐步明确用户对系统的需求，包括数据需求和围绕这些数据的业务处理需求。

用户调查的重点是"数据"和"处理"。

（1）信息需求

定义未来数据库系统用到的所有信息，明确用户将向数据库中输入什么样的数据，从数据库中要求获得哪些内容，将要输出哪些信息，以及描述数据间的联系等。

（2）处理需求

定义系统数据处理的操作功能，描述操作的优先次序，包括操作的执行频率和场合，操作与数据间的联系。处理需求还要明确用户要完成哪些处理功能，每种处理的执行频度，用户需求的响应时间以及处理方式，比如是联机处理还是批处理等。

（3）安全性与完整性要求

描述系统中不同用户对数据库的使用和操作情况，完整性还要求描述数据之间的关联关系以及数据的取值范围要求。

2. 需求分析的方法

需求分析中的结构化分析方法（Structured Analysis, SA）采用自顶向下、逐层分解的方法分析系统，通过数据流图（Data Flow Diagram, DFD）、数据字典（Data Dictionary, DD）描述系统。

（1）数据流图

数据流图用来描述系统的功能，表达了数据和处理的关系。数据流图采用 4 个基本符号：外部实体、数据流、数据处理、数据存储。

① 外部实体

数据来源和数据输出又称为外部实体，表示系统数据的外部来源和去处，也可是另外一个系统。

② 数据流

由数据组成，表示数据的流向，数据流都需要命名，数据流的名称反映了数据流的含义。

③ 数据处理

指对数据的逻辑处理，也就是数据的变换。

④ 数据存储

表示数据保存的地方，即数据存储的逻辑描述。

数据流图如图 4.3 所示。

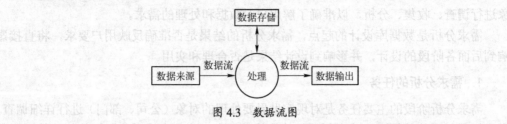

图 4.3　数据流图

（2）数据字典

数据字典是各类数据描述的集合，对数据流图中的数据流和数据存储等进行详细的描述，它包括数据项、数据结构、数据流、数据存储、处理过程等。

① 数据项

数据项是数据最小的组成单位，即不可再分的基本数据单位，记录了数据对象的基本信息，描述了数据的静态特性。

数据项描述={数据项名，数据项含义说明，别名，数据类型，长度，取值范围，取值含义，与其他数据项的逻辑关系}

② 数据结构

数据结构是若干数据项有意义的集合，由若干数据项组成，或由若干数据项和数据结构组成。

数据结构描述={数据结构名，含义说明，组成：{数据项或数据结构}}

③ 数据流

数据流表示某一处理过程的输入和输出，表示了数据处理过程中的传输流向，是对数据动态特性的描述。

数据流描述={数据流名，说明，数据流来源，数据流去向，组成：{数据结构}，平均流量，高峰期流量}

④ 数据存储

数据存储是处理过程中存储的数据，它是在事务和处理过程中数据所停留和保存过的地方。

数据存储描述={数据存储名，说明，编号，流入的数据流，流出的数据流，组成:{数据结构}，数据量，存取频度，存取方式}

⑤ 处理过程

在数据字典中，只需简要描述处理过程的信息。

处理过程描述={处理过程名，说明，输入：{数据流}，输出：{数据流}，处理：{简要说明}}

4.3　概念结构设计

将需求分析得到的用户需求抽象为信息结构（概念模型）的过程就是概念结构设计。

需求分析得到的数据描述是无结构的，概念设计是在需求分析的基础上转换为有结构的、易于理解的精确表达，概念设计阶段的目标是形成整体数据库的概念结构，它独立于数据库逻辑结构和具体的数据库管理系统，概念结构设计是整个数据库设计的关键。

4.3.1　概念结构的特点和设计步骤

1．概念结构的特点

概念模型具有以下特点：

（1）能真实、充分地反映现实世界

概念模型是现实世界的一个真实模型，能满足用户对数据的处理要求。

（2）易于理解

便于数据库设计人员和用户交流，用户的积极参与是数据库设计成功的关键。

（3）易于更改

当应用环境和应用要求发生改变时，易于修改和扩充概念模型。

（4）易于转换为关系、网状、层次等各种数据模型

描述概念模型的有力工具是 E-R 模型，在第 1 章中已经介绍，本章在介绍概念结构设计中也采用 E-R 模型。

2．概念结构设计

概念结构设计的方法有 4 种。

（1）自底向上

首先定义局部应用的概念结构，然后按一定的规则把它们集成起来，得到全局概念模型。

（2）自顶向下

首先定义全局概念模型，然后再逐步细化。

（3）由里向外

首先定义最重要的核心概念结构，然后再逐步向外扩展。

（4）混合策略

将自顶向下和自底向上结合起来使用。

概念结构设计的一般步骤如下：

（1）根据需求分析划分的局部应用，设计局部 E-R 模型。

（2）将局部 E-R 模型合并，消除冗余和可能的矛盾，得到系统的全局 E-R 模型，审核和验证全局 E-R 模型，完成概念模型的设计。

概念结构设计的步骤如图 4.4 所示。

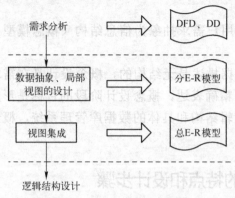

图 4.4　概念结构设计的步骤

4.3.2　局部 E-R 模型设计

使用系统需求分析阶段得到的数据流程图、数据字典和需求规格说明，建立对应于每一部门或应用的局部 E-R 模型，关键问题是如何确定实体（集）和实体属性，即首先要确定系统中的每个子系统包含哪些实体和属性。

设计局部 E-R 模型时，最大的困难在于实体和属性的正确划分，其基本划分原则如下：

（1）属性应是系统中最小的信息单位。

（2）当属性具有多个值时，应该升级为实体。

【例 4.1】　设有学生、课程、教师、学院实体如下：

> 学生(学号、姓名、性别、出生日期、专业、总学分、选修课程号)
> 课程(课程号、课程名、学分、开课学院、任课教师号)
> 教师(教师号、姓名、性别、出生日期、职称、学院名、讲授课程号)
> 学院(学院号、学院名、电话、教师号、教师名)

上述实体中存在如下联系：

（1）一个学生可选修多门课程，一门课程可被多个学生选修。

（2）一个教师可讲授多门课程，一门课程可被多个教师讲授。

（3）一个学院可有多个教师，一个教师只能属于一个学院。

（4）一个学院可拥有多个学生，一个学生只属于一个学院。

（5）假设学生只能选修本学院的课程，教师只能为本学院的学生讲课。

要求分别设计学生选课和教师任课两个局部信息的结构 E-R 模型。

解：

从各实体属性看到，学生实体与学院实体、课程实体关联，不直接与教师实体关联，一个学院可以开设多门课程，学院实体与课程实体之间是 $1:m$ 的联系，学生选课局部 E-R 模型如图 4.5 所示。

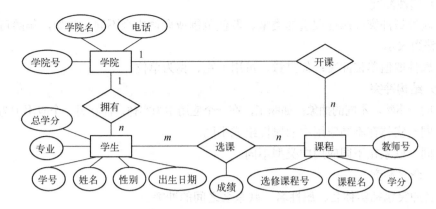

图 4.5　学生选课局部 E-R 模型

教师实体与学院实体、课程实体关联，不直接与学生实体关联，教师讲课局部 E-R 模型如图 4.6 所示。

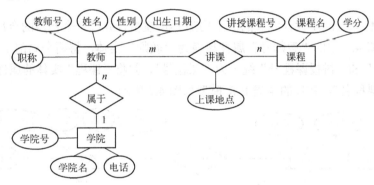

图 4.6　教师讲课局部 E-R 模型

4.3.3　全局 E-R 模型设计

综合各部门或应用的局部 E-R 模型，就可以得到系统的全局 E-R 模型。综合局部 E-R 模型的方法有两种：

（1）多个局部 E-R 模型逐步综合，一次综合两个 E-R 模型。

（2）多个局部 E-R 模型一次综合。

第一种方法，由于一次只综合两个 E-R 模型，难度降低，较易使用。

在上述两种方法中，每次综合可分为以下两个步骤：

（1）进行合并，解决各局部 E-R 模型之间的冲突问题，生成初步 E-R 模型。

（2）修改和重组，消除冗余，生成基本 E-R 模型。

1.　合并局部 E-R 模型，消除冲突

由于各个局部应用不同，通常由不同的设计人员去设计局部 E-R 模型，因此，各局部 E-R 模型之间往往会有很多不一致，称为冲突，冲突的类型如下：

（1）属性冲突

● 属性域冲突：属性取值的类型、取值范围或取值集合不同。例如，年龄可用出生年月和整数表示。

● 属性取值单位冲突：如重量，可用千克、克为单位。

（2）结构冲突

● 同一事物，不同的抽象：如职工，在一个应用中为实体，而在另一个应用中为属性。

● 同一实体在不同应用中的属性组成不同。

● 同一联系在不同应用中类型不同。

（3）命名冲突

命名冲突包括实体名、属性名、联系名之间的冲突。

● 同名异义：不同意义的事物具有相同的名称。

● 异名同义：相同意义的事物具有不同的名称。

属性冲突和命名冲突可通过协商来解决，结构冲突在认真分析后通过技术手段解决。

【例 4.2】 将例 4.1 设计完成的两个局部 E-R 模型合并成一个初步的全局 E-R 模型。

解：将图 4.5 中的"教师号"属性转换为"教师"实体，将两个局部 E-R 模型中的"选修课程号"和"讲授课程号"统一为"课程号"，并将"课程"实体的属性统一为"课程号"和"课程名"，初步的全局 E-R 模型如图 4.7 所示。

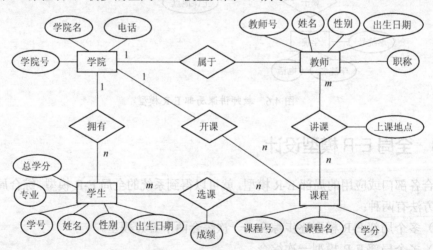

图 4.7 初步的全局 E-R 模型

2. 消除冗余

在初步的 E-R 模型中，可能存在冗余的数据或冗余的联系。冗余的数据是指可由基本的数据导出的数据，冗余的联系也可由其他的联系导出。

冗余的存在容易破坏数据库的完整性，给数据库的维护增加困难，应该消除。

【例 4.3】 消除冗余，对例 4.2 中的初步的全局 E-R 模型进行改进。

解：在图 4.7 中，"属于"和"开课"是冗余联系，它们可以通过其他联系导出，消除冗余联系后得到改进的全局 E-R 模型，如图 4.8 所示。

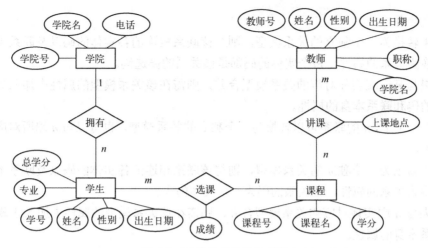

图 4.8 改进的全局 E-R 模型

4.4 逻辑结构设计

逻辑结构设计的任务是将概念结构设计阶段设计好的基本 E-R 模型转换为与选用的数据库管理系统产品所支持的数据模型相符合的逻辑结构，即由概念结构导出特定的数据库管理系统可以处理的逻辑结构。

由于当前主流的数据库管理系统是关系数据库管理系统，所以逻辑结构设计是将 E-R 模型转换为关系模型。

4.4.1 逻辑结构设计的步骤

以关系数据库管理系统（RDBMS）为例，逻辑结构设计的步骤如图 4.9 所示。

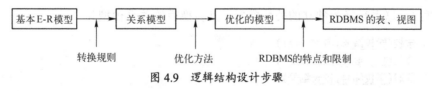

图 4.9 逻辑结构设计步骤

（1）将用 E-R 模型表示的概念结构转换为关系模型。
（2）优化模型。
（3）设计适合 RDBMS 的关系模式。

4.4.2 E-R 模型向关系模型的转换

由 E-R 模型向关系模型转换有以下两个规则：
规则 1：一个实体转换为一个关系模型。
实体的属性就是关系的属性，实体的码就是关系的码。
规则 2：实体间的联系转换为关系模型有以下不同的情况。
（1）一个 1：1 的联系可以转换为一个独立的关系模型，也可以与任意一端所对应的关系模型合并。

如果转换为一个独立的关系模型，则与该联系相连的各实体的码以及联系本身的属性都转换为关系的属性，每个实体的码都是该关系的候选码。

如果与某一端实体对应的关系模型合并，则需在该关系模型的属性中加入另一个关系模型的码和联系本身的属性。

（2）一个 $1:n$ 的联系可以转换为一个独立的关系模型，也可以与 n 端所对应的关系模型合并。

如果转换为一个独立的关系模型，则与该联系相连的各实体的码以及联系本身的属性都转换为关系的属性，且关系的码为 n 端实体的码。

如果与 n 端实体对应的关系模型合并，则需在该关系模型的属性中加入 1 端实体的码和联系本身的属性。

（3）一个 $m:n$ 的联系转换为一个独立的关系模型。

与该联系相连的各实体的码以及联系本身的属性都转换为关系的属性，各实体的码组成该关系的码或关系码的一部分。

（4）三个或三个以上实体间的一个多元联系可以转换为一个独立的关系模型。

与该多元联系相连的各实体的码以及联系本身的属性都转换为关系的属性，各实体的码组成该关系的码或关系码的一部分。

（5）具有相同码的关系模型可以合并。

【例 4.4】 $1:1$ 的联系的 E-R 模型如图 4.10 所示，将 E-R 模型转换为关系模型。

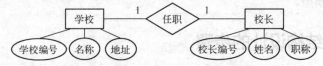

图 4.10 $1:1$ 的联系的 E-R 模型示例

方案 1：联系转换为独立的关系模型，则转换后的关系模型为

学校(<u>学校编号</u>,名称,地址)
校长(<u>校长编号</u>,姓名,职称)
任职(<u>学校编号,校长编号</u>)

方案 2：联系合并到"学校"关系模型中，则转换后的关系模型为

学校(<u>学校编号</u>,名称,地址,校长编号)
校长(<u>校长编号</u>,姓名,职称)

方案 3：联系合并到"校长"关系模型中，则转换后的关系模型为

学校(<u>学校编号</u>,名称,地址)
校长(<u>校长编号</u>,姓名,职称,学校编号)

在 $1:1$ 的联系中，一般不将联系转换为一个独立的关系模式，这是由于关系模式个数多，相应的表也越多，查询时会降低查询效率。

【例 4.5】 $1:n$ 的联系的 E-R 模型如图 4.11 所示，将 E-R 模型转换为关系模型。

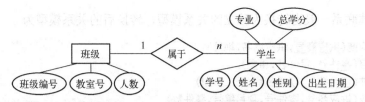

图 4.11 1:n 的联系的 E-R 模型示例

方案 1：联系转换为独立的关系模型，则转换后的关系模型为

> 班级(<u>班级编号</u>,教室号,人数)
> 学生(<u>学号</u>，姓名，性别，出生日期，专业，总学分)
> 属于(<u>学号</u>,班级编号)

方案 2：联系合并到 n 端实体对应的关系模型中，则转换后的关系模型为

> 班级(<u>班级编号</u>,教室号,人数)
> 学生(<u>学号</u>，姓名，性别，出生日期，班级编号)

同样，在 1:n 的联系中，一般也不将联系转换为一个独立的关系模型。

【例 4.6】 m:n 的联系的 E-R 模型如图 4.12 所示，将 E-R 模型转换为关系模型。

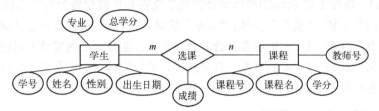

图 4.12 m:n 联系的 E-R 模型示例

对于 m:n 的联系，必须转换为独立的关系模型，转换后的关系模型为：

> 学生(<u>学号</u>，姓名，性别，出生日期，专业，总学分)
> 课程(<u>课程号</u>,课程名,学分，教师号)
> 选课(<u>学号</u>,<u>课程号</u>,成绩)

【例 4.7】 三个实体联系的 E-R 模型如图 4.13 所示，将 E-R 模型转换为关系模型。

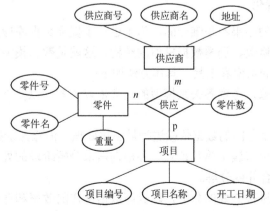

图 4.13 三个实体联系的 E-R 模型示例

三个实体联系一般也转换为独立的关系模型，转换后的关系模型为

> 供应商(<u>供应商号</u>,供应商名,地址)
> 项目(<u>零件号</u>,零件名,重量)
> 零件(<u>项目编号</u>,项目名称,开工日期)
> 供应(<u>供应商号</u>,<u>零件号</u>,<u>项目编号</u>,零件数)

【例 4.8】 将图 4.8 所示的改进的全局 E-R 模型转换为关系模型。

将"学生"实体、"课程"实体、"教师"实体、"学院"实体分别设计成一个关系模型，将"拥有"联系（1∶n 联系）合并到"学生"实体（n 端实体）对应的关系模型中，将"选课"联系和"讲课"联系（m∶n 联系）转换为独立的关系模型。

> 学生(<u>学号</u>, 姓名, 性别, 年龄, 专业, 总学分, 学院号)
> 课程(<u>课程号</u>, 课程名, 学分)
> 教师(<u>教师号</u>, 姓名, 性别, 出生日期、职称、学院名)
> 学院(<u>学院号</u>, 学院名, 电话)
> 选课(<u>学号, 课程号</u>, 成绩)
> 讲课(<u>教师号, 课程号</u>, 上课地点)

【例 4.9】 将图 1.12 所示的商店销售管理系统的 E-R 模型转换为关系模型。

将"部门"实体、"员工"实体、"订单"实体、"商品"实体分别设计成一个关系模型，将"拥有"联系（1∶n 的联系）合并到"员工"实体（n 端实体）对应的关系模型中，将"开出"联系（1∶n 的联系）合并到"订单"实体（n 端实体）对应的关系模型中，将"订单明细"联系（m∶n 的联系）转换为独立的关系模型。

> 部门(<u>部门号</u>, 部门名称)
> 员工(<u>员工号</u>, 姓名, 性别, 出生日期, 地址, 工资, 部门号)
> 订单(<u>订单号</u>, 客户号, 销售日期, 总金额, 员工号)
> 商品(<u>商品号</u>, 商品名称, 商品类型代码, 单价, 库存量, 未到货商品数量)
> 订单明细(<u>订单号, 商品号</u>, 单价, 数量, 总价, 折扣率, 折扣总价)

4.4.3 数据模型的优化和设计外模式

1. 关系模型的优化

数据库逻辑设计的结果不是唯一的，为了进一步提高数据库应用系统的性能，有必要根据应用需求适当修改、调整数据模型的结构，这就是数据模型的优化，规范化理论是关系数据模型优化的指南和工具，具体方法如下：

（1）确定数据依赖，考察各关系模型的函数依赖关系，以及不同关系模型属性之间的数据依赖。

（2）对各关系模型之间的数据依赖进行最小化处理，消除冗余的联系。

（3）确定各关系模型属于第几范式，并根据需求分析阶段的处理要求，确定是否要对这些关系模型进行合并或分解。

（4）对关系模型进行必要的分解，以提高数据操作的效率和存储空间的利用率，常用的分解方法有垂直分解和水平分解。

● 垂直分解：把关系模型 R 的属性分解成若干属性子集合，定义每个属性子集合为

一个子关系。

● 水平分解：把基本关系的元组分为若干元组子集合，定义每个子集合为一个子关系，以提高系统的效率。

2．设计外模式

将概念模型转换为全局逻辑模型后，还应该根据局部应用需求，结合具体数据库管理系统的特点，设计用户外模式。外模式设计的目标是抽取或导出模式的子集，以构造各不同用户使用的局部数据逻辑结构。

外模式概念对应关系数据库的视图概念，设计外模式是为了更好地满足局部用户的需求。

定义数据库的模式主要是从系统的时间效率、空间效率、易维护等角度出发，而用户外模式和模式是相对独立的，所以在设计外模式时，可以更多地考虑用户的习惯和方便。

（1）使用更符合用户习惯的别名。

（2）对不同级别的用户定义不同的视图，以保证系统的安全性。

（3）简化用户对系统的使用，如将复杂的查询定义为视图等。

4.5 物理结构设计

数据库在物理设备上的存储结构和存取方法称为数据库的物理结构。

为已确定的逻辑数据结构选取一个最适合应用环境的物理结构，称为物理结构设计。

数据库的物理结构设计通常分为两步：

（1）确定数据库的物理结构，在关系数据库中主要指存取方法和存储结构。

（2）对物理结构进行评价，评价的重点是时间和空间效率。

1．物理结构设计的内容和方法

数据库的物理结构设计主要包括的内容有：确定数据的存取方法和确定数据的存储结构。

（1）确定数据的存取方法

存取方法是快速存取数据库中数据的技术，具体采用的方法由数据库管理系统根据数据的存储方式决定，用户一般不能干预。

用户可以通过建立索引的方法来加快数据的查询效率。

建立索引的一般原则如下：

● 在经常作为查询条件的属性上建立索引。

● 在经常作为连接条件的属性上建立索引。

● 在经常作为分组依据列的属性上建立索引。

● 对经常进行连接操作的表可以建立索引。

一个表可以建立多个索引，但只能建立一个聚簇索引。

（2）确定数据的存储结构

一般的存储方式有顺序存储、散列存储和聚簇存储。

- 顺序存储：其平均查找次数为表中记录数的二分之一。
- 散列存储：其平均查找次数由散列算法确定。
- 聚簇存储：为了提高某个属性或属性组的查询速度，把这个属性或属性组上具有相同值的元组集中存放在连续的物理块上的处理称为聚簇，这个属性或属性组称为聚簇码，通过聚簇可以极大提高按聚簇码进行查询的速度。

一般情况下，系统都会为数据选择一种最合适的存储方式。

2．物理结构设计的评价

在物理设计过程中，需要对时间效率、空间效率、维护代价和各种用户要求进行权衡，从而产生多种设计方案，数据库设计人员应对这些方案进行详细的评价，从中选择一个较优的方案作为数据库的物理结构。

评价物理结构设计的方法完全依赖于具体的数据库管理系统，主要考虑的是操作开销，即为使用户获得及时、准确的数据所需的开销和计算机资源的开销。具体可分为如下几类：

- 查询和响应时间。
- 更新事务的开销。
- 生成报告的开销。
- 主存储空间的开销。
- 辅助存储空间的开销。

4.6　数据库实施

数据库实施阶段主要任务是根据数据库逻辑结构和物理结构设计的结果，在实际的计算机系统中建立数据库的结构、加载数据、调试和运行应用程序、进行数据库的试运行等。

1．建立数据库的结构

使用给定的数据库管理系统提供的命令，建立数据库的模式、外模式和内模式，对于关系数据库，即创建数据库和建立数据库中的表、视图、索引。

2．加载数据和应用程序的调试

数据库实施阶段有两项重要工作：一是加载数据，二是应用程序的编码和调试。

在数据库系统中，一般数据量都很大，各应用环境差异也很大。

为了保证数据库中的数据正确、无误，必须十分重视数据的校验工作。在将数据输入系统进行数据转换过程中，应该进行多次校验。对于重要数据的校验更应该反复多次，确认无误后再输入到数据库中。

数据库应用程序的设计应与数据库设计同时进行，在加载数据到数据库的同时，还要调试应用程序。

3．数据库的试运行

在有一部分数据加载到数据库之后，就可以开始对数据库系统进行联合调试了，这个过程又称为数据库试运行。

这一阶段要实际运行数据库应用程序，执行对数据库的各种操作，测试应用程序的功能是否满足设计要求。若不满足，则要对应用程序进行修改、调整，直到达到设计要求为止。

在数据库试运行阶段，还要对系统的性能指标进行测试，分析其是否达到设计目标。

4.7　数据库运行和维护

数据库试运行合格后，数据库开发工作基本完成，可以投入正式运行。

数据库投入运行标志着开发工作的基本完成和维护工作的开始，只要数据库存在，就需要不断地对它进行评价、调整和维护。

在数据库运行阶段，对数据库经常性的维护工作主要由数据库系统管理员完成，其主要工作有：数据库的备份和恢复，数据库的安全性和完整性控制，监视、分析、调整数据库性能，数据库的重组和重构。

1. 数据库的备份和恢复

数据库的备份和恢复是系统正式运行后重要的维护工作，要对数据库进行定期备份，一旦出现故障，要能及时地将数据库恢复到尽可能正确的状态，以减少数据库损失。

2. 数据库的安全性和完整性控制

随着数据库应用环境的变化，对数据库的安全性和完整性要求也会发生变化。例如，增加、删除用户，增加、修改某些用户的权限，撤回某些用户的权限，数据的取值范围发生变化等。这都需要系统管理员对数据库进行适当的调整，以适应这些新的变化。

3. 监视、分析、调整数据库性能

监视数据库的运行情况，并对检测数据进行分析，找出能够提高性能的可行性，并适当地对数据库进行调整。目前有些数据库管理系统产品提供了性能检测工具，数据库系统管理员可以利用这些工具很方便地监视数据库。

4. 数据库的重组和重构

数据库运行一段时间后，随着数据的不断添加、删除和修改，会使数据库的存取效率降低，数据库管理员可以改变数据库数据的组织方式，通过增加、删除或调整部分索引等方法，改善系统的性能。

数据库的重组并不改变数据库的逻辑结构，而数据库的重构指部分修改数据库的模式和内模式。

4.8　应用举例

为进一步掌握数据库设计中的概念结构设计和逻辑结构设计，现举例说明如下。

【例 4.10】　在商店购物系统中，搜集到以下信息：

顾客信息：顾客号、姓名、地址、电话

订单信息：订单号、单价、数量、总金额

商品信息：商品号、商品名称

该业务系统有以下规则：

I. 一个顾客可拥有多个订单，一个订单只属于一个顾客。

II. 一个订单可订购多种商品，一种商品可被多个订单购买。

（1）根据以上信息画出合适的 E-R 模型。

（2）将 E-R 模型转换为关系模型，并用下画线标出每个关系的主码，说明外码。

解：（1）画出的 E-R 模型如图 4.14 所示。

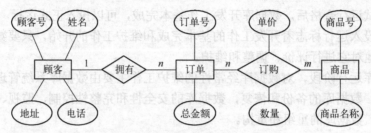

图 4.14　商店购物系统的 E-R 模型

（2）由 E-R 模型转换的关系模型如下：

> 顾客(<u>顾客号</u>，姓名，地址，电话)
>
> 订单(<u>订单号</u>，总金额，顾客号)
>
> 　外码：顾客号
>
> 订单明细(<u>订单号，商品号</u>，单价，数量)
>
> 　外码：订单号，商品号
>
> 商品(<u>商品号</u>，商品名称)

4.9　小结

本章主要介绍了以下内容：

（1）数据库设计是指对于一个给定的应用环境，构造优化的数据库逻辑结构和物理结构，以建立数据库及其应用系统。数据库设计是数据库应用系统设计的一部分，数据库应用系统的设计和开发本质上属于软件工程的范畴。

数据库设计分为以下 6 个阶段：需求分析阶段，概念结构设计阶段，逻辑结构设计阶段，物理结构设计阶段，数据库实施阶段，数据库运行和维护阶段。

（2）需求分析是在用户调查的基础上，通过分析，逐步明确用户对系统的需求，包括数据需求和围绕这些数据的业务处理需求。用户调查的重点是"数据"和"处理"。

需求分析中的结构化分析方法（Structured Analysis，SA）采用自顶向下、逐层分解的方法分析系统，通过数据流图（Data Flow Diagram，DFD）、数据字典（Data Dictionary，DD）描述系统。

（3）需求分析得到的数据描述是无结构的，概念结构设计是在需求分析的基础上转换为有结构的、易于理解的精确表达，概念结构设计阶段的目标是形成整体数据库的概念结构，它独立于数据库逻辑结构和具体的数据库管理系统。描述概念模型的有力工具是 E-R 模型，概念结构设计是整个数据库设计的关键。

概念结构设计的一般步骤为：根据需求分析划分的局部应用，设计局部 E-R 模型；将局部 E-R 模型合并，消除冗余和可能的矛盾，得到系统的全局 E-R 模型；审核和验证全局 E-R 模型，完成概念模型的设计。

（4）逻辑结构设计的任务是将概念结构设计阶段设计好的基本 E-R 模型转换为与选用的数据库管理系统产品所支持的数据模型相符合的逻辑结构。由于当前主流的数据模型是关系模型，所以逻辑结构设计是将 E-R 模型转换为关系模型。

逻辑结构设计步骤为：将用 E-R 模型表示的概念结构转换为关系模型，优化模型，然后设计适合 DBMS 的关系模式。

由 E-R 模型向关系模型转换有以下两个规则：①一个实体转换为一个关系模型；②实体间的联系转换为关系模型有几种不同的情况。

（5）数据库在物理设备上的存储结构和存取方法称为数据库的物理结构。对已确定的逻辑数据结构，利用数据库管理系统提供的方法、技术，以较优的存储结构、数据存取路径、合理的数据存储位置以及存储分配，为逻辑数据模型选取一个最适合应用环境的物理结构，就是物理结构设计。

数据库的物理结构设计通常分为两步：确定数据库的物理结构，在关系数据库中主要指存取方法和存储结构；对物理结构进行评价，评价的重点是时间和空间效率。

（6）数据库实施包括建立数据库的结构、加载数据、调试和运行应用程序、数据库的试运行等。

（7）数据库投入运行标志着开发工作的基本完成和维护工作的开始，只要数据库存在，就需要不断地对它进行评价、调整和维护。

在数据库运行阶段，对数据库经常性的维护工作主要由数据库系统管理员完成，其主要工作有：数据库的备份和恢复，数据库的安全性和完整性控制，监视、分析、调整数据库性能，数据库的重组和重构。

习　题　4

一、选择题

4.1　数据库设计中概念结构设计的主要工具是_____。

　　A．E-R 模型　　　B．概念模型　　　C．数据模型　　　D．范式分析

4.2　数据库设计人员和用户之间沟通信息的桥梁是_____。

　　A．程序流程图　　　　　　　　B．模块结构图

　　C．实体联系图　　　　　　　　D．数据结构图

4.3　概念结构设计阶段得到的结果是_____。

　　A．数据字典描述的数据需求

　　B．E-R 模型表示的概念模型

　　C．某个 DBMS 所支持的数据结构

　　D．包括存储结构和存取方法的物理结构

4.4　在关系数据库设计中，设计关系模式是_____的任务。

A．需求分析阶段 B．概念结构设计阶段
C．逻辑结构设计阶段 D．物理结构设计阶段

4.5 生成 DBMS 系统支持的数据模型是在_____阶段完成的。

A．概念结构设计 B．逻辑结构设计
C．物理结构设计 D．运行和维护

4.6 在关系数据库设计中，对关系进行规范化处理，使关系达到一定的范式，是_____的任务。

A．需求分析阶段 B．概念结构设计阶段
C．逻辑结构设计阶段 D．物理结构设计阶段

4.7 逻辑结构设计阶段得到的结果是_____。

A．数据字典描述的数据需求
B．E-R 模型表示的概念模型
C．某个 DBMS 所支持的数据结构
D．包括存储结构和存取方法的物理结构

4.8 员工性别的取值，有的用"男"和"女"，有的用"1"和"0"，这种情况属于_____。

A．结构冲突 B．命名冲突
C．数据冗余 D．属性冲突

4.9 将 E-R 模型转换为关系数据模型的过程属于_____。

A．需求分析阶段 B．概念结构设计阶段
C．逻辑结构设计阶段 D．物理结构设计阶段

4.10 根据需求建立索引是在_____阶段完成的。

A．运行和维护 B．物理结构设计
C．逻辑结构设计 D．概念结构设计

4.11 物理结构设计阶段得到的结果是_____。

A．数据字典描述的数据需求
B．E-R 模型表示的概念模型
C．某个 DBMS 所支持的数据结构
D．包括存储结构和存取方法的物理结构

4.12 在关系数据库设计中，设计视图是_____的任务。

A．需求分析阶段 B．概念结构设计阶段
C．逻辑结构设计阶段 D．物理结构设计阶段

4.13 进入数据库实施阶段，下述工作中，_____不属于实施阶段的工作。

A．建立数据库结构 B．加载数据
C．系统调试 D．扩充功能

4.14 在数据库物理设计中，评价的重点是_____。

A．时间和空间效率 B．动态和静态性能
C．用户界面的友好性 D．成本和效益

二、填空题

4.15 数据库设计6个阶段为：需求分析阶段，概念结构设计阶段，_____，物理结构设计阶段，数据库实施阶段，数据库运行和维护阶段。

4.16 结构化分析方法通过数据流图和_____描述系统。

4.17 概念结构设计阶段的目标是形成整体_____的概念结构。

4.18 描述概念模型的有力工具是_____。

4.19 逻辑结构设计是将E-R模型转换为_____。

4.20 数据库在物理设备上的存储结构和_____称为数据库的物理结构。

4.21 对物理结构进行评价的重点是_____。

4.22 在数据库运行阶段经常性的维护工作有：_____，数据库的安全性和完整性控制，监视、分析、调整数据库性能，数据库的重组和重构。

三、问答题

4.23 试述数据库设计过程及各阶段的工作。

4.24 需求分析阶段的主要任务是什么？用户调查的重点是什么？

4.25 概念结构有何特点？简述概念结构设计的步骤。

4.26 逻辑结构设计的任务是什么？简述逻辑结构设计的步骤。

4.27 简述E-R模型向关系模型转换的规则。

4.28 简述物理结构设计的内容和步骤。

四、应用题

4.29 设学生成绩信息管理系统在需求分析阶段搜集到以下信息：

学生信息：学号、姓名、性别、出生日期

课程信息：课程号、课程名、学分

该业务系统有以下规则：

I. 一个学生可选修多门课程，一门课程可被多个学生选修。

II. 学生选修的课程要在数据库中记录课程成绩。

（1）根据以上信息画出合适的E-R模型。

（2）将E-R模型转换为关系模型，并用下画线标出每个关系的主码，说明外码。

4.30 设图书借阅系统在需求分析阶段搜集到以下信息：

图书信息：书号、书名、作者、价格、复本量、库存量

学生信息：借书证号、姓名、专业、借书量

该业务系统有以下约束：

I. 一个学生可以借阅多种图书，一种图书可被多个学生借阅。

II. 学生借阅的图书要在数据库中记录书号、借阅时间。

（1）根据以上信息画出合适的E-R模型。

（2）将E-R模型转换为关系模型，并用下画线标出每个关系的主码，说明外码。

第 5 章 SQL Server 数据库基础

SQL Server 2014 是 Microsoft 公司推出的新一代关系数据库管理系统，SQL Server 2014 通过 Microsoft Azure 提供了新的混合云策略、备份和灾难恢复的解决方案，提供了内置内存技术。

本章的主要内容有 SQL Server 的发展历史和版本、SQL Server 2014 的新特点、SQL Server 2014 的安装、服务器组件和管理工具、SQL Server Management Studio 环境、SQL Server 体系结构等内容。

5.1 SQL Server 的发展历史和版本

下面介绍 SQL Server 的发展历史和 SQL Server 2014 的版本等内容。

1. SQL Server 的发展历史

1988 年，Microsoft、Sybase 和 Ashton-Tate 三家公司联合开发出运行于 OS/2 操作系统上的 SQL Server 1.0。

1995 年，SQL Server 6.0 第一次完全由 Microsoft 公司开发。

1996 年，Microsoft 公司发布了 SQL Server 6.5，提供了成本低的、可以满足众多小型商业应用的数据库方案。

1998 年，Microsoft 公司发布了 SQL Server 7.0，其在数据库存储和数据库引擎方面发生了根本变化，提供了面向中、小型商业应用数据库功能的支持。

2000 年，Microsoft 公司发布了 SQL Server 2000（SQL Server 8.0），其具有使用方便、可伸缩性好、相关软件集成度高等特点。

2005 年，Microsoft 公司发布了 SQL Server 2005（SQL Server 9.0），它是一个全面的数据库平台，使用集成的商业智能工具提供了企业级的数据管理，加入了分析报表和集成等功能。

2008 年，Microsoft 公司发布了 SQL Server 2008（SQL Server 10.0），它增加了许多新特性并改进了关键性功能，支持关键任务企业数据平台、动态开发、关系数据和商业智能。

2012 年，Microsoft 公司发布了 SQL Server 2012（SQL Server 11.0），走向云端，为数据云提供数据整合服务。

2014 年，Microsoft 公司发布了 SQL Server 2014（SQL Server 12.0）。

2. SQL Server 2014 的版本

SQL Server 2014 是一个产品系列，运行在 Windows 操作系统上，其版本有企业版（Enterprise Edition）、商业智能版（Business Intelligence Edition）、标准版（Standard Edition）、

网络版（Web Edition）、开发版（Developer Edition）和快捷版（Express Edition），根据需要和运行环境，用户可以选择不同的版本。

5.2　SQL Server 2014 的新特点

SQL Server 2014 具有以下新特点。

（1）混合云方面

Microsoft 提出混合云策略，SQL Server 2014 对传统的公有云、私有云、混合云环境提供支持。

（2）对物理 I/O 资源的控制

SQL Server 2014 能够为私有云提供有效的控制、分配，并隔离物理 I/O 资源。

（3）内置内存技术

SQL Server 2014 集成内存 OLTP 技术，针对数据仓库改善内存的列存储技术。

（4）扩展性方面

在计算扩展方面，SQL Server 2014 可以支持高达 640 个逻辑处理器，每个虚拟机 64 个 CPU；在网络扩展方面，通过网络虚拟化技术提升数据库的灵活性与隔离性。

（5）商业智能

可以通过熟悉的工具加速实现商业智能。

5.3　SQL Server 2014 的安装

在 SQL Server 2014 安装之前，应熟悉安装要求，然后按照安装步骤进行安装。

5.3.1　SQL Server 2014 安装要求

1. 操作系统要求

Windows 7，Windows 8，Windows 10，Windows Server 2008 R2 SP1。

2. 硬件要求

（1）CPU

最低 Intel 1.4GHz（或同等性能的兼容处理器），建议使用 2GHz 或速度更快的处理器。

（2）内存

最小 1GB，推荐使用 4GB 的内存。

（3）硬盘空间

完全安装 SQL Server 需要 6GB 以上的硬盘空间。

5.3.2　SQL Server 2014 安装步骤

SQL Server 2014 安装步骤如下：

（1）进入"SQL Server 安装中心"窗口

双击 SQL Server 安装文件夹中的 setup.exe 应用程序，屏幕出现"SQL Server 安装中心"窗口，单击"安装"选项卡，出现如图 5.1 所示的界面，单击"全新 SQL Server 独立安装或向现有安装添加功能"选项。

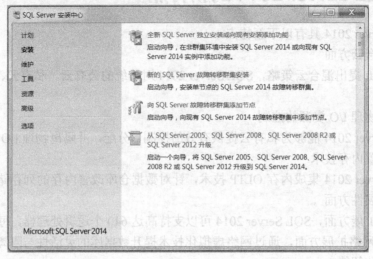

图 5.1 "SQL Server 安装中心"窗口

（2）"全局规则"窗口

进入"全局规则"窗口，只有通过安装程序全局规则，安装程序才能继续进行，如图 5.2 所示，单击"下一步"按钮。

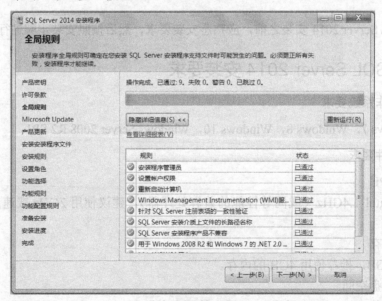

图 5.2 "全局规则"窗口

（3）"功能选择"窗口

进入"功能选择"窗口后，单击"全选"按钮，单击"下一步"按钮。

（4）"实例配置"窗口

进入"实例配置"窗口，选择"默认实例"选项，在"实例 ID"文本框中已自动填入 MSSQLSERVER，如图 5.3 所示，单击"下一步"按钮。

图 5.3 "实例配置"窗口

（5）"服务器配置"窗口

在出现的新窗口中选择"对所有 SQL Server 服务使用相同的账户"，会出现一个新窗口，在"账户名"文本框中输入 NT AUTHORTY\SYSTEM，单击"确定"按钮，会出现如图 5.4 所示的"服务器配置"窗口，单击"下一步"按钮。

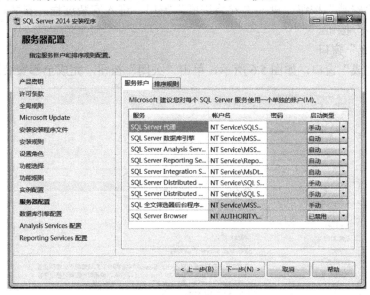

图 5.4 "服务器配置"窗口

（6）"数据库引擎配置"窗口

进入"数据库引擎配置"窗口，选择"混合模式"选项，单击"添加当前用户"按钮，在"指定 SQL Server 管理员"文本框中会自动填入 dell-PC\dell(dell)，在"输入密码"和"确认密码"文本框中设置密码为 123456，如图 5.5 所示，单击"下一步"按钮。

图 5.5 "数据库引擎配置"窗口

（7）"Analysis Services 配置"窗口

进入"Analysis Services 配置"窗口，单击"添加当前用户"按钮，在"指定哪些用户具有对 Analysis Services 的管理权限。"文本框中自动填入 dell-PC\dell(dell)，单击"下一步"按钮。

（8）"安装进度"窗口

以下"Reporting Services 配置"等窗口都单击"下一步"按钮，进入"准备安装"窗口，单击"安装"按钮，进入"安装进度"窗口，进入安装过程，安装过程完成后，单击"下一步"按钮。

（9）"完成"窗口

进入"完成"窗口，如图 5.6 所示，单击"关闭"按钮，完成全部安装过程。

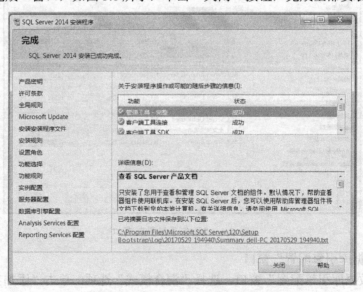

图 5.6 "完成"窗口

5.4 服务器组件和管理工具

5.4.1 服务器组件

SQL Server 服务器组件包括数据库引擎、分析服务、报表服务、集成服务等。

1. 数据库引擎（DataBase Engine）

数据库引擎用于存储、处理和保护数据的核心服务，例如，创建数据库、创建表和视图、数据查询、可控访问权限、快速事务处理等。

实例（Instances）即 SQL Server 服务器（Server），同一台计算机上可以同时安装多个 SQL Server 数据库引擎实例，例如，可在同一台计算机上安装 2 个 SQL Server 数据库引擎实例，分别管理学生成绩数据和教师上课数据，两者互不影响。实例分为默认实例和命名实例两种类型，安装 SQL Server 数据库通常选择默认实例进行安装。

● 默认实例：默认实例由运行该实例的计算机的名称唯一标识，SQL Server 默认实例的服务名称为 MSSQLSERVER，一台计算机上只能有一个默认实例。

● 命名实例：命名实例可在安装过程中用指定的实例名标识，命名实例格式为：计算机名\实例名，命名实例的服务名称即为指定的实例名。

2. 分析服务（SQL Server Analysis Services, SSAS）

分析服务为商业智能应用程序提供联机分析处理（OLAP）和数据挖掘功能。

3. 报表服务（SQL Server Reporting Services, SSRS）

报表服务是基于服务器的报表平台，可以用来创建和管理包含关系数据源和多维数据源中数据的表格、矩阵报表、图形报表、自由格式报表等。

4. 集成服务（SQL Server Integration Services, SSIS）

集成服务主要用于清理、聚合、合并、复制数据的转换以及管理 SSIS 包，提供生产并调试 SSIS 包的图形向导工具，执行 FTP、电子邮件消息传递等。

5.4.2 管理工具

安装完成后，选择"开始"→"所有程序"选项，单击"Microsoft SQL Server 2014"选项，即可查看 SQL Server 管理工具，如图 5.7 所示。

● SQL Server 2014 Management Studio：为数据库管理员和开发人员提供图形化和集成开发环境。

● SQL Server 2014 配置管理器：用于管理与 SQL

图 5.7 SQL Server 管理工具

Server 相关联的服务，管理服务器和客户端网络配置设置。

选择"开始"→"所有程序"→"Microsoft SQL Server 2014"→"配置工具"，单击"SQL Server 2014 配置管理器"，出现"计算机管理"窗口，如图 5.8 所示。

图 5.8　"计算机管理"窗口

注意：在 SQL Server 正常运行以后，如果启动 SQL Server Management Studio 并连接到 SQL Server 服务器时，出现不能连接到 SQL Server 服务器的错误，应首先检查 SQL Server 配置管理器中的 SQL Server 服务是否已经运行。

5.5　SQL Server Management Studio 环境

SQL Server Management Studio（SQL Server 管理控制器）是 SQL Server 中最重要的管理工具，包括对象资源管理器、查询分析器及已注册的服务器、模板资源管理器等窗口，提供图形化的集成开发环境。

启动"SQL Server 2014 Management Studio"的操作步骤如下：

选择"开始"→"所有程序"→"Microsoft SQL Server 2014"，单击"SQL Server 2014 Management Studio"，出现"连接到服务器"对话框，在"服务器名称"下拉框中选择（local），

在"身份验证"下拉框中选择"SQL Server 身份验证"，在"登录名"下拉框中选择 sa，在"密码"文本框中输入 123456（此为安装过程中设置的密码），如图 5.9 所示，单击"连接"按钮，即可以混合模式启动"SQL Server Management Studio"窗口，并连接到 SQL Server 服务器。

屏幕出现"SQL Server Management Studio"窗口，如图 5.10 所示，它包括对象资源管理器、已注册的服务器、模板资源管理器等。

图 5.9　"连接到服务器"对话框

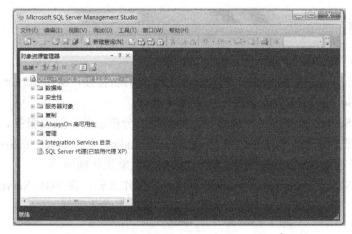

图 5.10 "SQL Server Management Studio"窗口

1. 对象资源管理器

在"对象资源管理器"窗口中，包括数据库、安全性、服务器对象、复制、管理、SQL Server 代理等对象。选择"数据库"→"系统数据库"→"master"，即展开为表、视图、同义词、可编程性、存储、安全性等子对象，如图 5.11 所示。

2. 已注册的服务器

在"SQL Server Management Studio"窗口的菜单栏中，选择"视图"→"已注册的服务器"，进入"已注册的服务器"窗口，在"已注册的服务器"窗口中，包括数据库引擎、Analysis Services、Reporting Services、Integration Services 4 种服务类型，可用该窗口工具栏中的按钮切换。

3. 模板资源管理器

在"SQL Server Management Studio"窗口的菜单栏中，选择"视图"→"模板资源管理器"，该窗口右侧出现"模板浏览器"窗口，如图 5.12 所示。在"模板浏览器"窗口中可以找到 100 多个对象。

图 5.11 "对象资源管理器"窗口

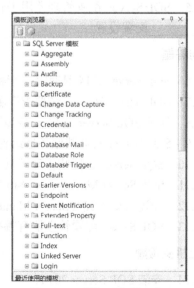

图 5.12 "模板浏览器"窗口

5.6 小结

本章主要介绍了以下内容:

（1）SQL Server 的发展历史，SQL Server 2014 的新特性，SQL Server 2014 的版本。

（2）SQL Server 2014 的安装要求和安装步骤。

（3）SQL Server 服务器组件包括数据库引擎、分析服务、报表服务、集成服务等。SQL Server 管理工具包括 SQL Server Management Studio、SQL Server 安装中心、Reporting Services 配置管理器、SQL Server Profiler、数据库引擎优化顾问等。

（4）启动 SQL Server Management Studio 的操作步骤，在 SQL Server Management Studio 中的对象资源管理器、已注册的服务器、模板资源管理器。

习 题 5

一、选择题

5.1 SQL Sever 是_____。

    A. 数据库　　　　　B. DBMS　　　　　C. DBA　　　　　D. 数据库系统

5.2 SQL Sever 为数据库管理员和开发人员提供的图形化和集成开发环境是_____。

    A. SQL Server 配置管理器　　　　　B. SQL Server Profiler

    C. SQL Server Management Studio　　D. SQL Server Profiler

5.3 SQL Server 服务器组件不包括_____。

    A. 数据库引擎　　　　　　　　　B. 分析服务

    C. 报表服务　　　　　　　　　　D. SQL Server 配置管理器

二、填空题

5.4 SQL Server 服务器组件包括数据库引擎、分析服务、报表服务和_____。

5.5 SQL Server 配置管理器用于管理与 SQL Server 相关联的服务，管理服务器和客户端_____配置设置。

三、问答题

5.6 SQL Server 2014 具有哪些新特征？

5.7 SQL Server 2014 安装要求有哪些？

5.8 简述 SQL Server 2014 安装步骤。

5.9 SQL Server 有哪些服务器组件？

5.10 SQL Server 有哪些管理工具？

5.11 SQL Server Management Studio 有哪些功能？

5.12 简述启动"SQL Server Management Studio"的操作步骤。

5.13 SQL Server 配置管理器有哪些功能？

四、上机实验题

5.14 安装 SQL Server 2014。

第6章 创建数据库和创建表

使用数据库管理系统提供的功能时，首先就要将数据保存到数据库中。在数据库中，表用来存储数据，它是最重要的数据库对象，是由行和列构成的集合；此外，还有提高数据查询效率的索引和满足用户数据需求的视图等数据库对象。本章介绍 SQL Server 数据库概述、创建 SQL Server 数据库、SQL Server 表概述、创建 SQL Server 表、操作 SQL Server 表数据等内容。从本章起以后各章，SQL Server 都是指 SQL Server 2014。

6.1 SQL Server 数据库概述

数据库是 SQL Server 存储和管理数据的基本对象，对于 SQL Server 数据库，下面从逻辑数据库和物理数据库两个角度进行讨论。

6.1.1 逻辑数据库

从用户的观点看，组成数据库的逻辑成分称为数据库对象，SQL Server 数据库由存放数据的表及支持这些数据的存储、检索、安全性和完整性的对象组成。

1. 数据库对象

SQL Server 的数据库对象包括表（table）、视图（view）、索引（index）、存储过程（stored procedure）、触发器（trigger）等，下面介绍常用的数据库对象。

● 表：表是包含数据库中所有数据的数据库对象，由行和列构成，它是最重要的数据库对象。

● 视图：视图是由一个表或多个表导出的表，又称虚拟表。

● 索引：为加快数据检索速度并可以保证数据唯一性的数据结构。

● 存储过程：为完成特定功能的 T-SQL 语句集合，编译后存放于服务器端的数据库中。

● 触发器：它是一种特殊的存储过程，当某个规定的事件发生时，该存储过程自动执行。

2. 系统数据库和用户数据库

SQL Server 的数据库有两类：一类是系统数据库，一类是用户数据库。

（1）系统数据库

SQL Server 在安装时创建 4 个系统数据库：master、model、msdb 和 tempdb。系统数

据库存储有关 SQL Server 的系统信息，系统数据库受到破坏时，SQL Server 将不能正常启动和工作。

● master 数据库：它是系统最重要的数据库，记录了 SQL Server 的系统信息，如登录账号、系统配置、数据库位置及数据库错误信息等，用于控制用户数据库和 SQL Server 的运行。

● model 数据库：为创建数据库提供模板。

● msdb 数据库：该数据库是代理服务数据库，为调度信息、作业记录等提供存储空间。

● tempdb 数据库：它是一个临时数据库，为临时表和临时存储过程提供存储空间。

（2）用户数据库

用户数据库是由用户创建的数据库，本书所创建的数据库都是用户数据库，用户数据库和系统数据库在结构上是相同的。

3. 完全限定名和部分限定名

在 T-SQL 中引用 SQL Server 对象对其进行查询、插入、修改、删除等操作，所使用的 T-SQL 语句需要给出对象的名称，用户可以使用完全限定名和部分限定名。

（1）完全限定名

完全限定名是对象的全名，SQL Server 创建的每个对象都有唯一的完全限定名，它由 4 个部分组成：服务器名、数据库名、数据库架构名和对象名，其格式如下：

```
server.database.scheme.object
```

例如，DELL-PC.StoreSales.dbo.Employee 即为一个完全限定名。

（2）部分限定名

使用完全限定名往往很烦琐且没有必要，经常省略其中的某些部分。在对象全名的 4 个部分中，前 3 个部分均可被省略，当省略中间的部分时，圆点符"."不可省略。这种只包含对象完全限定名中一部分的对象名称为部分限定名。

在部分限定名中，未指出的部分使用以下默认值：

服务器：默认为本地服务器。

数据库：默认为当前数据库。

数据库架构名：默认为 dbo。

部分限定名格式如下：

```
server.database...object          /*省略架构名*/
server.. scheme.object            /*省略数据库名*/
database. scheme.object           /*省略服务器名*/
server...object                   /*省略架构名和数据库名*/
scheme.object                     /*省略服务器名和数据库名*/
object                            /*省略服务器名、数据库名和架构名*/
```

例如，完全限定名 DELL-PC.StoreSales.dbo.Employee 的部分限定名如下：

```
DELL-PC.StoreSales..Employee
DELL-PC..dbo.Employee
```

```
StoreSales.dbo.Employee
DELL-PC..Employee
dbo.Employee
Employee
```

6.1.2 物理数据库

从系统的观点看，数据库是存储逻辑数据库的各种对象的实体，它们存放在计算机的存储介质中，从这个角度我们称数据库为物理数据库。SQL Server 的物理数据库架构包括页和区、数据库文件、数据库文件组等。

1. 页和区

页和区是 SQL Server 数据库的两个主要数据存储单位。

● 页：每个页的大小是 8KB，每 1MB 的数据文件可以容纳 128 页，页是 SQL Server 中用于数据存储的最基本单位。

● 区：每 8 个连接的页组成一个区，区的大小是 64KB，1MB 的数据库有 16 个区，区用于控制表和索引的存储。

2. 数据库文件

SQL Server 采用操作系统文件来存放数据库，使用的文件有主数据文件、辅助数据文件、日志文件三类。

（1）主数据文件（Primary）

主数据文件用于存储数据，每个数据库必须有也只能有一个主文件，它的默认扩展名为.mdf。

（2）辅助数据文件（Secondary）

辅助数据文件也用于存储数据，一个数据库中辅助数据文件可以创建多个，也可以没有，辅助数据文件的默认扩展名为.ndf。

（3）日志文件（Transaction Log）

日志文件用于保存恢复数据库所需的事务日志信息。每个数据库至少有一个日志文件，也可以有多个，日志文件的扩展名为.ldf。

3. 数据库文件组

为了管理和分配数据，将多个文件组织在一起，组成文件组，对它们进行整体管理，以提高表中数据的查询效率。SQL Server 提供了两类文件组：主文件组和用户定义文件组。

（1）主文件组

包含主要数据文件和任何没有指派给其他文件组的文件，数据库的系统表均分配在主文件组中。

（2）用户定义文件组

包含所有使用 "CREATE DATABASE" 或 "ALTER DATABASE" 语句并用 "FILEGROUP" 关键字指定的文件组。

6.2　创建 SQL Server 数据库

SQL Server 提供两种方法创建 SQL Server 数据库，一种方法是使用 SQL Server Management Studio 的图形用户界面创建 SQL Server 数据库，另一种方法是使用 T-SQL 语句创建 SQL Server 数据库，本节只介绍前一种方法，后一种方法在后面章节介绍。

创建 SQL Server 数据库包括创建数据库、修改数据库、删除数据库等内容，下面分别介绍。

6.2.1　创建数据库

在使用数据库以前，首先需要创建数据库。在商品销售管理系统中，我们以创建 StoreSales 的商品销售数据库为例，说明创建数据库的步骤。

【例 6.1】　使用"SQL Server Management Studio"创建 StoreSales 数据库。

（1）选择"开始"→"所有程序"→"Microsoft SQL Server 2014"，单击"SQL Server 2014 Management Studio"，出现"连接到服务器"对话框，在"服务器名称"下拉框中选择 （local），在"身份验证"下拉框中选择"SQL Server 身份验证"，在"登录名"下拉框中选择 sa，在"密码"文本框中输入 123456，单击"连接"按钮，连接到 SQL Server 服务器。

（2）屏幕出现"SQL Server Management Studio"窗口，在左边"对象资源管理器"窗口中选中"数据库"节点，单击鼠标右键，在弹出的快捷菜单中选择"新建数据库"命令，如图 6.1 所示。

图 6.1　选择"新建数据库"命令

（3）进入"新建数据库"窗口，在"新建数据库"窗口的左上方有 3 个选项卡："常规"选项卡、"选项"选项卡和"文件组"选项卡，"常规"选项卡首先出现。

在"数据库名称"文本框中输入创建的数据库名称 StoreSales，"所有者"文本框使用系统默认值，系统自动在"数据库文件"列表中生成一个主数据文件"StoreSales.mdf"和一个日志文件"StoreSales_log.ldf"，主数据文件"StoreSales.mdf"初始大小为 5MB，增量为 1MB，存放的路径为 C:\Program Files\Microsoft SQL Server\MSSQL10. MSSQLSERVER\MSSQL\DATA，日志文件"StoreSales_log.ldf"初始大小为 1MB，增量为 10%，存放的路径与主数据文件的路径相同，如图 6.2 所示。

图 6.2 "新建数据库"窗口

这里只配置"常规"选项卡，其他选项卡采用系统默认设置。

（4）单击"确定"按钮，StoreSales 数据库创建完成，在 C:\Program Files\Microsoft SQL Server\MSSQL12.MSSQLSERVER\MSSQL\DATA 文件夹中，增加了两个数据文件 StoreSales.mdf 和 StoreSales_log.ldf。

6.2.2 修改数据库

在数据库创建后，用户可以根据需要对数据库进行以下修改：

● 增加或删除数据文件，改变数据文件的大小和增长方式。

● 增加或删除日志文件，改变日志文件的大小和增长方式。

● 增加或删除文件组。

【例 6.2】 在 test 数据库（已创建）中增加数据文件 testbk.ndf 和日志文件 testbk_log.ldf。
操作步骤如下：

（1）启动 SQL Server Management Studio，在左边"对象资源管理器"窗口中展开"数据库"节点，选中数据库"test"，单击鼠标右键，在弹出的快捷菜单中选择"属性"命令。

（2）在"数据库属性"窗口中，单击"选择页"中的"文件"选项卡，进入文件设置界面，如图 6.3 所示。通过本窗口可增加数据文件和日志文件。

（3）增加数据文件。单击"添加"按钮，在"数据库文件"列表中出现一个新的文件位置，单击"逻辑名称"文本框并输入名称"testbk"，单击"初始大小"文本框，通过该框后的微调按钮将大小设置为 5，"文件类型"文本框、"文件组"文本框、"自动增长"文本框和"路径"文本框都选择默认值。

图 6.3 "数据库属性-test" 窗口 "文件" 选项卡

（4）增加日志文件。单击"添加"按钮，在"数据库文件"列表中出现一个新的文件位置，单击"逻辑名称"文本框并输入名称"testbk_log"，单击"文件类型"文本框，通过该框后的下拉箭头设置为"日志"，"初始大小"文本框、"文件组"文本框、"自动增长"文本框和"路径"文本框都保留默认值，如图 6.4 所示，单击"确定"按钮。

图 6.4　增加数据文件和日志文件

在 C:\Program Files\Microsoft SQL Server\MSSQL12.MSSQLSERVER\MSSQL\DATA 文件夹中，增加了辅助数据文件 testbk.ndf 和日志文件 testbk_log.ldf。

【例 6.3】 在 test 数据库中删除数据文件和日志文件。

操作步骤如下：

（1）启动 SQL Server Management Studio，在左边"对象资源管理器"窗口中展开"数据库"节点，选中数据库"test"，单击鼠标右键，在弹出的快捷菜单中选择"属性"命令。

（2）出现"数据库属性"窗口，单击"选择页"中的"文件"选项卡，进入文件设置界面，通过本窗口可删除数据文件和日志文件。

（3）选择 testbk.ndf 数据文件，单击"删除"按钮，该数据文件被删除。

（4）选择 testbk_log.ldf 日志文件，单击"删除"按钮，该日志文件被删除。

（5）单击"确定"按钮，返回"SQL Server Management Studio"窗口。

6.2.3 删除数据库

数据库运行后，需要消耗资源，往往会降低系统运行效率，通常可将不再需要的数据库删除，释放资源。删除数据库后，其文件及数据都会从服务器上的磁盘中删除，并永久删除，除非使用以前的备份，所以删除数据库应谨慎。

【例 6.4】 删除 test 数据库。

删除 test 数据库操作步骤如下：

（1）启动 SQL Server Management Studio，在左边"对象资源管理器"窗口中展开"数据库"节点，选中数据库"test"，单击鼠标右键，在弹出的快捷菜单中选择"删除"命令。

（2）出现"删除对象"窗口，单击"确定"按钮，test 数据库被删除。

6.3 SQL Server 表概述

关系数据库中所有的数据存储在表中，表是数据库中最重要的部分，每个数据库包括若干个表。在建立数据库的过程中，最重要的一步就是创建表，下面介绍创建表要用到的两个基本概念：表和数据类型。

6.3.1 表和表结构

表是 SQL Server 中最基本的数据库对象，用于存储数据的一种逻辑结构，由行和列组成，又称二维表。

【例 6.5】 在商店销售管理系统中，表 6.1 是一个员工表（Employee）。

表 6.1 员工表（Employee）

员工号	姓名	性别	出生日期	地址	工资	部门号
E001	孙勇诚	男	1981-09-24	东大街 28 号	4000	D001
E002	罗秀文	女	1988-05-28	通顺街 64 号	3200	D002
E003	刘强	男	1972-11-05	玉泉街 48 号	6800	D004
E004	徐莉思	女	1985-07-16	公司集体宿舍	3800	D003
E005	廖小玉	女	1986-03-19	Null	3500	D001
E006	李清林	男	1976-12-07	顺城街 35 号	4200	D001

（1）表

表是数据库中存储数据的数据库对象，每个数据库包含了若干个表，表由行和列组成。例如，表 6.1 由 6 行 7 列组成。

（2）表结构

每个表具有一定的结构，表结构包含一组固定的列，列由数据类型、长度、允许 Null 值等组成。

（3）记录

每个表包含若干行数据，表中一行称为一个记录（Record）。表 6.1 有 6 个记录。

（4）字段

表中每列称为字段（Field），每个记录由若干个数据项（列）构成，构成记录的每个数据项就称为字段。表 6.1 有 7 个字段。

（5）空值

空值（Null）通常表示未知、不可用或将在以后添加的数据。

（6）关键字

关键字用于唯一标识记录，如果表中记录的某一字段或字段组合能唯一标识记录，则该字段或字段组合称为候选关键字（Candidate Key）。如果一个表有多个候选关键字，则选定其中的一个为主关键字（Primary Key），又称为主键（主码）。表 6.1 的主键为"员工号"。

6.3.2 数据类型

创建数据库最重要的一步为创建其中的数据表，创建数据表必须定义表结构和设置列的数据类型、长度等。下面介绍 SQL Server 系统数据类型，包括整数型、精确数值型、浮点型、货币型、位型、字符型、Unicode 字符型、文本型、二进制型、日期时间类型、时间戳型、图像型、其他数据类型等，如表 6.2 所示。

表 6.2　SQL Server 系统数据类型

数据类型	符号标识
整数型	bigint , int , smallint , tinyint
精确数值型	decimal , numeric
浮点型	float , real
货币型	money , smallmoney
位型	bit
字符型	char , varchar、varchar(MAX)
Unicode 字符型	nchar , nvarchar、nvarchar(MAX)
文本型	text , ntext
二进制型	binary , varbinary、varbinary(MAX)
日期时间类型	datetime , smalldatetime, date, time, datetime2, datetimeoffset
时间戳型	timestamp
图像型	image
其他	cursor ,sql_variant , table , uniqueidentifier ,xml, hierarchyid

1．整数型

整数型包括 bigint、int、smallint 和 tinyint 4 类。

（1）bigint（长整数型）

精度为 19 位，长度为 8 字节，数值范围为 $-2^{63} \sim 2^{63}-1$。

（2）int（整数型）

精度为 10 位，长度为 4 字节，数值范围为 $-2^{31} \sim 2^{31}-1$。

（3）smallint（短整数型）

精度为 10 位，长度为 2 字节，数值范围为 $-2^{15} \sim 2^{15}-1$。

（4）tinyint（微短整数型）

精度为 3 位，长度为 1 字节，数值范围为 $0 \sim 255$。

2．精确数值型

精确数值型包括 decimal 和 numeric 两类，这两种数据类型在 SQL Server 中，在功能上是完全等价的。

精确数值型数据由整数部分和小数部分构成，可存储从 $-10^{38}+1$ 到 $10^{38}-1$ 的固定精度和小数位的数字数据，它的存储长度最少为 5 字节，最多为 17 字节。

精确数值型数据的格式是：

> numeric | decimal(p[,s])

其中，p 为精度，s 为小数位数，s 的默认值为 0。

例如，指定某列为精确数值型，精度为 7，小数位数为 2，则为 decimal(7,2)。

3．浮点型

浮点型又称近似数值型，近似数值数据类型包括 float[(n)] 和 real 两类，这两类通常都使用科学记数法表示数据。科学计数法的格式为：

> 尾数 E 阶数

例如，4.804 E9，-3.682E6，7 8594E-8 等都是浮点型数据。

其中，阶数必须为整数。

（1）real

精度为 7 位，长度为 4 字节，数值范围为 $-3.40E+38 \sim 3.40E+38$。

（2）float[(n)]

当 n 在 1～24 之间时，精度为 7 位，长度为 4 字节，数值范围为 $-3.40E+38 \sim 3.40E+38$。

当 n 在 25～53 之间时，精度为 15 位，长度为 8 字节，数值范围为 $-1.79E+308 \sim 1.79E+308$。

4．货币型

处理货币的数据类型有 money 和 smallmoney，它们用十进制数表示货币值。

（1）money

精度为 19，小数位数为 4，长度为 8 字节，数值范围为 $-2^{63} \sim 2^{63}-1$。

（2）smallmoney

精度为 10，小数位数为 4，长度为 4 字节，数值范围为 $-2^{31} \sim 2^{31}-1$。

5. 位型

SQL Server 中的位（bit）型数据只存储 0 和 1，长度为 1 字节，相当于其他语言中的逻辑型数据。当一个表中有小于 8 位的 bit 列，将作为一个字节存储，如果表中有 9 到 16 位的 bit 列，将作为 2 字节存储，以此类推。

当为 bit 类型数据赋 0 时，其值为 0；而赋非 0 时，其值为 1。

字符串值 TRUE 和 FALSE 可以转换的 bit 值：TRUE 转换为 1，FALSE 转换为 0。

6. 字符型

字符型数据用于存储字符串，字符串中可包括字母、数字和其他特殊符号。在输入字符串时，需将串中的符号用单引号或双引号括起来，如'def'、"Def<Ghi"。

SQL Server 字符型包括两类：固定长度（char）字符数据类型、可变长度（varchar）字符数据类型。

（1）char[(n)]

固定长度字符数据类型，其中 n 定义字符型数据的长度，n 在 1～8000 之间，默认值为 1。若输入字符串长度小于 n 时，则系统自动在它的后面添加空格以达到长度 n。例如，某列的数据类型为 char(100)，而输入的字符串为"NewYear2013"，则存储的是字符 NewYear2013 和 89 个空格。若输入字符串长度大于 n，则截断超出的部分。当列值的字符数基本相同时，可采用数据类型 char[(n)]。

（2）varchar[(n)]

可变长度字符数据类型，其中 n 的规定与定长字符数据类型 char[(n)] 中的 n 完全相同，与 char[(n)] 不同的是，varchar(n) 数据类型的存储空间随列值的字符数而变化。例如，表中某列的数据类型为 varchar(100)，而输入的字符串为" NewYear2013"，则存储的字符 NewYear2013 的长度为 11 字节，其后不添加空格，因而 varchar(n) 数据类型可以节省存储空间，特别在列值的字符数显著不同时。

7. Unicode 字符型

Unicode 是"统一字符编码标准"，用于支持国际上非英语语种字符数据的存储和处理。Unicode 字符型包括 nchar[(n)] 和 nvarchar[(n)] 两类。nchar[(n)]、nvarchar[(n)] 和 char[(n)]、varchar(n) 类似，只是前者使用 Unicode 字符集，后者使用 ASCII 字符集。

（1）nchar[(n)]

固定长度 Unicode 数据的数据类型，n 的取值为 1～4000，长度为 2n 字节，若输入的字符串长度不足 n，将以空白字符补足。

（2）nvarchar[(n)]

可变长度 Unicode 数据的数据类型，n 的取值为 1～4000，长度是所输入字符个数的 2 倍。

8. 文本型

由于字符型数据的最大长度为 8000 个字符，当存储超出上述长度的字符数据（如较长的备注、日志等），即不能满足应用需求，此时需要文本型数据。

文本型包括 text 和 ntext 两类，分别对应 ASCII 字符和 Unicode 字符。

（1）text

最大长度为 2^{31}-1（2,147,483,647）个字符，存储字节数与实际字符个数相同。

（2）ntext

最大长度为 2^{30}-1（1,073,741,823）个 Unicode 字符，存储字节数是实际字符个数的 2 倍。

9. 二进制型

二进制数据类型表示的是位数据流，包括 binary（固定长度）和 varbinary（可变长度）两种。

（1）binary[(n)]

固定长度的 n 字节二进制数据，n 的取值范围为 1~8000，默认值为 1。

binary(n)数据的存储长度为：（n+4）字节。若输入的数据长度小于 n，则不足部分用 0 填充；若输入的数据长度大于 n，则多余部分被截断。

输入二进制值时，在数据前面要加上 0x，可以用的数字符号为 0~9、A~F（字母大小写均可）。例如，0xBE、0x5F0C 分别表示值 BE 和 5F0C。由于每字节的数最大为 FF，故在 0x 格式的数据每两位占 1 字节，二进制数据有时也被称为十六进制数据。

（2）varbinary[(n)]

n 字节变长二进制数据，n 的取值范围为 1~8000，默认值为 1。

varbinary(n)数据的存储长度为（实际输入数据长度+4）字节。

10. 日期时间类型

日期时间类型数据用于存储日期和时间信息，有 datetime，smalldatetime, date, time, datetime2, datetimeoffset 六种。

（1）datetime

datetime 类型可表示从 1753 年 1 月 1 日到 9999 年 12 月 31 日的日期和时间数据，精确度为百分之三秒（3.33 毫秒或 0.00333 秒）。

datetime 类型数据长度为 8 字节，日期和时间分别使用 4 字节存储。前 4 字节用于存储基于 1900 年 1 月 1 日之前或之后的天数，正数表示日期在 1900 年 1 月 1 日之后，负数则表示日期在 1900 年 1 月 1 日之前。后 4 字节用于存储距 12:00（24 小时制）的毫秒数。

默认的日期时间是 January 1, 1900 12:00 A.M。可以接受的输入格式有：January 10 2012、Jan 10 2012、JAN 10 2012、January 10, 2012 等。

（2）smalldatetime

Smalldatetime 与 datetime 数据类型类似，但日期时间范围较小，表示从 1900 年 1 月 1 日到 2079 年 6 月 6 日的日期和时间，存储长度为 4 字节。

（3）date

date 类型可表示从公元元年 1 月 1 日到 9999 年 12 月 31 日的日期，表示形式与 datetime 数据类型的日期部分相同，只存储日期数据，不存储时间数据，存储长度为 3 字节。

（4）time

time 数据类型只存储时间数据，表示格式为 hh:mm:ss[.nnnnnnn]。hh 表示小时，范围为 0~23。mm 表示分钟，范围为 0~59。ss 表示秒数，范围为 0~59。n 是 0~7 位数字，范围为 0~9999999，表示秒的小数部分，即微秒数。所以 time 数据类型的取值范围为 00:00:00.0000000 到 23:59:59.9999999。time 类型的存储大小为 5 字节。另外还可以自定义 time 类型微秒数的位数，例如，time(1)表示小数位数为 1，默认为 7。

（5）datetime2

新的 datetime2 数据类型和 datetime 类型一样，也用于存储日期和时间信息。但是 datetime2 类型取值范围更广，日期部分取值范围从公元元年 1 月 1 日到 9999 年 12 月 31 日，时间部分的取值范围从 00:00:00.0000000 到 23:59:59.999999。另外，用户还可以自定义 datetime2 数据类型中微秒数的位数，例如，datetime(2)表示小数位数为 2。datetime2 类型的存储大小随着微秒数的位数（精度）而改变，精度小于 3 时为 6 字节，精度为 4 和 5 时为 7 字节，所有其他精度则需要 8 字节。

（6）datetimeoffset

datetimeoffset 数据类型也用于存储日期和时间信息，取值范围与 datetime2 类型相同。但 datetimeoffset 类型具有时区偏移量，此偏移量指定时间相对于协调世界时（UTC）偏移的小时和分钟数。datetimeoffset 的格式为 YYYY-MM-DD hh:mm:ss[.nnnnnnn][{+|−}hh:mm]，其中，hh 为时区偏移量中的小时数，范围为 00～14，mm 为时区偏移量中的额外分钟数，范围为 00～59。时区偏移量中必须包含 "+"（加）或 "−"（减）号。这两个符号表示是在 UTC 时间的基础上加上还是减去时区偏移量，以得出本地时间。时区偏移量的有效范围为−14:00～+14:00。

11. 时间戳型

反映系统对该记录修改的相对（相对于其他记录）顺序，标识符是 timestamp，timestamp 类型数据的值是二进制格式数据，其长度为 8 字节。

若创建表时定义一个列的数据类型为时间戳类型，那么每当对该表加入新行或修改已有行时，都由系统自动将一个计数器值加到该列，即将原来的时间戳值加上一个增量。

12. 图像数据类型

用于存储图片、照片等，标识符为 image，实际存储的是可变长度二进制数据，介于 0 与 $2^{31}-1$ (2,147,483,647) 字节之间。

13. 其他数据类型

SQL Server 还提供的其他几种数据类型：cursor、sql_variant、table、uniqueidentifier、xml 和 hierarchyid。

（1）cursor

游标数据类型，用于创建游标变量或定义存储过程的输出参数。

（2）sql_variant

一种存储 SQL Server 支持的各种数据类型（除 text、ntext、image、timestamp 和 sql_variant 外）值的数据类型，sql_variant 的最大长度可达 8016 字节。

（3）table

用于存储结果集的数据类型，结果集可以供后续处理。

（4）uniqueidentifier

唯一标识符类型，系统将为这种类型的数据产生唯一标识值，它是一个 16 字节长的二进制数据。

（5）xml

用来在数据库中保存 xml 文档和片段的一种类型，文件大小不能超过 2GB。

（6）hierarchyid

hierarchyid 数据类型是 SQL Server 新增加的一种长度可变的系统数据类型，可使用 hierarchyid 表示层次结构中的位置。

6.3.3　表结构设计

创建表的核心是定义表结构及设置表和列的属性，创建表以前，首先要确定表名和表的属性，表所包含的列名、列的数据类型、长度、是否为空、是否为主键等，这些属性构成表结构。

【例 6.6】 商店销售管理系统的员工表（Employee）的表结构设计。

员工表 Employee 包含 EmplID、EmplName、Sex、Birthday、Address、Wages、DeptID 等列，其中，EmplID 列是员工号，列的数据类型选定长的字符型 char[(n)]，n 的值为 4，不允许空；EmplName 列是员工的姓名，姓名一般不超过 4 个中文字符，所以选定长的字符型数据类型，n 的值为 8，不允许空；Sex 列是员工的性别，选定长的字符型数据类型，n 的值为 2，不允许空；Birthday 列是员工的出生日期，选日期时间数据类型 date，不允许空；Address 列是员工的地址，选定长的字符型数据类型，n 的值为 20，允许空；Wages 列是员工的工资，选货币型数据类型 money，不允许空；DeptID 列是员工的部门号，选定长的字符型数据类型，n 的值为 4，不允许空。在 Employee 表中，只有 EmplID 列能唯一标识一个员工，所以将 EmplID 列设为主键。Employee 表的表结构设计如表 6.3 所示。

表 6.3　Employee 表的表结构

列　名	数据类型	允许 Null 值	是否主键	说　明
EmplID	char(4)		主键	员工号
EmplName	char(8)			姓名
Sex	char(2)			性别
Birthday	date			出生日期
Address	char(20)	√		地址
Wages	money			工资
DeptID	char(4)			部门号

6.4　创建 SQL Server 表

创建 SQL Server 表包括创建表、修改表、删除表等内容，下面介绍使用 SQL Server Management Studio 的图形用户界面创建 SQL Server 表。

6.4.1　创建表

【例 6.7】 在 StoreSales 数据库中创建 Employee（员工表）。

操作步骤如下：

（1）启动"SQL Server Management Studio"，在"对象资源管理器"中展开"数据库"节点，选中"StoreSales"数据库，展开该数据库，选中表，单击鼠标右键，在弹出的快捷菜单中，选择"新建"→"表"命令，如图 6.5 所示。

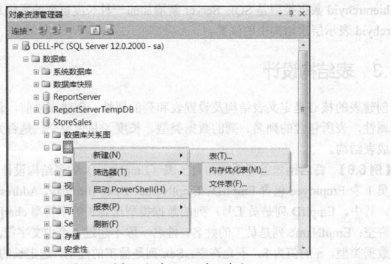

图 6.5　选择"新建"→"表"命令

（2）屏幕出现表设计器窗口，根据已经设计好的 Employee 的表结构分别输入或选择各列的数据类型、长度、允许 Null 值，根据需要可以在每列的"列属性"表格填入相应内容，输入完成后的结果如图 6.6 所示。

（3）在"EmplID"行上，单击鼠标右键，在弹出的快捷菜单中选择"设置主键"命令，如图 6.7 所示，此时，"EmplID"左边会出现一个钥匙图标。

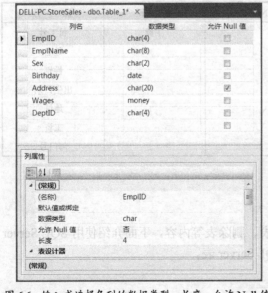

图 6.6　输入或选择各列的数据类型、长度、允许 Null 值

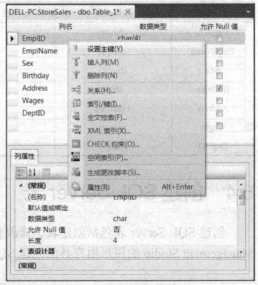

图 6.7　选择"设置主键"命令

注意：如果主键由两个或两个以上的列组成，需要按住 Ctrl 键选择多个列，再在快捷菜单中选择"设置主键"命令。

（4）单击工具栏中的"保存"按钮，出现"选择名称"对话框，输入表名 Employee，如图 6.8 所示，单击"确定"按钮即可创建 Employee 表，如图 6.9 所示。

图 6.8　设置表的名称　　　　　　　　图 6.9　创建 Employee 表

6.4.2　修改表

在 SQL Server 中，当用户使用 SQL Server Management Studio 修改表的结构（如增加列、删除列、修改已有列的属性等）时，必须要删除原表，再创建新表才能完成表的更改。如果强行更改会弹出不允许保存更改对话框。

为了在进行表的修改时不出现此对话框，需要进行的操作如下：

在"SQL Server Management Studio"窗口中单击"工具"主菜单，选择"选项"子菜单，在出现的"选项"窗口中展开"设计器"，选择"表设计器和数据库设计器"选项卡，将窗口右面的"阻止保存要求重新创建表的更改"复选框前面的对钩去掉，单击"确定"按钮，就可进行表的修改了。

【例 6.8】　在 Employee 表中 DeptID 列之前增加一列 Telephone（电话），然后删除该列。

（1）启动"SQL Server Management Studio"，在"对象资源管理器"中展开"数据库"节点，选中"StoreSales"数据库，展开该数据库，选中表，将其展开，选中表"dbo.Employee"，单击鼠标右键，在弹出的快捷菜单中选择"设计"命令，打开"表设计器"窗口，为在 DeptID 列之前插入新列，右击该列，在弹出的快捷菜单中选择"插入列"命令，如图 6.10 所示。

（2）在"表设计器"窗口中的 DeptID 列前出现空白行，输入列名 Telephone，选择数据类型"char(15)"，允许空，如图 6.11 所示，完成插入新列操作。

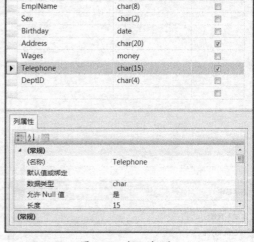

图 6.10 选择"插入列"命令　　　　　　　　图 6.11 插入新列

（3）在"表设计器"窗口中选择需要删除的 Telephone，单击鼠标右键，在弹出的快捷菜单中选择"删除列"命令，该列即被删除，如图 6.12 所示。

图 6.12 选择"删除列"命令

6.4.3 删除表

删除表时，表的结构定义、表中的所有数据及表的索引、触发器、约束等都会被删除掉，所以删除表操作时一定要谨慎小心。

【例 6.9】 删除 rst 表（已创建）。

（1）启动"SQL Server Management Studio"，在"对象资源管理器"中展开"数据库"节点，选中"StudentScore"数据库，展开该数据库，选中表，将其展开，选中表"dbo.rst"，单击鼠标右键，在弹出的快捷菜单中选择"删除"命令。

（2）系统弹出"删除对象"窗口，单击"确定"按钮，即可删除 rst 表。

6.5 操作 SQL Server 表数据

操作表数据，包括数据的插入、删除和修改，可以采用 T-SQL 语句或 SQL Server Management Studio，本节介绍用 SQL Server Management Studio 操作表数据。

【例 6.10】 插入 StoreSales 数据库中 Employee 表的有关记录。

（1）启动"SQL Server Management Studio"，在"对象资源管理器"中展开"数据库"节点，选中"StoreSales"数据库，展开该数据库，选中表，将其展开，选中表"dbo.Employee"，单击鼠标右键，在弹出的快捷菜单中选择"编辑前 200 行"命令。

（2）屏幕出现"dbo.Employee 表编辑"窗口，可在各个字段输入或编辑有关数据，这里插入 Employee 表的 6 个记录，如图 6.13 所示。

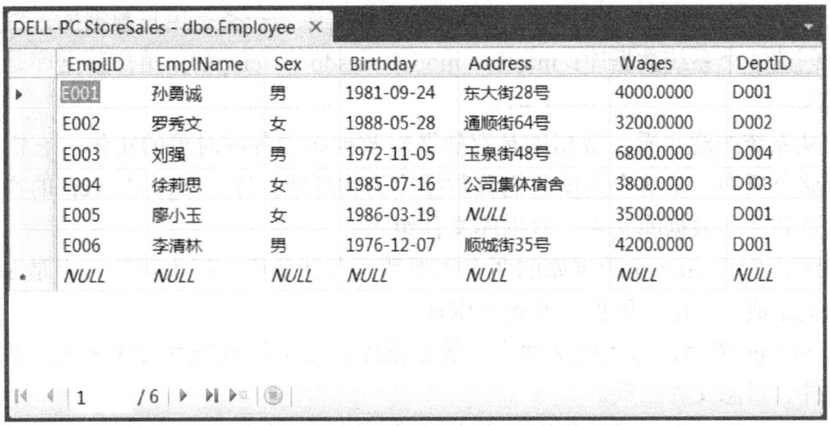

图 6.13　Employee 表的记录

【例 6.11】 在 Employee 表中删除记录和修改记录。

（1）在"dbo.Employee 表编辑"窗口中，选择需要删除的记录，单击鼠标右键，在弹出的快捷菜单中选择"删除"命令，如图 6.14 所示。

图 6.14　删除记录

（2）此时出现一个确认对话框，单击"是"按钮，即删除该记录。

（3）定位到需要修改的字段，对该字段进行修改，然后将光标移到下一个字段即可保存修改的内容。

6.6 小结

本章主要介绍了以下内容：

（1）数据库是 SQL Server 存储和管理数据的基本对象，我们从逻辑数据库和物理数据库两个角度进行讨论。

（2）从用户的观点看，组成数据库的逻辑成分称为数据库对象，SQL Server 数据库由存放数据的表及支持这些数据的存储、检索、安全性和完整性的对象组成。

SQL Server 的数据库对象包括表（table）、视图（view）、索引（index）、存储过程（stored procedure）、触发器（trigger）等。

SQL Server 的数据库有两类：一类是系统数据库，一类是用户数据库。SQL Server 在安装时创建 4 个系统数据库：master、model、msdb 和 tempdb。用户数据库是由用户创建的数据库。

（3）从系统的观点看，数据库是存储逻辑数据库的各种对象的实体，它们存放在计算机的存储介质中，从这个角度我们称数据库为物理数据库。SQL Server 的物理数据库架构包括页和区、数据库文件、数据库文件组等。

页和区是 SQL Server 数据库的两个主要数据存储单位。每个页的大小是 8KB，每 8 个连接的页组成一个区，区的大小是 64KB。

SQL Server 采用操作系统文件来存放数据库，使用的数据库文件有主数据文件、辅助数据文件、日志文件三类。

SQL Server 提供了两类文件组：主文件组和用户定义文件组。

（4）使用 SQL Server Management Studio 的图形用户界面创建 SQL Server 数据库包括创建数据库、修改数据库、删除数据库等内容。

（5）表是 SQL Server 中最基本的数据库对象，用于存储数据的一种逻辑结构，由行和列组成，它又称二维表。

表结构包含一组固定的列，列由数据类型、长度、允许 Null 值等组成。

每个表包含若干行数据，表中一行称为一个记录（Record）。

表中每列称为字段（Field），每个记录由若干个数据项（列）构成，构成记录的每个数据项就称为字段。

空值（Null）通常表示未知、不可用或将在以后添加的数据。

关键字用于唯一标识记录，如果表中记录的某一字段或字段组合能唯一标识记录，则该字段或字段组合称为候选关键字（Candidate Key）。如果一个表有多个候选关键字，则选定其中的一个为主关键字（Primary Key），又称主键（主码）。

（6）SQL Server 系统数据类型，包括整数型、精确数值型、浮点型、货币型、位型、字符型、Unicode 字符型、文本型、二进制型、日期时间类型、时间戳型、图像型、其他数据类型等。

（7）创建表以前，首先要确定表名和表的属性，表所包含的列名、列的数据类型、长度、是否为空、是否为主键等，进行表结构设计。

（8）使用 SQL Server Management Studio 的图形用户界面创建 SQL Serve 表，包括创建表、修改表、删除表等内容。

（9）使用 SQL Server Management Studio 的图形用户界面操作 SQL Serve 表数据，包括数据的插入、删除和修改等内容。

习 题 6

一、选择题

6.1 在 SQL Server 中创建用户数据库，其大小必须大于或等于_____。

    A．master 数据库的大小   B．model 数据库的大小

    C．msdb 数据库的大小   D．3MB

6.2 在 SQL Server 中，如果数据库 tempdb 的空间不足，可能会造成一些操作无法进行，此时需要扩大 tempdb 的空间。下列关于扩大 tempdb 空间的方法，错误的是_____。

    A．手工扩大 tempdb 中某数据文件的大小

    B．设置 tempdb 中的数据文件为自动增长方式，每当空间不够时让其自动增长

    C．手工为 tempdb 增加一个数据文件

    D．删除 tempdb 中的日志内容，以获得更多的数据空间

6.3 在 SQL Server 中创建用户数据库，实际就是定义数据库所包含的文件以及文件的属性。下列不属于数据文件属性的是_____。

    A．初始大小   B．物理文件名   C．文件结构   D．最大大小

6.4 SQL Server 数据库是由文件组成的。下列关于数据库所包含文件的说法中，正确的是_____。

    A．一个数据库可包含多个主要数据文件和多个日志文件

    B．一个数据库只能包含一个主要数据文件和一个日志文件

    C．一个数据库可包含多个次要数据文件，但只能包含一个日志文件

    D．一个数据库可包含多个次要数据文件和多个日志文件

6.5 在 SQL Server 系统数据库中，存放用户数据库公共信息的是_____。

    A．master   B．model   C．msdb   D．tempdb

6.6 出生日期字段不宜选择_____。

    A．datetime   B．bit   C．char   D．date

6.7 性别字段不宜选择_____。

    A．char   B．tinyint   C．int   D．float

6.8 _____字段可以采用默认值。

    A．出生日期   B．姓名   C．专业   D．学号

6.9 设在 SQL Server 中，某关系表需要存储职工的工资信息，工资的范围为 2000～

6000，采用整型类型存储。下列数据类型中最合适的是_____。

    A．int   B．smallint   C．tinyint   D．bigint

二、填空题

6.10 从用户的观点看，组成数据库的_____称为数据库对象。

6.11 SQL Server 的数据库对象包括表、_____、索引、存储过程、触发器等。

6.12 SQL Server 的物理数据库架构包括页和区、_____、数据库文件组等。

6.13 SQL Server 数据库每个页的大小是 8KB，每个区的大小是_____。

6.14 SQL Server 使用的数据库文件有主数据文件、辅助数据文件、_____三类。

6.15 表结构包含一组固定的列，列由_____、长度、允许 Null 值等组成。

6.16 空值通常表示未知、_____或将在以后添加的数据。

6.17 创建表以前，首先要确定表名和表的属性，表所包含的_____、列的数据类型、是否为空、是否主键等，进行表结构设计。

6.18 整数型包括 bigint、int、smallint 和_____四类。

6.19 字符型包括固定长度字符数据类型和_____两类。

6.20 Unicode 字符型用于支持国际上_____的字符数据的存储和处理。

三、问答题

6.21 SQL Server 有哪些数据库对象？

6.22 SQL Server 数据库中包含哪几种文件？

6.23 简述使用"SQL Server Management Studio"创建数据库的步骤。

6.24 什么是表？什么是表结构？

6.25 简述 SQL Server 常用数据类型。

6.26 分别写出 Employee 表、Goods 表、SalesOrder 表、OrderDetail 表，Department 表的表结构。

6.27 可以使用哪些方式创建数据表？

6.28 简述创建表的步骤。

6.29 简述在表中插入数据的步骤。

四、上机实验题

6.30 使用"SQL Server Management Studio"创建 library 数据库。

6.31 在 library 数据库中，增加数据文件 librarybk.ndf 和日志文件 librarybk_log.ldf，然后删除增加的数据文件和日志文件，最后删除 library 数据库。

6.32 使用"SQL Server Management Studio"创建 StudentScore 数据库。

6.33 在 StudentScore 数据库中创建 Student（学生）表、Course（课程）表、Score（成绩）表、Teacher（教师）表。

6.34 在 Student 表中，在 TotalCredits 列前插入一列 ClassNo（班号，char(6)），然后删除该列。

6.35 插入 Student 表、Course 表、Score 表、Teacher 表的有关记录。

6.36 在 Student 表中，进行修改记录和删除记录的操作。

6.37 使用"SQL Server Management Studio"创建 StoreSales 数据库。

6.38 在 StoreSales 数据库中创建 Employee（员工表），SalesOrder（订单表），OrderDetail（订单明细表）、Goods（商品表），Department（部门表）。

6.39 插入 Employee 表、SalesOrder 表、OrderDetail 表、Goods 表，Department 表的有关记录。

6.40 在 Employee 表中，进行修改记录和删除记录的操作。

第 7 章　数据定义语言和数据操纵语言

本章介绍数据定义语言（DDL）和数据操纵语言（DML）。数据定义语言（Data Definition Language, DDL）用于对数据库和表进行创建、修改和删除，DDL 包括 CREATE、ALTER、DROP 等语句。数据操纵语言 DML（Data Manipulation Language, DML）用于向表中插入记录、修改记录和删除记录，DML 包括 INSERT、UPDATE、DELETE 等语句。

7.1　T-SQL 概述

本节介绍 T-SQL 的语法约定，在 SQL Server Management Studio 中执行 T-SQL 语句。

7.1.1　T-SQL 的语法约定

T-SQL 的语法约定如表 7.1 所示，在 T-SQL 中不区分大小写。

表 7.1　T-SQL 的基本语法约定

语法约定	说　　明
大写	Transact-SQL 关键字
		分隔括号或大括号中的语法项，只能选择其中一项
[ ]	可选项
{ }	必选项
[,...n]	指示前面的项可以重复 n 次，各项由逗号分隔
[...n]	指示前面的项可以重复 n 次，各项由空格分隔
<label> ::=	语法块的名称。此约定用于对可在语句中的多个位置使用的过长语法段或语法单元进行分组和标记。可使用的语法块的每个位置由括在尖括号内的标签指示：<label>

7.1.2　在 SQL Server Management Studio 中执行 T-SQL 语句

在 SQL Server Management Studio 中，用户可在查询分析器编辑窗口中输入或粘贴 T-SQL 语句、执行语句，在查询分析器结果窗口中查看结果。

在 SQL Server Management Studio 中执行 T-SQL 语句的步骤如下：

（1）启动 SQL Server Management Studio。

（2）在左边"对象资源管理器"窗口中选中"数据库"节点，单击 stsc 数据库，单击左上方工具栏"新建查询"按钮，右边出现查询分析器编辑窗口，可输入或粘贴 T-SQL 语句，例如，在窗口中输入命令，如图 7.1 所示，输入的命令如下。

```
USE StoreSales
SELECT *
FROM Employee
```

图 7.1　SQL Server 查询分析器编辑窗口

（3）单击左上方工具栏的"执行"按钮 ! 执行(X)或按 F5 键，编辑窗口一分为二，上半部分仍为编辑窗口，下半部分出现结果窗口，结果窗口有两个选项卡，"结果"选项卡用于显示 T-SQL 语句执行结果，如图 7.2 所示，"消息"选项卡用于显示 T-SQL 语句执行情况。

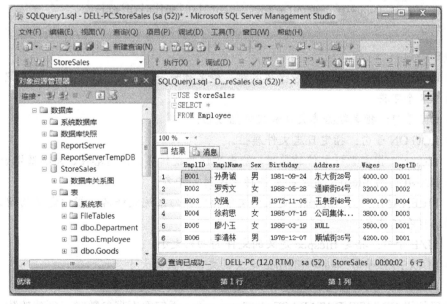

图 7.2　SQL Server 查询分析器编辑窗口和结果窗口

提示： 在查询分析器编辑窗口中执行 T-SQL 语句命令的方法有：按 F5 键，或单击工具栏 ！ 执行(X) 按钮，或在编辑窗口右键快捷菜单中单击 ！ 执行(X) 按钮。

7.2　数据定义语言

数据定义语言（Data Definition Language，DDL）用于对数据库和表进行创建、修改和删除，DDL 包括 CREATE、ALTER、DROP 等语句。

7.2.1　数据定义语言用于数据库

使用 T-SQL 中的 DDL 语言对数据库进行创建、修改和删除，介绍如下。

1.　创建数据库

创建数据库使用 CREATE DATABASE 语句，下面介绍创建数据库的简化语法格式。

语法格式：

```
CREATE DATABASE database_name
[ [ON [filespec] ]
  [LOG ON [filespec] ]
]

<filespec>::=
{(
 NAME = logical_file_name,
 FILENAME='os_file_name'
[, SIZE=size]
[, MAXSIZE={max_size | UNLIMITED }]
[, FILEGROWTH = growth_increament [KB|MB|GB|TB|%]])
}
```

说明：

● database_name：创建的数据库名称，命名须唯一且符合 SQL Server 的命名规则，最多为 128 个字符。

● ON 子句：指定数据库文件和文件组属性。

● LOG ON 子句：指定日志文件属性。

● filespec：指定数据文件的属性，给出文件的逻辑名、存储路径、大小及增长特性。

● NAME：为 filespec 定义的文件指定逻辑文件名。

● FILENAME：为 filespec 定义的文件指定操作系统文件名，指出定义物理文件时使用的路径和文件名。

● SIZE 子句：指定 filespec 定义的文件的初始大小。

● MAXSIZE 子句：指定 filespec 定义的文件的最大大小。

● FILEGROWTH 子句：指定 filespec 定义的文件的增长增量。

当仅使用 CREATE DATABASE database_name 语句而不带参数时，创建的数据库大小将与 model 数据库的大小相等。

【例 7.1】 使用最简单的创建数据库语句，创建 Store 数据库。

```
CREATE DATABASE Store
```

由 SQL Server 创建 Store 的数据库，并创建了一个主数据文件和一个事务日志文件，其逻辑文件名分别为 Store 和 Store_log，磁盘文件名分别为 Store.mdf 和 Storelog.ldf。

在查询分析器编辑窗口中单击"执行"按钮或按 F5 键，系统提示"命令已成功完成"，Store 数据库创建完毕。

【例 7.2】 指定数据文件和事务日志文件，创建 Store2 数据库。

在 SQL Server 查询分析器中输入以下语句：

```
CREATE DATABASE Store2
ON
(
  NAME=' Store2 ',
  FILENAME='C:\Program Files\Microsoft SQL Server\MSSQL12.MSSQLSERVER\
MSSQL\DATA\Store2.mdf',
  SIZE=5MB,
  MAXSIZE=30MB,
  FILEGROWTH=1MB
)
LOG ON
(
  NAME='test_log',
  FILENAME='C:\Program Files\Microsoft SQL Server\MSSQL12.MSSQLSERVER\
MSSQL\DATA\Store2_log.ldf',
  SIZE=1MB,
  MAXSIZE=10MB,
  FILEGROWTH=10%
)
```

在查询分析器编辑窗口中单击"执行"按钮或按 F5 键，系统提示"命令已成功完成"，Store2 数据库创建完毕。

【例 7.3】 创建 Store3 数据库，其中主数据文件为 20MB，最大大小不限，按 1MB 增长；1 个日志文件，大小为 1MB，最大大小为 20MB，按 10%增长。

在 SQL Server 查询分析器中输入以下语句：

```
CREATE DATABASE Store3
ON
(
  NAME='Store3',
  FILENAME='C:\Program Files\Microsoft SQL Server\MSSQL12.MSSQLSERVER\
MSSQL\DATA\Store3.mdf',
  SIZE=20MB,
  MAXSIZE=UNLIMITED,
  FILEGROWTH=1MB
```

```
)
LOG ON
(
  NAME='Store3_log',
  FILENAME='C:\Program Files\Microsoft SQL Server\MSSQL12.MSSQLSERVER\
MSSQL\DATA\Store3_log.ldf',
  SIZE=1MB,
  MAXSIZE=20MB,
  FILEGROWTH=10%
)
```

在查询分析器编辑窗口中单击"执行"按钮或按 F5 键，系统提示"命令已成功完成"，Store3 数据库创建成功。

【例 7.4】 使用文件组创建数据库 Store4。要求：主文件组包括文件 test3_dat1，文件初始大小为 15MB，最大为 45MB，按 4MB 增长；另有一个文件组名为 test3gp，包括文件 test3_dat2，文件初始大小为 5MB，最大为 20MB，按 10%增长。

在 SQL Server 查询分析器中输入以下语句：

```
CREATE DATABASE Store4
ON
PRIMARY
(
   NAME = 'Store4_dat1',
   FILENAME = 'D:\data\Store4_dat1.mdf',
   SIZE =15MB,
   MAXSIZE = 45MB,
   FILEGROWTH = 4MB
),
FILEGROUP test3gp
(
   NAME = 'Store4_dat2',
   FILENAME = 'D:\data\Store4_dat2.ndf',
   SIZE = 5MB,
   MAXSIZE = 20MB,
   FILEGROWTH = 10
)
```

在查询分析器编辑窗口中单击"执行"按钮或按 F5 键，系统提示"命令已成功完成"，Store4 数据库创建成功。

2. 修改数据库

修改数据库使用 ALTER DATABASE 语句，下面介绍修改数据库的简化语法格式。

语法格式：

```
ALTER DATABASE database
 { ADD FILE filespec
 | ADD LOG FILE filespec
```

```
    | REMOVE FILE logical_file_name
    | MODIFY FILE filespec
    | MODIFY NAME = new_dbname
    }
```

说明：

- database：需要更改的数据库名称。
- ADD FILE 子句：指定要增加的数据文件。
- ADD LOG FILE 子句：指定要增加的日志文件。
- REMOVE FILE 子句：指定要删除的数据文件。
- MODIFY FILE 子句：指定要更改的文件属性。
- MODIFY NAME 子句：重命名数据库。

【例 7.5】 在 Store3 数据库中，增加一个数据文件 Store3add，大小为 10MB，最大为 50MB，按 5MB 增长。

```
    ALTER DATABASE Store3
    ADD FILE
    (
        NAME = 'Store3add',
        FILENAME = 'C:\Program Files\Microsoft SQL Server\MSSQL12.MSSQLSERVER\
MSSQL\DATA\Store3add.ndf',
        SIZE = 10MB,
        MAXSIZE = 50MB,
        FILEGROWTH = 5MB
    )
```

3. 使用数据库

使用数据库使用 USE 语句。

语法格式：

```
    USE database_name
```

其中，database_name 是使用的数据库名称。

说明：USE 语句只在第一次打开数据库时使用，后续都是作用在该数据库中。如果要使用另一数据库，需要重新使用 USE 语句打开另一数据库。

4. 删除数据库

删除数据库使用 DROP 语句。

语法格式：

```
    DROP DATABASE database_name
```

其中，database_name 是要删除的数据库名称。

【例 7.6】 使用 T-SQL 语句删除 Store4 数据库。

```
    DROP DATABASE Store4
```

7.2.2 数据定义语言用于表

下面介绍使用 T-SQL 中的 DDL 语言对表进行创建、修改和删除。

1. 创建表

（1）使用 CREATE TABLE 语句创建表

语法格式：

```
CREATE TABLE  [ database_name . [ schema_name ] . | schema_name . ] table_name
(
  {   <column_definition>
    | column_name AS computed_column_expression [PERSISTED [NOT NULL]]
  }
  [ <table_constraint> ] [ ,...n ]
)
[ ON { partition_scheme_name ( partition_column_name ) | filegroup |
"default" } ]
[ { TEXTIMAGE_ON { filegroup | "default" } ]
[ FILESTREAM_ON { partition_scheme_name | filegroup | "default" } ]
[ WITH ( <table_option> [ ,...n ] ) ]
[ ; ]

<column_definition> ::=
column_name data_type
    [ FILESTREAM ]
    [ COLLATE collation_name ]
    [ NULL | NOT NULL ]
    [
      [ CONSTRAINT constraint_name ]
        DEFAULT constant_expression ]
      | [ IDENTITY [ ( seed ,increment ) ] [ NOT FOR REPLICATION ]
    ]
    [ ROWGUIDCOL ]
    [ <column_constraint> [ ...n ] ]
    [ SPARSE ]
```

说明：

① database_name 是数据库名，schema_name 是表所属架构名，table_name 是表名。如果省略数据库名，则默认在当前数据库中创建表，如果省略架构名，则默认是 "dbo"。

② <column_definition> 列定义：

● column_name 为列名，data_type 为列的数据类型。

● FILESTREAM 是 SQL Server 引进的一项新特性，允许以独立文件的形式存放大对象数据。

● NULL | NOT NULL：确定列是否可取空值。

● DEFAULT constant_expression：为所在列指定默认值。

● IDENTITY：表示该列是标识符列。

116

- ROWGUIDCOL: 表示新列是行的全局唯一标识符列。
- <column_constraint>: 列的完整性约束, 指定主键、外键等。
- SPARSE: 指定列为稀疏列。

③ column_name AS computed_column_expression [PERSISTED [NOT NULL]]: 用于定义计算字段。

④ <table_constraint>: 表的完整性约束。

⑤ ON 子句: filegroup | "default"指定存储表的文件组。

⑥ TEXTIMAGE_ON {filegroup | "default"}: TEXTIMAGE_ON 指定存储 text、ntext、image、xml、varchar(MAX)、nvarchar(MAX)、varbinary(MAX)和 CLR 用户定义类型数据的文件组。

⑦ FILESTREAM_ON 子句: filegroup | "default"指定存储 FILESTREAM 数据的文件组。

【例 7.7】 使用 T-SQL 语句, 在 StoreSales 数据库中创建 Employee 表。

在 StoreSales 数据库中创建 Employee 表的语句如下:

```
USE StoreSales
CREATE TABLE Employee
(
    EmplID char(4) NOT NULL PRIMARY KEY,
    EmplName char(8) NOT NULL,
    Sex char(2) NOT NULL,
    Birthday date NOT NULL,
    Address char(20) NULL,
    Wages money NOT NULL,
    DeptID char(4) NOT NULL
)
GO
```

上面的 T-SQL 语句, 首先指定 StoreSales 数据库为当前数据库, 然后使用 CREATE TABLE 语句在 StoreSales 数据库中创建 Employee 表。

提示: 由一条或多条 T-SQL 语句组成一个程序, 通常以.sql 为扩展名存储, 称为 sql 脚本文件。双击 sql 脚本文件, 其 T-SQL 语句即出现在查询分析器编辑窗口内。查询分析器编辑窗口内的 T-SQL 语句, 可用 "文件" 菜单的 "另存为" 命令命名并存入指定目录。

注意: 批处理是包含一个或多个 T-SQL 语句的组, 作为一个批发送到 SQL Server 的实例来执行, SQL Server 管理控制器使用 GO 命令作为结束批处理的信号, 详见第 11 章。

【例 7.8】 在 Store 数据库中创建 Consumer 表。

```
USE Store
CREATE TABLE Consumer
(
  ConsumerID int,
  Name char(8),
  Sex char(2),
```

```
     Address char(40)
   )
```

（2）由其他表创建新表

使用 SELECT INTO 语句创建一个新表，并用 SELECT 的结果集填充该表。

语法格式：

```
SELECT 列名表 INTO 表1 FROM 表2
```

该语句的功能是由"表2"的"列名表"来创建新表"表1"。

【例7.9】 在 StoreSales 数据库中，由 Goods 表创建 Goods2 表。

```
USE StoreSales
SELECT GoodsID, GoodsName, Classification INTO Goods2
FROM Goods
```

2. 修改表

使用 ALTER TABLE 语句修改表的结构。

语法格式：

```
ALTER TABLE table_name
{
  ALTER COLUMN column_name
  {
          new_data_type [ (precision,[,scale)]] [NULL | NOT NULL]
          | {ADD | DROP } { ROWGUIDCOL | PERSISTED | NOT FOR REPLICATION | SPARSE }
  }/
  | ADD {[<colume_definition>]}[,···n]
  | DROP {[CONSTRAINT] constraint_name | COLUMN column}[,···n]
}
```

说明：

- table_name: 表名。
- ALTER COLUMN 子句：修改表中指定列的属性。
- ADD 子句：增加表中的列。
- DROP 子句：删除表中的列或约束。

【例7.10】 在 Goods2 表中新增加一列 Remarks。

```
USE StoreSales
ALTER TABLE Goods2 ADD Remarks char(10)
```

3. 删除表

使用 DROP TABLE 语句删除表。

语法格式：

```
DROP TABLE table_name
```

其中，table_name 是要删除的表的名称。

【例 7.11】 删除 StoreSales 数据库中 Goods2 表。

```
USE StoreSales
DROP TABLE Goods2
```

7.3 数据操纵语言

数据操纵语言 DML 包括向表中插入记录、修改记录和删除记录的语句。

7.3.1 插入语句

INSERT 语句用于向数据表或视图中插入由 VALUES 指定的各列值的行。

语法格式：

```
INSERT [ TOP ( expression ) [ PERCENT ] ]
  [ INTO ]
{ table_name                          /*表名*/
  | view_name                         /*视图名*/
  | rowset_function_limited           /*可以是 OPENQUERY 或 OPENROWSET 函数*/
  [WITH (<table_hint_limited>[…n])]            /*指定表提示，可省略*/
}
{
  [ ( column_list ) ]          /*列名表*/
  {   VALUES ( ( { DEFAULT | NULL | expression } [ ,…n ] ) [ ,…n ] )
                               /*指定列值的 value 子句*/
      | derived_table          /*结果集*/
      | execute_statement      /*有效的 EXECTUTE 语句*/
      | DEFAULT VALUES         /*强制新行包含为每个列定义的默认值*/
  }
}
```

说明：

① table_name: 被操作的表名。

② view_name: 视图名。

③ column_list: 列名表，包含了新插入数据行的各列的名称。如果只给出表的部分列插入数据时，需要用 column_list 指出这些列。

④ VALUES 子句：包含各列需要插入的数据，数据的顺序要与列的顺序相对应。若省略 colume_list，则 VALUES 子句给出每列（除 IDENTITY 属性和 timestamp 类型以外的列）的值。VALUES 子句中的值有三种：

● DEFAULT: 指定该列为默认值，要求定义表时必须指定该列的默认值。

● NULL: 指定该列为空值。

● expression: 可以是一个常量、变量或表达式，其值的数据类型要与列的数据类型一致。注意表达式中不能有 SELECT 及 EXECUTE 语句。

【例 7.12】 使用简单的插入语句向 Consumer 表中插入一个客户记录。

```
USE Store
INSERT INTO Consumer VALUES (1,'刘宇豪','男','仁厚街 21 号')
```

由于插入的数据包含各列的值并按表中各列的顺序列出这些值，所以省略列名表（colume_list）。

【例 7.13】 显式指定列名表向 Consumer 表中插入一个客户记录。

```
USE Store
INSERT INTO Consumer (ConsumerID, Name, Sex, Address) VALUES (1,'刘宇豪',
'男','仁厚街 21 号')
```

本例与上例功能完全相同，但本例显式列出列名表（colume_list），显示列名表可用于插入值少于列的个数或插入与列的顺序不同的数据。

【例 7.14】 向 Employee 表插入表 6.1 的各行数据。

向 Employee 表插入表 6.1 的各行数据的语句如下：

```
USE StoreSales
INSERT INTO Employee VALUES
    ('E001','孙勇诚','男','1981-09-24','东大街 28 号',4000,'D001'),
    ('E002','罗秀文','女','1988-05-28','通顺街 64 号',3200,'D002'),
    ('E003','刘强','男','1972-11-05','玉泉街 48 号',6800,'D004'),
    ('E004','徐莉思','女','1985-07-16','公司集体宿舍',3800,'D003'),
    ('E005','廖小玉','女','1986-03-19',NULL,3500,'D001'),
    ('E006','李清林','男','1976-12-07','顺城街 35 号',4200,'D001');
GO
```

注意：将多行数据插入表，由于提供了所有列的值并按表中各列的顺序列出这些值，因此不必在 column_list 中指定列名，VALUES 子句后所接多行的值用逗号隔开。

7.3.2 修改语句

UPDATE 语句用于修改数据表或视图中特定记录或列的数据。

语法格式：

```
UPDATE { table_name | view_name }
    SET column_name = {expression | DEFAULT | NULL } [,…n]
    [WHERE search_condition]
```

该语句的功能是：将 table_name 指定的表或 view_name 指定的视图中满足 search_condition 条件的记录中由 SET 指定的各列的列值设置为 SET 指定的新值，如果不使用 WHERE 子句，则更新所有记录的指定列值。

【例 7.15】 在 Consumer 表中，将 ConsumerID 为 1 的客户的 Address 改为"沙湾路 35 号"。

```
USE Store
UPDATE Consumer
SET Address ='沙湾路 35 号'
WHERE ConsumerID=1
```

7.3.3 删除语句

DELETE 语句用于删除表或视图中的一行或多行记录。

语法格式：

```
DELETE [FROM] { table_name | view_name }
  [WHERE search_condition]
```

该语句的功能为从 table_name 指定的表或 view_name 所指定的视图中删除满足 search_condition 条件的行，若省略该条件，则删除所有行。

【例 7.16】 删除 Consumer 表中客户号为 1 的记录。

```
USE Store
DELETE Consumer
WHERE ConsumerID=1
```

7.4 小结

本章主要介绍了以下内容：

（1）在 SQL Server Management Studio 中执行 T-SQL 语句的步骤。

（2）在 T-SQL 中的数据定义语言 DDL。DDL 中的数据库操作语句有：创建数据库用 CREATE DATABASE 语句、修改数据库用 ALTER DATABASE 语句、删除数据库用 DROP DATABASE 语句。DDL 中的表操作语句有：创建表用 CREATE TABLE 语句、修改表用 ALTER TABLE 语句、删除表用 DROP TABLE 语句。

（3）在 T-SQL 中的数据操纵语言 DML。在表中插入记录用 INSERT 语句，在表中修改记录或列用 UPDATE 语句，在表中删除记录用 DELETE 语句。

习 题 7

一、选择题

7.1 使用 CREATE DATABASE 语句创建数据库时_____。

A．必须指定数据库逻辑文件名

B．必须指定数据库物理文件名

C．必须指定数据库名称

D．必须指定主数据文件的最大大小

7.2 使用 CREATE TABLE 语句创建表时_____。

A．必须在数据表名称中指定所属的数据库

B．必须指明数据表的所有者

C．必须指定列名表

D．必须指定表名

7.3 下列关于 ALTER TABLE 语句，叙述错误的是_____。

A．ALTER TABLE 语句可以修改字段名称

B. ALTER TABLE 语句可以添加字段名称

C. ALTER TABLE 语句可以删除字段名称

D. ALTER TABLE 语句可以修改字段数据类型

7.4 删除数据库中的表 Tab 用_____。

A. DROP Tab

B. DROP TABLE Tab

C. DELETE Tab

D. DELETE TABLE Tab

二、填空题

7.5 创建数据库用 CREATE DATABASE 语句、修改数据库用 _____ 语句、删除数据库用 DROP DATABASE 语句。

7.6 创建表用 _____ 语句、修改表用 ALTER TABLE 语句、删除表用 DROP TABLE 语句。

7.7 在表中插入记录用 _____ 语句，在表中修改记录或列用 UPDATE 语句，在表中删除记录用 DELETE 语句。

7.8 使用 CREATE DATABASE database_name 语句创建的数据库，不带参数，创建的数据库大小将与 _____ 数据库的大小相等。

7.9 创建数据表若省略数据库名，则默认在 _____ 中创建表。

7.10 插入数据若省略列名表，则数据的顺序要与 _____ 相对应。

三、问答题

7.11 简述数据定义语言包括的语句及其功能。

7.12 数据操纵语言包括哪些语句？各个语句有何功能。

四、上机实验题

7.13 使用 T-SQL 语句，创建 StudentScore 数据库，然后在该数据库中创建 Student 表、Course 表、Score 表、Teacher 表。

7.14 使用 T-SQL 语句，分别向 Student 表、Course 表、Score 表、Teacher 表插入附录 C 中各表的样本数据。

7.15 使用 T-SQL 语句，创建 StoreSales 数据库，然后在该数据库中创建 Employee 表、SalesOrder 表、OrderDetail 表、Goods 表、Department 表。

7.16 使用 T-SQL 语句，分别向 Employee 表、SalesOrder 表、OrderDetail 表、Goods 表、Department 表插入附录 B 中各表的样本数据。

第8章 数据查询语言

数据查询是数据库的重要功能，在数据库中，数据查询是通过 T-SQL 的数据查询语言中的 SELECT 语句完成的，SELECT 语句可以按用户要求查询数据，并将查询的结果以表的形式返回，本章介绍如何使用 SELECT 语句进行数据查询。

8.1 基本查询

T-SQL 语言中最重要的部分是它的查询功能，T-SQL 对数据库的查询使用数据查询语言（Data Query Language, DQL）中的 SELECT 语句，SELECT 语句具有灵活的使用方式和强大的功能。

语法格式：

```
SELECT select_list                        /*指定要选择的列*/
    FROM table_source                     /*FROM 子句，指定表或视图*/
    [ WHERE search_condition ]            /*WHERE 子句，指定查询条件*/
    [ GROUP BY group_by_expression ]      /*GROUP BY 子句，指定分组表达式*/
    [ HAVING search_condition ]           /*HAVING 子句，指定分组统计条件*/
    [ ORDER BY order_expression [ ASC | DESC ]]
                                          /*ORDER 子句，指定排序表达式和顺序*/
```

8.1.1 SELECT 子句

投影查询通过 SELECT 语句中的 SELECT 子句来表示，SELECT 子句用于选择表中的部分或全部列，并组成结果表。

语法格式：

```
SELECT [ ALL | DISTINCT ] [ TOP n [ PERCENT ] [ WITH TIES ] ] <select_list>
```

select_list 指出了结果的形式，其格式为：

```
{ *                               /*选择当前表或视图的所有列*/
  | { table_name | view_name | table_alias } . *
                                  /*选择指定的表或视图的所有列*/
  | { colume_name | expression | $IDENTITY | $ROWGUID }
      /*选择指定的列并更改列标题，为列指定别名，还可用于为表达式结果指定名称，*/
      [ [ AS ] column_alias ]
  | column_alias = expression
} [ , … n ]
```

1. 投影指定的列

使用 SELECT 子句可选择表中的一个列或多个列，如果是多个列，各列名中间要用逗号分开。

语法格式:

```
SELECT column_name [ , column_name…]
  FROM table_name
  WHERE search_condition
```

其中,FROM 子句用于指定表,WHERE 在该表中检索符合 search_condition 条件的列。

【例 8.1】 查询 StoreSales 数据库中 Employee 表的所有员工的员工号、姓名和部门号。

```
USE StoreSales
SELECT EmplID, EmplName, DeptID
FROM Employee
```

语句执行结果:

```
EmplID  EmplName  DeptID
------  --------  --------
E001    孙勇诚      D001
E002    罗秀文      D002
E003    刘强        D004
E004    徐莉思      D003
E005    廖小玉      D001
E006    李清林      D001
```

2. 投影全部列

在 SELECT 子句指定列的位置上使用*号时,则为查询表中所有列。

【例 8.2】 查询 StoreSales 数据库中 Employee 表的所有列。

```
USE StoreSales
SELECT *
FROM Employee
```

该语句与下面的语句等价:

```
USE StoreSales
SELECT EmplID, EmplName, Sex, Birthday, Address, Wages, DeptID
FROM Employee
```

语句执行结果:

```
EmplID  EmplName  Sex  Birthday    Address      Wages     DeptID
------  --------  ---- ----------- ----------   --------  --------
E001    孙勇诚      男    1981-09-24  东大街 28 号   4000.00   D001
E002    罗秀文      女    1988-05-28  通顺街 64 号   3200.00   D002
E003    刘强        男    1972-11-05  玉泉街 48 号   6800.00   D004
E004    徐莉思      女    1985-07-16  公司集体宿舍  3800.00   D003
E005    廖小玉      女    1986-03-19  NULL         3500.00   D001
E006    李清林      男    1976-12-07  顺城街 35 号   4200.00   D001
```

3. 修改查询结果的列标题

为了改变查询结果中显示的列标题，可以在列名后使用 AS 子句。

语法格式：

```
AS column_alias
```

其中，column_alias 是指定显示的列标题，AS 可省略。

【例 8.3】 查询 Employee 表中的 EmplID，EmplName，DeptID，并将结果中各列的标题分别修改为员工号、姓名和部门号。

```
USE StoreSales
SELECT EmplID AS '员工号', EmplName AS '姓名', DeptID AS '部门号'
FROM Employee
```

语句执行结果：

```
员工号    姓名        部门号
-----  ---------- ----------
E001   孙勇诚        D001
E002   罗秀文        D002
E003   刘强         D004
E004   徐莉思        D003
E005   廖小玉        D001
E006   李清林        D001
```

4. 去掉重复行

去掉结果集中的重复行可使用 DISTINCT 关键字。

语法格式：

```
SELECT DISTINCT column_name [ , column_name…]
```

【例 8.4】 查询 Employee 表中的 DeptID 列，消除结果中的重复行。

```
USE StoreSales
SELECT DISTINCT DeptID
FROM Employee
```

语句执行结果：

```
DeptID
--------------
D001
D002
D003
D004
```

8.1.2 FROM 子句

FROM 子句用于指定查询源：表或视图。

语法格式：

```
[ FROM {<table_source>} [ ,…n ] ]
<table_source> ::=
{
    table_or_view_name [ [ AS ] table_alias ]     /*查询表或视图，可指定别名*/
    | rowset_function [ [ AS ] table_alias ]      /*行集函数*/
        [ ( bulk_column_alias [ ,...n ] ) ]
    | user_defined_function [ [ AS ] table_alias ]   /*指定表值函数*/
    | OPENXML <openxml_clause>                        /*XML 文档*/
    | derived_table [ AS ] table_alias [ ( column_alias [ ,...n ] ) ]
                                                      /*子查询*/
    | <joined_table>                              /*连接表*/
    | <pivoted_table>                             /*将行转换为列*/
    | <unpivoted_table>                           /*将列转换为行*/
}
```

说明：

● table_or_view_name：指定 SELECT 语句要查询的表或视图。

● rowset_function：rowset_function 是一个行集函数，行集函数通常返回一个表或视图。

● derived_table：由 SELECT 查询语句执行而返回的表。

● joined_table：连接表。

● pivoted_table：将行转换为列。

<pivoted_table>的格式如下：

```
<pivoted_table> ::=
        table_source PIVOT <pivot_clause> [AS] table_alias
<pivot_clause> ::=
        ( aggregate_function ( value_column ) FOR pivot_column  IN (<column_list>) )
```

● <unpivoted_table>：将列转换为行。

<unpivoted_table>的格式如下：

```
<unpivoted_table> ::=
        table_source UNPIVOT <unpivot_clause> table_alias
<unpivot_clause> ::=
        ( value_column FOR pivot_column IN ( <column_list> ) )
```

【例 8.5】 查找 Employee 表中员工的姓名和性别，并列出其所属部门号，在记录中，1 表示属于该部门，0 表示不属于该部门。

```
USE StoreSales
SELECT EmplName, Sex, D001, D002, D003, D004
FROM Employee
PIVOT
```

```
(
COUNT(EmplID)
FOR DeptID
IN (D001, D002, D003, D004)
)AS pvt
```

该语句通过 pivot 子句将 D001、D002、D003、D004 等行转换为列。

语句执行结果：

```
EmplName Sex  D001    D002    D003    D004
-------- ---  ------  ------  ------  -------
李清林    男    1       0       0       0
廖小玉    女    1       0       0       0
刘强      男    0       0       0       1
罗秀文    女    0       1       0       0
孙勇诚    男    1       0       0       0
徐莉思    女    0       0       1       0
```

8.1.3　WHERE 子句

WHERE 子句用于指定查询条件，该子句位于 FROM 子句的后面，选择查询通过 WHERE 子句实现。

语法格式：

```
WHERE search_condition
```

其中，search_condition 为查询条件，search_condition 的语法格式如下：

```
{ [ NOT ] <predicate> | (<search_condition> ) }
    [ { AND | OR } [ NOT ] { <predicate> | (<search_condition>) } ]
} [ ,…n ]
```

其中，<predicate>为判定运算，<predicate>语法格式为：

```
{ expression { = | < | <= | > | >= | <> | != | !< | !> } expression
                                                    /*比较运算*/
    | string_expression [ NOT ] LIKE string_expression [ ESCAPE 'escape_
character' ]
                                                    /*字符串模式匹配*/
    | expression [ NOT ] BETWEEN expression AND expression /*指定范围*/
    | expression IS [ NOT ] NULL                    /*是否空值判断*/
    | CONTAINS ( { column | * },'<contains_search_condition>')
                                                    /*包含式查询*/
    | FREETEXT ({ column | * },'freetext_string')   /*自由式查询*/
    | expression [ NOT ] IN ( subquery | expression [,…n] )   /*IN 子句*/
    | expression { = | < | <= | > | >= | <> | != | !< | !> } { ALL | SOME | ANY }
( subquery )
                                                    /*比较子查询*/
    | EXIST ( subquery )                            /*EXIST 子查询*/
    }
```

现将 WHERE 子句的常用查询条件列于表 8.1 中，以使读者更清楚地了解查询条件。

表 8.1 查 询 条 件

查 询 条 件	谓 词
比较	<=, <, =>=, >, !=, <>, !>, !<
指定范围	BETWEEN AND, NOT BETWEEN AND, IN
确定集合	IN, NOT IN
字符匹配	LIKE, NOT LIKE
空值	IS NULL, IS NOT NULL
多重条件	AND, OR

说明：在 SQL 中，返回逻辑值的运算符或关键字都称为谓词。

1．表达式比较

比较运算符用于比较两个表达式值，比较运算的语法格式如下：

```
expression { = | < | <= | > | >= | <> | != | !< | !> } expression
```

其中，expression 是除 text、ntext 和 image 之外类型的表达式。

【例 8.6】 查询 Employee 表中员工月工资在 3000 元至 4500 元之间的名单。

```
USE StoreSales
SELECT *
FROM Employee
WHERE Wages >=3000 AND Wages <=4500
```

语句执行结果：

```
EmplID  EmplName  Sex  Birthday    Address      Wages      DeptID
------- --------- ---- ----------- -----------  ---------  -----------
E001    孙勇诚      男    1981-09-24  东大街 28 号   4000.00    D001
E002    罗秀文      女    1988-05-28  通顺街 64 号   3200.00    D002
E004    徐莉思      女    1985-07-16  公司集体宿舍   3800.00    D003
E005    廖小玉      女    1986-03-19  NULL         3500.00    D001
E006    李清林      男    1976-12-07  顺城街 35 号   4200.00    D001
```

【例 8.7】 查询 Employee 表中部门号为 D001 或性别为男的员工。

```
USE StoreSales
SELECT *
FROM Employee
WHERE DeptID='D001' OR Sex='男'
```

语句执行结果：

```
EmplID  EmplName  Sex  Birthday    Address      Wages     DtID
------- --------- ---- ----------- -------------- -------- -------
E001    孙勇诚      男    1981-09-24  东大街 28 号   4000.00   D001
```

128

E003	刘强	男	1972-11-05	玉泉街 48 号	6800.00	D004
E005	廖小玉	女	1986-03-19	NULL	3500.00	D001
E006	李清林	男	1976-12-07	顺城街 35 号	4200.00	D001

2．范围比较

BETWEEN、NOT BETWEEN、IN 是用于范围比较的 3 个关键字，用于查找字段值在（或不在）指定范围的行。

【例 8.8】 查询 Employee 表中部门号为 D002、D003、D004 的员工。

```
USE StoreSales
SELECT *
FROM Employee
WHERE DeptID IN ('D002', 'D003', 'D004')
```

语句执行结果：

```
EmplID   EmplName   Sex   Birthday       Address         Wages        DeptID
-------  --------   ----  ----------     -----------     ----------   -----------
E002     罗秀文      女    1988-05-28     通顺街 64 号     3200.00      D002
F003     刘强        男    1972-11-05     玉泉街 48 号     6800.00      D004
E004     徐莉思      女    1985-07-16     公司集体宿舍     3800.00      D003
```

3．模式匹配

字符串模式匹配使用 LIKE 谓词，LIKE 谓词的语法格式如下：

```
string_expression [ NOT ] LIKE string_expression [ ESCAPE 'escape_character']
```

其含义是查找指定列值与匹配串相匹配的行，匹配串（即 string_expression）可以是一个完整的字符串，也可以含有通配符。通配符有以下两种：

%：代表 0 或多个字符。

_：代表一个字符。

LIKE 匹配中使用通配符的查询也称模糊查询。

【例 8.9】 查询 Employee 表中姓李的员工。

```
USE StoreSales
SELECT *
FROM Employee
WHERE EmplName LIKE '李%'
```

语句执行结果：

```
EmplID   EmplName   Sex   Birthday      Address        Wages       DeptID
------   --------   -----  ---------    -------------  ----------  -------
E006     李清林      男     1976-12-07   顺城街 35 号    4200.00     D001
```

4．空值使用

空值是未知的值，判定一个表达式的值是否为空值时，使用 IS NULL 关键字，语法格式如下：

```
expression IS [ NOT ] NULL
```

【例 8.10】 查询 Employee 表中地址为空值的员工情况。

```
USE StoreSales
SELECT *
FROM Employee
WHERE Address IS NULL
```

语句执行结果：

```
EmplID  EmplName   Sex  Birthday    Address       Wages     DeptID
------  ---------  ---- ----------  ------------  ---------  -------
E005    廖小玉      女    1986-03-19  NULL          3500.00   D001
```

8.1.4 ORDER BY 子句

为了使查询结果有序输出，需要使用 ORDER BY 子句，可按照一个或多个字段的值进行排序，ORDER BY 子句的格式如下：

```
[ ORDER BY { order_by_expression [ ASC | DESC ] } [ ,…n ]
```

其中，order_by_expression 是排序表达式，可以是列名、表达式或一个正整数。默认情况下按升序排序，默认关键字是 ASC。如果用户要求按降序排序，必须使用 DESC。

【例 8.11】 将 Employee 表中 D001 部门的员工按出生时间先后排序。

```
USE StoreSales
SELECT *
FROM Employee
WHERE DeptID ='D001'
ORDER BY Birthday
```

该语句采用 ORDER BY 子句进行排序。

语句执行结果：

```
EmplID  EmplName   Sex  Birthday    Address       Wages     DeptID
------  ---------  ---- ----------  ------------  ---------  -------
E006    李清林      男    1976-12-07  顺城街 35 号    4200.00   D001
E001    孙勇诚      男    1981-09-24  东大街 28 号    4000.00   D001
E005    廖小玉      女    1986-03-19  NULL          3500.00   D001
```

8.2 统计计算

聚合函数常用于统计计算，经常与 GROUP BY 子句一起使用。本节介绍使用聚合函数、GROUP BY 子句、HAVING 子句进行统计或计算的方法。

8.2.1 聚合函数

T-SQL 提供聚合函数实现数据统计或计算，用于计算表中的数据，返回单个计算结果。除 COUNT 函数外，聚合函数忽略空值。

SQL Server 提供常用的聚合函数如表 8.2 所示。

表 8.2 聚 合 函 数

函 数 名	功 能
AVG	求组中数值的平均值
COUNT	求组中项数
MAX	求最大值
MIN	求最小值
SUM	返回表达式中数值总和
STDEV	返回给定表达式中所有数值的统计标准偏差
STDEVP	返回给定表达式中所有数值的填充统计标准偏差
VAR	返回给定表达式中所有数值的统计方差
VARP	返回给定表达式中所有数值的填充统计方差

聚合函数一般参数的语法格式如下：

```
( [ ALL | DISTINCT ] expression )
```

其中，ALL 表示对所有值进行聚合函数运算，ALL 为默认值，DISTINCT 表示去掉重复值，expression 指定进行聚合函数运算的表达式。

【例 8.12】 查询 Employee 表中 D001 部门员工的最高工资、最低工资、平均工资。

```
USE StoreSales
SELECT MAX(Wages) AS '最高工资',MIN(Wages) AS '最低工资',AVG(Wages) AS '平均
工资'
FROM Employee
WHERE DeptID ='D001'
```

该语句采用 MAX 求最高工资、MIN 求最低工资、AVG 求平均工资。

语句执行结果：

```
最高工资        最低工资          平均工资
---------    -------------    --------------
4200.00      3500.00          3900.00
```

【例 8.13】 查询 Employee 表中部门号为 D001 的员工总人数。

```
USE StoreSales
SELECT COUNT(*) AS '总人数'
FROM Employee
WHERE DeptID ='D001'
```

该语句采用 COUNT(*)计算总人数，并用 WHERE 子句指定的条件进行限定部门号为 D001。

语句执行结果：

```
总人数
-----------
3
```

8.2.2 GROUP BY 子句

GROUP BY 子句用于将查询结果按指定列进行分组。

语法格式：

```
[ GROUP BY [ ALL ] group_by_expression [,…n]
    [ WITH { CUBE | ROLLUP } ] ]
```

其中，group_by_expression 为分组表达式，通常包含字段名，ALL 显示所有分组，WITH 指定 CUBE 或 ROLLUP 操作符，在查询结果中增加汇总记录。

注意： 聚合函数常与 GROUP BY 子句一起使用。

【例 8.14】 求 Employee 表中各部门的平均工资和人数。

```
USE StoreSales
SELECT DeptID AS '部门号', AVG(Wages) AS '平均工资', COUNT(*) AS '人数'
FROM Employee
GROUP BY DeptID
```

该语句采用 AVG、COUNT 等聚合函数，并用 GROUP BY 子句对 DeptID 进行分组。

语句执行结果：

```
部门号   平均工资    人数
------  --------  --------
D001    3900.00   3
D002    3200.00   1
D003    3500.00   1
D004    6800.00   1
```

8.2.3 HAVING 子句

HAVING 子句用于对分组后的查询结果按指定条件进一步进行筛选，最后只输出满足指定条件的分组，HAVING 子句的格式为：

```
[ HAVING search_condition ]
```

其中，search_condition 为查询条件，可以使用聚合函数。

当 WHERE 子句、GROUP BY 子句、HAVING 子句在一个 SELECT 语句中时，执行顺序如下：

（1）执行 WHERE 子句，在表中选择行。

（2）执行 GROUP BY 子句，对选取行进行分组。

（3）执行聚合函数。

（4）执行 HAVING 子句，筛选满足条件的分组。

【例 8.15】 列出平均工资大于或等于 3800 元的部门编号和平均工资。

```
USE StoreSales
SELECT DeptID AS '部门号', AVG(Wages) AS '平均工资'
FROM Employee
GROUP BY DeptID
HAVING AVG(Wages)>=3800
```

该语句采用 AVG 聚合函数、WHERE 子句、GROUP BY 子句、HAVING 子句。

语句执行结果：

```
部门号  平均工资
------ ----------
D001   3900.00
D003   3800.00
D004   6800.00
```

8.3　连接查询

前面介绍的查询都是单表查询，本节介绍多表查询。

通过连接，可以从两个或多个表中根据各个表之间的逻辑关系来检索数据。连接是关系数据库模型的主要特点，也是它区别于其他类型数据库管理系统的一个标志。当一个查询涉及两个或多个表的数据时，需要指定连接列进行连接查询。

在 T-SQL 中，连接查询有两类形式：一类是连接谓词表示形式，连接在 WHERE 子句中建立，另一类是使用关键字 JOIN 表示形式，连接在 FROM 子句中建立。

8.3.1　连接谓词

连接谓词在 WHERE 子句中使用比较运算符给出连接条件，对表进行连接，在 FROM 子句中指定要连接的表，其一般语法格式为：

[<表名 1.>] <列名 1> <比较运算符> [<表名 2.>] <列名 2>

比较运算符有：<、<=、=、>、>=、!=、<>、!<、!>。

连接谓词还有以下形式：

[<表名 1.>] <列名 1> BETWEEN [<表名 2.>] <列名 2>AND[<表名 2.>] <列名 3>

由于连接多个表存在公共列，为了区分是哪个表中的列，引入表名前缀指定连接列。例如，student.stno 表示 student 表的 stno 列，score.stno 表示 score 表的 stno 列。

为了简化输入，SQL 允许在查询中使用表的别名，可在 FROM 子句中为表定义别名，然后在查询中引用。

经常用到的连接如下：

- 等值连接：表之间通过比较运算符"="连接起来，称为等值连接。
- 非等值连接：表之间使用非等号进行连接，称为非等值连接。
- 自然连接：如果在目标列中去除相同的字段名，称为自然连接。
- 自连接：将同一个表进行连接，称为自连接。

【例 8.16】 查询 Employee 表中员工及其所属部门的情况。

```
USE StoreSales
SELECT Employee.*, Department.*
FROM Employee, Department
WHERE Employee.DeptID=Department.DeptID
```

该语句采用等值连接。

语句执行结果：

EmplID	EmplName	Sex	Birthday	Address	Wages	DeptID	DeptID	DeptName
E001	孙勇诚	男	1981-09-24	东大街 28 号	4000.00	D001	D001	销售部
E002	罗秀文	女	1988-05-28	通顺街 64 号	3200.00	D002	D002	人事部
E003	刘强	男	1972-11-05	玉泉街 48 号	6800.00	D004	D004	经理办
E004	徐莉思	女	1985-07-16	公司集体宿舍	3800.00	D003	D003	物资部
E005	廖小玉	女	1986-03-19	NULL	3500.00	D001	D001	销售部
E006	李清林	男	1976-12-07	顺城街 35 号	4200.00	D001	D001	销售部

【例 8.17】 对上例进行自然连接查询。

```
USE StoreSales
SELECT Employee.*, Department.DeptName
FROM Employee, Department
WHERE Employee.DeptID=Department.DeptID
```

该语句采用自然连接。

语句执行结果：

EmplID	EmplName	Sex	Birthday	Address	Wages	DeptID	DeptName
E001	孙勇诚	男	1981-09-24	东大街 28 号	4000.00	D001	销售部
E002	罗秀文	女	1988-05-28	通顺街 64 号	3200.00	D002	人事部
E003	刘强	男	1972-11-05	玉泉街 48 号	6800.00	D004	经理办
E004	徐莉思	女	1985-07-16	公司集体宿舍	3800.00	D003	物资部
E005	廖小玉	女	1986-03-19	NULL	3500.00	D001	销售部
E006	李清林	男	1976-12-07	顺城街 35 号	4200.00	D001	销售部

【例 8.18】 查询 Employee 表中所有员工的销售单，要求有姓名、订单号、商品号、商品名称、订单数量、折扣总价、总金额。

题意分析：

（1）查询姓名、订单号、商品号、商品名称、订单数量、折扣总价、总金额，涉及 4

个表：Employee、Goods、SalesOrder、OrderDetail，可选用多表连接。

（2）连接可用谓词连接或 JOIN 连接，这里选用谓词连接，后面的例题选用 JOIN 连接，注意比较谓词连接与 JOIN 连接写法的不同。

```
USE StoreSales
SELECT EmplName, b.OrderID, c.GoodsID, GoodsName, Quantity, DiscountTotal,
Cost
FROM Employee a, SalesOrder b, OrderDetail c, Goods d
WHERE a.EmplID=b.EmplID AND b.OrderID=c.OrderID AND c.GoodsID=d.GoodsID
```

该语句用谓词连接实现了 4 个表的连接，并采用别名以缩写表名，本例为 Employee 指定的别名是 a，为 SalesOrder 指定的别名是 b，为 OrderDetail 指定的别名是 c，为 Goods 指定的别名是 d。

语句执行结果：

```
EmplName  OrderID  GoodsID  GoodsName             Quantity  DiscountTotal  Cost
--------  -------  -------  -------------------   --------  -------------  -----
廖小玉    S00001   1004     DELL XPS12 9250           3      14847.30       25825.50
廖小玉    S00001   3002     HP ML10 GEN9              2      10978.20       25825.50
孙勇诚    S00002   1004     DELL XPS12 9250           6      29694.60       41752.80
孙勇诚    S00002   3001     DELL PowerEdgeT130        2      12058.20       41752.80
李清林    S00003   1001     Microsoft Surface Pro 4   3      14817.60       14817.60
```

8.3.2　JOIN 连接

以 JOIN 关键字指定连接的表示方式在 FROM 子句中建立，这样有助于将连接操作和 WHERE 子句中的搜索条件区分开，在 T-SQL 中推荐使用这种方式。

JOIN 连接在 FROM 子句的< joined_table >中指定。

语法格式：

```
<joined_table> ::=
{
<table_source> <join_type> <table_source> ON <search_condition>
   | <table_source> CROSS JOIN <table_source>
   | <joined_table>
}
```

说明：<join_type>为连接类型，ON 用于指定连接条件。<join_type>的格式如下：

```
[INNER]|{LEFT|RIGHT|FULL}[OUTER][<join_hint>]JOIN
```

INNER 表示内连接，OUTER 表示外连接，CROSS 表示交叉连接，此为 JOIN 关键字指定连接的 3 种类型。

1．内连接

内连接按照 ON 所指定的连接条件合并两个表，返回满足条件的行。

内连接是系统默认的，可省略 INNER 关键字。

【例 8.19】 查询所有员工的销售单，要求有姓名、订单号、商品号、商品名称、订单数量、折扣总价、总金额，采用内连接。

```
USE StoreSales
SELECT EmplName, b.OrderID, c.GoodsID, GoodsName, Quantity, DiscountTotal,
Cost
    FROM Employee a JOIN SalesOrder b ON a.EmplID=b.EmplID
      JOIN OrderDetail c ON b.OrderID = c.OrderID
      JOIN Goods d ON c.GoodsID = d.GoodsID
```

该语句采用 JOIN 连接中的内连接，实现 4 个表的连接，省略 INNER 关键字，查询结果与例 8.23 相同。

2. 外连接

内连接的结果表，只有满足连接条件的行才能作为结果输出。外连接的结果表不但包含满足连接条件的行，还包括相应表中的所有行。外连接有以下 3 种：

● 左外连接（LEFT OUTER JOIN）：结果表中除了包括满足连接条件的行外，还包括左表的所有行；

● 右外连接（RIGHT OUTER JOIN）：结果表中除了包括满足连接条件的行外，还包括右表的所有行；

● 完全外连接（FULL OUTER JOIN）：结果表中除了包括满足连接条件的行外，还包括两个表的所有行。

【例 8.20】 对 StoreSales 数据库，员工表 Employee 左外连接销售表 SalesOrder。

```
USE StoreSales
SELECT a.EmplID, a.EmplName, b.OrderID, b.Cost
FROM Employee a LEFT OUTER JOIN SalesOrder b ON a.EmplID =b.EmplID
```

该语句采用左外连接。
语句执行结果：

```
EmplID   EmplName   OrderID   Cost
-------  --------   -------   ----------
E001     孙勇诚      S00002    41752.80
E002     罗秀文      NULL      NULL
E003     刘强        NULL      NULL
E004     徐莉思      NULL      NULL
E005     廖小玉      S00001    25825.50
E006     李清林      S00003    14817.60
```

【例 8.21】 对 StoreSales 数据库，员工表 Employee 右外连接销售表 SalesOrde。
在 SalesOrde 表中，插入一条记录：

```
USE StoreSales
INSERT INTO SalesOrder VALUES ('S00004','','','2017-07-14',11337)
```

对员工表 Employee 和销售表 SalesOrde 进行右外连接。

```
USE StoreSales
SELECT a.EmplID, a.EmplName, b.OrderID, b.Cost
FROM Employee a RIGHT OUTER JOIN SalesOrder b ON a.EmplID =b.EmplID
```

语句执行结果：

```
EmplID  EmplName  OrderID   Cost
------  --------  --------  ----------
E005    廖小玉     S00001    25825.50
E001    孙勇诚     S00002    41752.80
E006    李清林     S00003    14817.60
NULL    NULL      S00004    11337.30
```

【例 8.22】对 StoreSales 数据库，员工表 Employee 全外连接销售表 SalesOrde。

```
USE StoreSales
SELECT a.EmplID, a.EmplName, b.OrderID, b.Cost
FROM Employee a FULL OUTER JOIN SalesOrder b ON a.EmplID =b.EmplID
```

该语句采用全外连接。

语句执行结果：

```
EmplID  EmplName  OrderID   Cost
------  --------  --------  ----------
E001    孙勇诚     S00002    41752.80
E002    罗秀文     NULL      NULL
E003    刘强       NULL      NULL
E004    徐莉思     NULL      NULL
E005    廖小玉     S00001    25825.50
E006    李清林     S00003    14817.60
NULL    NULL      S00004    11337.30
```

注意：外连接只能对两个表进行。

3．交叉连接

【例 8.23】 采用交叉连接查询员工表 Employee 和部门表 Department 所有的可能组合。

```
USE StoreSales
SELECT a. DeptID, a. DeptName, b.EmplID, b.EmplName
FROM Department a CROSS JOIN Employee b
```

该语句采用交叉连接。

8.4 嵌套查询

在 SQL 语言中，一个 SELECT 语句称为一个查询块。有时一个 SELECT 语句无法完成查询任务，需要另一个 SELECT 语句的查询结果作为查询条件的一部分，这种查询称为嵌套查询，又称为子查询，例如：

```
USE StoreSales
SELECT *
FROM Employee
WHERE DeptID IN
  ( SELECT DeptID
    FROM Department
    WHERE DeptName='销售部' OR DeptName='物资部'
  )
```

在本例中，下层查询块"SELECT DeptID FROM Department WHERE DeptName='销售部' OR DeptName='物资部'"的查询结果，作为上层查询块"SELECT * FROM Employee WHERE DeptID IN"的查询条件，上层查询块称为父查询或外层查询，下层查询块称为子查询或内层查询，嵌套查询的处理过程是由内向外的，即由子查询到父查询，子查询的结果作为父查询的查询条件。

T-SQL 允许 SELECT 多层嵌套使用，即一个子查询可以嵌套其他子查询，以增强查询能力。

子查询通常与 IN、EXIST 谓词和比较运算符结合使用。

8.4.1 IN 子查询

IN 子查询用于进行一个给定值是否在子查询结果集中的判断，语法格式如下：

```
expression [ NOT ] IN ( subquery )
```

当表达式 expression 与子查询 subquery 的结果集中的某个值相等时，IN 谓词返回 TRUE，否则返回 FALSE；若使用了 NOT，则返回的值相反。

【例 8.24】 列出销售部和物资部所有员工的情况。

```
USE StoreSales
SELECT *
FROM Employee
WHERE DeptID IN
  ( SELECT DeptID
    FROM Department
    WHERE DeptName='销售部' OR DeptName='物资部'
  )
```

该语句采用 IN 子查询。
语句执行结果：

```
EmplID  EmplName  Sex  Birthday    Address     Wages     DeptID
------  --------  ---- ---------   -------     --------  ------
E001    孙勇诚     男   1981-09-24  东大街 28 号   4000.00   D001
E004    徐莉思     女   1985-07-16  公司集体宿舍   3800.00   D003
E005    廖小玉     女   1986-03-19  NULL         3500.00   D001
E006    李清林     男   1976-12-07  顺城街 35 号   4200.00   D001
```

8.4.2 比较子查询

比较子查询是指父查询与子查询之间用比较运算符进行关联，其语法格式如下：

```
expression { < | <= | = | > | >= | != | <> | !< | !> } { ALL | SOME | ANY }
( subquery )
```

其中，expression 为要进行比较的表达式，subquery 是子查询，ALL、SOME 和 ANY 是对比较运算的限制。

【例 8.25】 在 StoreSales 数据库中，列出比所有 D001 部门员工年龄都小的员工号和出生日期。

```
USE StoreSales
SELECT EmplID AS '员工号', Birthday AS '出生日期'
FROM Employee
WHERE Birthday>ALL
  ( SELECT Birthday
    FROM Employee
    WHERE DeptID='D001'
    )
```

该语句在比较子查询中采用 ALL 运算符。
语句执行结果：

```
员工号   出生日期
------  -----------
E002    1988-05-28
```

8.4.3 EXISTS 子查询

EXISTS 谓词用于测试子查询的结果是否为空表，若子查询的结果集不为空，则 EXISTS 返回 TRUE，否则返回 FALSE，如果为 NOT EXISTS，其返回值与 EXIST 相反，其语法格式如下：

```
[ NOT ] EXISTS ( subquery )
```

【例 8.26】 查询销售部的员工姓名。

```
USE StoreSales
SELECT EmplName AS '姓名'
FROM Employee
WHERE EXISTS
  ( SELECT *
    FROM Department
    WHERE Employee.DeptID=Department.DeptID AND DeptID='D001'
    )
```

该语句采用 EXISTS 子查询。

语句执行结果:

```
   姓名
--------
孙勇诚
廖小玉
李清林
```

8.5 其他查询子句

SELECT 查询的其他子句包括 UNION、EXCEPT 和 INTERSECT、INTO 子句、CTE 子句、TOP 谓词等，下面分别介绍。

8.5.1 UNION

使用 UNION 可以将两个或多个查询的结果合并成一个结果集。

语法格式:

```
{ <query specification> | (<query expression> ) }
   UNION [ A LL ] <query specification> | (<query expression> )
   [ UNION [ A LL ] <query specification> | (<query expression> ) […n] ]
```

说明:

<query specification>和<query expression>都是 SELECT 查询语句。

使用 UNION 合并两个查询的结果集的基本规则如下:

● 所有查询中的列数和列的顺序必须相同。

● 数据类型必须兼容。

【例 8.27】 查询销售部和人事部员工名单。

```
USE StoreSales
SELECT EmplID, EmplName, DeptName
FROM Employee a, Department b
WHERE a.DeptID=b.DeptID AND DeptName='销售部'
UNION
SELECT EmplID, EmplName, DeptName
FROM Employee a, Department b
WHERE a.DeptID=b.DeptID AND DeptName='人事部'
```

该语句采用 UNION 将两个查询的结果集合并成一个结果集。

语句执行结果:

```
EmplID  EmplName  DeptName
-------  --------  -----------
E001    孙勇诚      销售部
E002    罗秀文      人事部
```

| E005 | 廖小玉 | 销售部 |
| E006 | 李清林 | 销售部 |

8.5.2 EXCEPT 和 INTERSECT

EXCEPT 和 INTERSECT 用于比较两个查询结果，返回非重复值，EXCEPT 从左查询中返回右查询没有找到的所有非重复值，INTERSECT 返回 INTERSECT 操作数左右两边的两个查询都返回的所有非重复值。

语法格式：

```
{ <query_specification> | ( <query_expression> ) }
{ EXCEPT | INTERSECT }
{ <query_specification> | ( <query_expression> ) }
```

说明：

<query specification>和<query expression>都是 SELECT 查询语句。

使用 EXCEPT 或 INTERSECT 将两个查询的结果集组合起来的基本规则如下：
- 所有查询中的列数和列的顺序必须相同。
- 数据类型必须兼容。

【例 8.28】 查询学过 8001 课程但未学过 1002 课程的学生。

```
USE StudentScore
SELECT a.StudentID AS '学号', a.Name AS '姓名'
FROM Student a, Course b, Score c
WHERE a.StudentID=c.StudentID AND b.CourseID=c.CourseID AND c.CourseID=
'8001'
EXCEPT
SELECT a.StudentID AS '学号', a.Name AS '姓名'
FROM Student a, Course b, Score c
WHERE a.StudentID=c.StudentID AND b.CourseID=c.CourseID AND c.CourseID=
'1002'
```

该语句从 EXCEPT 操作数左侧的查询返回右侧的查询没有找到的所有非重复值。

语句执行结果：

```
学号      姓名
-------  ---------
162001   李建伟
162002   杨倩
162005   胡小翠
```

【例 8.29】 查询既学过 8001 课程又学过 1002 课程的学生。

```
USE StudentScore
SELECT a.StudentID AS '学号', a.Name AS '姓名'
FROM Student a, Course b, Score c
WHERE a.StudentID=c.StudentID AND b.CourseID=c.CourseID AND c.CourseID=
```

```
'8001'
    INTERSECT
    SELECT a.StudentID AS '学号', a.Name AS '姓名'
    FROM Student a, Course b, Score c
    WHERE  a.StudentID=c.StudentID  AND  b.CourseID=c.CourseID  AND  c.CourseID=
'1002'
```

该语句返回 INTERSECT 操作数左右两边的两个查询都返回所有非重复值。

语句执行结果：

```
学号      姓名
-------  ---------
161001    周浩然
161002    王丽萍
161004    程杰
```

8.5.3 INTO 子句

INTO 子句用于创建新表并将查询所得的结果插入新表中。

语法格式：

```
[ INTO new_table ]
```

说明：

new_table 是要创建的新表名，创建新表的结构由 SELECT 所选择的列决定，新表中的记录由 SELECT 的查询结果决定，若 SELECT 的查询结果为空，则创建一个只有结构而没有记录的空表。

【例 8.30】 由 Employee 表创建 Em 表，包括 EmplID、EmplName、Sex、Wages、DeptID。

```
USE StoreSales
SELECT EmplID, EmplName, Sex, Wages, DeptID INTO Em
FROM Employee
```

该语句通过 INTO 子句创建新表 Em，新表的结构和记录由 SELECT...INTO 语句决定。

8.5.4 CTE 子句

CTE 子句用于指定临时结果集，这些结果集称为公用表表达式（Common Table Expression，CTE）。

语法格式：

```
[ WITH <common_table_expression> [ ,...n ] ]
AS ( CTE_query_definition )
```

其中：

```
<common_table_expression>::=
    expression_name [ ( column_name [ ,...n ] ) ]
```

说明：

● expression_name：CTE 的名称。

● column_name：在 CTE 中指定的列名，其个数要和 CTE_query_definition 返回的字段个数相同。

● CTE_query_definition：指定一个结果集填充 CTE 的 SELECT 语句。CTE 下方的 SELECT 语句可以直接查询 CTE 中的数据。

注意：CTE 源自简单查询，并且在单条 SELECT、INSERT、UPDATE 或 DELETE 语句的执行范围内定义，该子句也可用在 CREATE VIEW 语句中，公用表表达式可以包括对自身的引用，这种表达式称为递归公用表表达式。

【例 8.31】 使用 CTE 从 SalesOrder 表中查询订单号、商品号、员工号和总金额，并指定新列名为 c_OrderID、c_GoodsID、c_EmplID、c_Cost，再使用 SELECT 语句从 CTE 和 Employee 表中查询姓名为"李清林"的订单号、商品号、员工号和总金额。

```
USE StoreSales;
WITH cte_emp(c_OrderID, c_EmplID, c_SaleDate, c_Cost)
AS (SELECT OrderID, EmplID, SaleDate, Cost FROM Salesorder)
SELECT c_OrderID, c_EmplID, c_SaleDate, c_Cost
FROM cte_emp, Employee
WHERE Employee. EmplName='李清林' AND Employee.EmplID =cte_emp.c_EmplID
```

该语句通过 CTE 子句查询姓名为"李清林"的订单号、商品号、员工号和总金额。

语句执行结果：

```
c_OrderID  c_EmplID  c_SaleDate   c_Cost
---------  --------  -----------  ----------
S00003     E006      2017-06-25   14817.60
```

【例 8.32】 计算从 1 到 10 的阶乘。

```
WITH Cfact(n, k)
AS (
    SELECT n=1, k=1
    UNION ALL
    SELECT n=n+1, k=k*(n+1)
    FROM Cfact
    WHERE n<10
    )
SELECT n, k FROM Cfact
```

该语句通过递归公用表表达式计算从 1 到 10 的阶乘。

语句执行结果：

```
n          k
--------   ----------
1          1
2          2
3          6
4          24
5          120
6          720
7          5040
8          40320
9          362880
10         3628800
```

8.5.5 TOP 谓词

使用 SELECT 语句进行查询时，有时需要列出前几行数据，可以使用 TOP 谓词对结果集进行限定。

语法格式：

```
TOP n [ percent ] [ WITH TIES]
```

说明：

- TOP n：获取查询结果的前 n 行数据。
- TOP n percent：获取查询结果的前 n%行数据。
- WITH TIES：包括最后一行取值并列的结果。

注意： TOP 谓词写在 SELECT 单词后面。使用 TOP 谓词时，应与 ORDER BY 子句一起使用，列出前几行才有意义。如果选用 WITH TIES 选项，则必须使用 ORDER BY 子句。

【例 8.33】 查询销售总金额前两名的销售情况。

```
USE StoreSales
SELECT TOP 2 OrderID, EmplID, SaleDate, Cost
FROM Salesorder
ORDER BY Cost DESC
```

该语句通过 TOP 谓词，并与 ORDER BY 子句一起使用，获取销售总金额前两名的销售情况。

语句执行结果：

```
OrderID  EmplID  SaleDate    Cost
-------  ------- ---------   ------------
S00002   E001    2017-06-25  41752.80
S00001   E005    2017-06-25  25825.50
```

8.6 应用举例

为了进一步掌握 SELECT 查询语句对数据库进行的各种查询的方法，下面对一些应用实例进行讲解。

【例8.34】 查询 Employee 表中部门号为 D001 和 D003 的女员工。

```
USE StoreSales
SELECT EmplID, EmplName, Sex, DeptID
FROM Employee
WHERE (DeptID='D001'OR DeptID='D003') AND Sex='女'
```

语句执行结果：

```
EmplID        EmplName   Sex     DeptID
-----------   --------   -------  ------

E004          徐莉思      女       D003
E005          廖小玉      女       D001
```

【例8.35】 查询 Goods 表中商品类型代码为 10 的商品。

```
USE StoreSales
SELECT GoodsID, GoodsName, UnitPrice
FROM Goods
WHERE Classification='10'
```

语句执行结果：

```
GoodsID   GoodsName                UnitPrice
--------  -----------------------  -----------

1001      Microsoft Surface Pro 4  5488.00
1002      Apple iPad Pro           5888.00
1004      DELL XPS12 9250          5499.00
```

【例8.36】 查询廖小玉的销售总金额。

```
USE StoreSales
SELECT Cost
FROM Salesorder
WHERE EmplID IN
  ( SELECT EmplID
    FROM Employee
    WHERE EmplName='廖小玉'
  )
```

该语句在子查询中，由员工姓名查员工号，在父查询中，由员工号（在子查询中查出）查出销售总金额。

语句执行结果：

```
Cost
```

145

```
            ------------
            25825.50
```

【例 8.37】 查找销售部员工的销售情况，按总金额降序排列。

```
USE StoreSales
SELECT b.EmplID, EmplName, a.DeptName, c.Cost
FROM Department a, Employee b, Salesorder c
WHERE a.DeptID=b.DeptID AND b.EmplID =c.EmplID AND DeptName='销售部'
ORDER BY c.Cost DESC
```

该语句采用连接查询和 ORDER BY 子句进行查询。
语句执行结果：

```
EmplID   EmplName   DeptName   Cost
-------  --------   --------   -------------
E001     孙勇诚      销售部      41752.80
E005     廖小玉      销售部      25825.50
E006     李清林      销售部      14817.60
```

【例 8.38】 查找各类商品的品种个数和最高单价。

```
USE StoreSales
SELECT Classification AS '商品类型代码', COUNT(*) AS '品种个数', MAX (UnitPrice)
AS '最高单价'
    FROM Goods
    GROUP BY Classification
```

该语句采用聚合函数和 GROUP BY 子句进行查询。
语句执行结果：

```
商品类型代码   品种个数   最高单价
-----------  --------   ------------
10           3          5888.00
20           1          4199.00
30           2          6699.00
40           2          2699.00
```

8.7 小结

本章主要介绍了以下内容：

（1）T-SQL 中的数据查询语言 DQL。

DQL 是 T-SQL 语言的核心，DQL 使用 SELECT 语句，它包含 SELECT 子句、FROM 子句、WHERE 子句、GROUP BY 子句、HAVING 子句、ORDER BY 子句等。

（2）基本查询包括 SELECT 子句、FROM 子句，WHERE 子句、ORDER BY 子句等。

投影查询通过 SELECT 子句实现，由选择表中的部分或全部列组成结果表。

选择查询通过 WHERE 子句实现，WHERE 子句给出查询条件，该子句必须紧跟在

FROM 子句之后。

排序查询通过 ORDER BY 子句实现,查询结果按升序(默认或 ASC)或降序(DESC)排列行,可按照一个或多个字段的值进行排序。

(3)统计计算包括聚合函数、GROUP BY 子句、HAVING 子句等内容。

(4)连接查询是关系数据库中的重要查询,在 T-SQL 中,连接查询有两大类表示形式:一类是连接谓词表示形式,另一类是关键字 JOIN 表示形式。

在 SELECT 语句的 WHERE 子句中,使用比较运算符给出连接条件对表进行连接,这种表示形式称为连接谓词表示形式。

在使用 JOIN 关键字指定的连接中,在 FROM 子句中用 JOIN 关键字指定连接的多个表的表名,用 ON 子句指定连接条件。JOIN 关键字指定的连接类型有 3 种:INNER JOIN 表示内连接,OUTER JOIN 表示外连接,CROSS JOIN 表示交叉连接。

外连接有以下 3 种:左外连接(LEFT OUTER JOIN),右外连接(RIGHT OUTER JOIN),完全外连接(FULL OUTER JOIN)。

(5)将一个查询块嵌套在另一个查询块的子句指定条件中的查询称为嵌套查询,在嵌套查询中,上层查询块称为父查询或外层查询,下层查询块称为子查询(Subquery)或内层查询。子查询通常包括 IN 子查询、比较子查询和 EXIST 子查询。

(6)SELECT 查询的其他子句包括 UNION、EXCEPT 和 INTERSECT、INTO、CTE、TOP 等。

习题 8

一、选择题

8.1　使用 SalesOrder 表查询销售总金额最大的员工号和总金额,在下面实现此功能的查询语句中,正确的是_____。

    A．SELECT EmplID, MAX(Cost) FROM SalesOrder

    B．SELECT EmplID, Cost FROM SalesOrder WHERE Cost= MAX(Cost)

    C．SELECT TOP 1 EmplID, Cost FROM SalesOrder

    D．SELECT TOP 1 EmplID, Cost FROM SalesOrder ORDER BY Cost DESC

8.2　设在某 SELECT 语句的 WHERE 子句中,需要对 Grade 列的空值进行处理。下列关于空值的操作中,错误的是_____。

    A．Grade IS not null   B．Grade IS null

    C．Grade = null   D．Not(Grade IS null)

8.3　设在 SQL Server 中,有员工表(员工号,姓名,出生日期),其中,姓名为 varchar(10)类型。查询姓李且名字是三个字的员工的详细信息,正确的语句是_____。

    A．SELECT * FROM 员工表 WHERE 姓名 LIKE '李_'

    B．SELECT * FROM 员工表 WHERE 姓名 LIKE '李__' AND LEN(姓名)=2

    C．SELECT * FROM 员工表 WHERE 姓名 LIKE '李__' AND LEN(姓名)=3

    D．SELECT * FROM 员工表 WHERE 姓名 LIKE '李_' AND LEN(姓名)=3

8.4　设在 SQL Server 中,有学生表(学号,姓名,所在系)和选课表(学号,课程号，成绩）。查询没选课的学生姓名和所在系，下列语句中能够实现该查询要求的是_____。

    A. SELECT 姓名,所在系 FROM 学生表 a LEFT JOIN 选课表 b
        ON   a.学号= b.学号 WHERE a.学号 IS NULL

    B. SELECT 姓名,所在系 FROM 学生表 a LEFT JOIN 选课表 b
        ON   a.学号= b.学号 WHERE b.学号 IS NULL

    C. SELECT 姓名,所在系 FROM 学生表 a RIGHT JOIN 选课表 b
        ON   a.学号= b.学号 WHERE a.学号 IS NULL

    D. SELECT 姓名,所在系 FROM 学生表 a RIGHT JOIN 选课表 b
        ON   a.学号= b.学号 WHERE b.学号 IS NULL

8.5 下述语句的功能是将两个查询结果合并成一个结果，其中正确的是_____。

    A. SELECT sno, sname, sage FROM student WHERE sdept='cs'
       ORDER BY sage
       UNION
       SELECT sno, sname, sage FROM student WHERE sdept='is'
       ORDER BY sage

    B. SELECT sno, sname, sage FROM student WHERE sdept='cs'
       UNION
       SELECT sno, sname, sage FROM student WHERE sdept='is'
       ORDER BY sage

    C. SELECT sno, sname, sage FROM student WHERE sdept='cs'
       UNION
       SELECT sno, sname FROM student WHERE sdept='is'
       ORDER BY sage

    D. SELECT sno, sname, sage FROM student WHERE sdept='cs'
       ORDER BY sage
       UNION
       SELECT sno, sname, sage FROM student WHERE sdept='is'

二、填空题

8.6 在 EXISTS 子查询中，子查询的执行次数是由 _____ 决定的。

8.7 在 IN 子查询和比较子查询中，先执行 _____ 层查询，再执行 _____ 层查询。

8.8 在 EXISTS 子查询中，先执行 _____ 层查询，再执行 _____ 层查询。

8.9 UNION 操作用于合并多个 SELECT 查询的结果，如果在合并结果时不希望去掉重复数据，应使用 _____ 关键字。

8.10 若在 SELECT 语句中同时包含 WHERE 子句和 GROUP 子句，则先执行_____ 子句。

三、问答题

8.11 什么是 SQL 语言？简述 SQL 语言的分类。

8.12 SELECT 语句中包括哪些子句？简述各个子句的功能。

8.13 什么是连接谓词？简述连接谓词表示形式的语法规则。

8.14 内连接、外连接有什么区别？左外连接、右外连接和全外连接有什么区别？

8.15 简述常用聚合函数的函数名称和功能。

8.16 在一个 SELECT 语句中，当 WHERE 子句、GROUP BY 子句和 HAVING 子句同时出现在一个查询中时，SQL 的执行顺序如何？

8.17 在 SQL Server 中使用 GROUP BY 子句有什么规则？

8.18 什么是子查询？IN 子查询、比较子查询、EXIST 子查询有何区别？

四、上机实验题

8.19 查询 Goods 表中单价大于 5000 元的商品。

8.20 查询人事部和经理办员工的员工号、姓名和工资。

8.21 查询销售部和物资部的人数。

8.22 查询每个部门的平均工资。

8.23 查询孙勇诚销售商品的订单号、销售日期和总金额。

8.24 查询销售部员工的姓名、销售日期及销售总金额，并按销售总金额降序排列。

8.25 查询选修了"信号与系统"的学生的姓名及成绩，并按成绩降序排列。

8.26 查询"数据库系统"和"微机原理"课程的平均成绩。

8.27 查询每个专业最高分的课程名和分数。

8.28 查询电子信息工程专业最高分的学生的学号、姓名、课程号和分数。

8.29 查询有两门以上（含两门）课程均超过 80 分的学生的姓名及其平均成绩。

第 9 章　索引和视图

为了加快从数据库中取得所需的数据，SQL Server 提供了类似书的目录作用的索引技术，合理地使用索引技术可以取得良好的查询性能。视图通过查询语句定义，它的数据由一个或多个表（或其他视图）导出，用来导出视图的表称为基表，导出的视图称为虚表。本章介绍索引概述、索引的操作、视图概述、视图的操作和更新视图等内容。

9.1　索引概述

索引是与表关联的存储结构，索引用于提高表中数据的查询速度，并且能够实现某些数据的完整性（如记录的唯一性）。

9.1.1　索引的基本概念

数据库中的索引与书中的目录一样，可以快速找到表中的特定行。索引是与表关联的存储在磁盘上的单独结构，它包含由表中的一列或多列生成的键，以及映射到指定表行的存储位置的指针，这些键存储在一个结构（B 树）中，使 SQL Server 可以快速有效地查找与键值关联的行。

建立索引的作用如下。

1．加快数据查询

索引是一种物理结构，它能提供以一列或多列为基础，迅速查找或存取表行的功能，对存取表的用户来说，索引存在与否是完全透明的。

2．实现数据记录的唯一性

通过创建唯一性索引，可以保证表中的数据不重复。

3．查询优化依靠索引起作用

当执行查询时，SQL Server 会对查询进行优化，查询优化器依靠索引起作用。

4．加快排序和分组等操作

对表进行排序和分组都需要检索数据，建立索引后，检索数据速度加快，因而加快了排序和分组等操作。

9.1.2　索引的分类

按照索引的结构，将索引分为聚集索引和非聚集索引。按照索引实现的功能，将索引分为唯一性索引和非唯一性索引。如果索引是由多列组合创建的，称为复合索引。

1. 唯一性索引

在表中建立唯一性索引，要求组成该索引的字段或字段组合在表中具有唯一值，即对于表中的任何两行记录，索引键的值各不相同。

2. 聚集索引

在聚集索引中，索引的顺序决定数据表中记录行的顺序，由于数据表中记录行经过排序，所以每个表只能有一个聚集索引。

表列定义了 PRIMARY KEY 约束和 UNIQUE 约束时，会自动创建索引。例如，如果创建了表并将一个特定列标识为主键，则数据库引擎自动对该列创建 PRIMARY KEY 约束和索引。

SQL Server 是按 B 树（BTREE）方式组织聚集索引。

3. 非聚集索引

在非聚集索引中，索引的结构完全独立于数据行的结构，数据表中记录行的顺序和索引的顺序不相同，索引表仅仅包含指向数据表的指针，这些指针本身是有序的，用于在表中快速定位数据行。一个表可以有多个非聚集索引。

SQL Server 也是按 B 树组织非聚集索引的。

9.2 索引的操作

索引的操作包括创建索引、查看和修改索引属性、索引的删除等内容，下面分别介绍。

9.2.1 创建索引

可用图形界面方式或 T-SQL 语句创建索引。

1. 使用图形界面方式创建索引

【例 9.1】 使用图形界面方式，在 StoreSales 数据库 Employee 表的 Birthday 列，创建一个升序的非聚集索引 IX_Birthday。

操作步骤如下：

（1）启动 SQL Server Management Studio，在对象资源管理器中，展开"数据库"节点，选中"StoreSales"数据库，展开该数据库节点，展开"表"节点，展开"dbo.Employee"节点，选中"索引"项并单击鼠标右键，在弹出的快捷菜单中选择"新建索引"→"非聚集索引"命令，如图 9.1 所示。

（2）出现"新建索引"窗口，在"索引名称"文本框中输入索引名称，这里输入"IX_Birthday"，单击"添加"按钮，如图 9.2 所示。

（3）出现如图 9.3 所示的窗口，从列表中勾选需要建立索引的列，这里勾选"Birthday"，单击"确定"按钮。

（4）返回到"新建索引"窗口，选择"索引键 列"中的"排序顺序"为"升序"项，如图 9.4 所示。

图 9.1 "新建索引"→"非聚集索引"命令

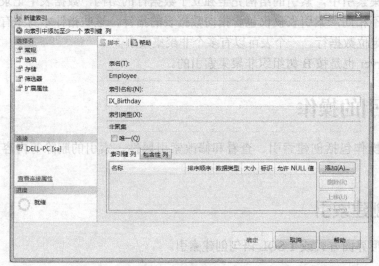

图 9.2 "新建索引"窗口

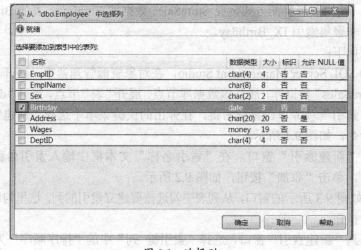

图 9.3 选择列

图 9.4　设置排序顺序

（5）单击左侧的"选项"选项卡，出现如图 9.5 所示的界面，在选项中，"自动重新计算统计信息""允许行锁""允许页锁""使用索引"等复选框均保持默认值，不做任何修改。

图 9.5　"选项"选项卡

提供填充因子选项是为了优化索引数据存储和性能，当创建或重新生成索引时，填充因子值可确定每个叶级页上要填充数据的空间百分比，以便保留一定百分比的可用空间供以后扩展索引。填充因子值是 1～100 之间的百分比值，服务器范围的默认值为 0，这表示将完全填充叶级页。在"填充因子"复选框中，设置填充因子为 85%，选中"填充索引"。

（6）单击"确定"按钮，完成创建索引工作。

2. 使用 T-SQL 语句创建索引

使用 T-SQL 语句中的 CREATE INDEX 语句为表创建索引。

语法格式：

```
CREATE [ UNIQUE ]                                    /*指定索引是否唯一*/
    [ CLUSTERED | NONCLUSTERED ]                     /*索引的组织方式*/
    INDEX index_name                                 /*索引名称*/
ON {[ database_name. [ schema_name ] . | schema_name. ] table_or_view_name}
    ( column [ ASC | DESC ] [ ,...n ] )              /*索引定义的依据*/
[ INCLUDE ( column_name [ ,...n ] ) ]
[ WITH ( <relational_index_option> [ ,...n ] ) ]/*索引选项*/
[ ON {   partition_scheme_name ( column_name )  /*指定分区方案*/
            | filegroup_name                        /*指定索引文件所在的文件组*/
            | default
    }
]
[ FILESTREAM_ON { filestream_filegroup_name | partition_scheme_name |
"NULL" } ]
                                        /*指定 FILESTREAM 数据的位置*/
[ ; ]
```

说明：

- UNIQUE：表示表或视图创建唯一性索引。
- CLUSTERED | NONCLUSTERED：指定聚集索引还是非聚集索引。
- index_name：指定索引名称。
- column：指定索引列。
- ASC | DESC：指定升序还是降序。
- INCLUDE 子句：指定要添加到非聚集索引的叶级别的非键列。
- WITH 子句：指定定义的索引选项。
- ON partition_scheme_name：指定分区方案。
- ON filegroup_name：为指定文件组创建指定索引。
- ON default：为默认文件组创建指定索引。

【例 9.2】在 StoreSales 数据库 OrderDetail 表的 DiscountTotal 列上，创建一个非聚集索引 IX_DiscountTotal。

```
USE StoreSales
CREATE INDEX IX_DiscountTotal ON OrderDetail(DiscountTotal)
```

【例 9.3】在 StoreSales 数据库 OrderDetail 表的 OrderID 列和 GoodsID 列，创建一个唯一聚集索引 IX_OrderIDGoodsID。

```
USE StoreSales
CREATE UNIQUE CLUSTERED INDEX IX_OrderIDGoodsID ON OrderDetail(OrderID,
GoodsID)
```

说明：如果在创建唯一聚集索引 IX_OrderIDGoodsID 前，已创建了主键索引，则创建索引 IX_OrderIDGoodsID 失败，可在创建新聚集索引前删除现有的聚集索引。

9.2.2　查看和修改索引属性

查看和修改索引属性的方法有两种：使用图形界面方式和使用系统存储过程及 T-SQL 语句。

1. 使用图形界面方式查看和修改索引属性

使用图形界面方式查看和修改索引属性，举例如下。

【例 9.4】　使用图形界面方式查看在 StoreSales 数据库 Employee 表上建立的索引。

操作步骤如下：

（1）启动 SQL Server Management Studio，在对象资源管理器中，展开"数据库"节点，选中"StoreSales"数据库，展开该数据库节点，展开"表"节点，展开"dbo.Employee"节点。

（2）选中"索引"项，在其下方列出所有已建的索引，这里的 IX_Birthday（不唯一，非聚集）和 PK_Employee（聚集），前者是例 9.1 所建的非聚集索引，后者是在创建 Employee 表时指定 EmplID 为主键，由 SQL Server 系统自动创建的聚集索引。

（3）选中索引 IX_Birthday，单击鼠标右键，在弹出的快捷菜单中选择"属性"命令。

（4）出现"索引属性"窗口，如图 9.6 所示，在其中对索引各选项进行修改，方法与"新建索引"窗口的操作类似。

图 9.6　"索引属性"窗口

2. 使用系统存储过程查看索引属性

使用系统存储过程 sp_helpindex 查看索引属性。

语法格式：

```
sp_helpindex [ @objname = ] 'name'
```

其中，'name'为需要查看索引的表。

【例 9.5】 使用系统存储过程 sp_helpindex 查看 Employee 表上所建的索引。

```
USE StoreSales
GO
EXEC sp_helpindex Employee
GO
```

该语句执行结果如图 9.7 所示。

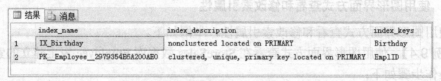

图 9.7　查看 Employee 表上所建的索引

3. 使用 T-SQL 语句修改索引属性

使用 ALTER INDEX 语句修改索引属性。
语法格式：

```
ALTER INDEX { index_name | ALL }
    ON <object>
    { REBUILD
      [ [PARTITION = ALL]
                  [ WITH ( <rebuild_index_option> [ ,...n ] ) ]
      ......
    }
```

说明：

● REBUILD：重建索引。

● rebuild_index_option：重建索引选项。

【例 9.6】 修改例 9.2 中创建的索引 IX_DiscountTotal，将填充因子（FILLFACTOR）改为 80。

```
USE StoreSales
ALTER INDEX IX_DiscountTotal
  ON OrderDetail

  REBUILD
    WITH (PAD_INDEX=ON, FILLFACTOR=80)
GO
```

该语句执行结果将索引 IX_DiscountTotal 的填充因子修改为 80，如图 9.8 所示。

9.2.3　索引的删除

索引的删除有两种方式：图形界面方式和使用 T-SQL 语句。

图 9.8 修改索引 IX_DiscountTotal 的填充因子

1. 使用图形界面方式删除索引

使用图形界面方式删除索引，举例如下。

【例 9.7】 使用图形界面方式删除 OrderDetail 表上建立的索引 IX_DiscountTotal。

操作步骤如下：

（1）启动 SQL Server Management Studio，在对象资源管理器中，展开"数据库"节点，选中"StoreSales"数据库，展开该数据库节点，展开"表"节点，展开"dbo.OrderDetail"节点，选中"IX_DiscountTotal"索引，单击鼠标右键，在弹出的快捷菜单中选择"删除"命令。

（2）屏幕出现"删除对象"窗口，单击"确定"按钮，完成索引删除工作。

2. 使用 T-SQL 语句删除索引

使用 T-SQL 语句中的 DROP INDEX 语句删除索引。

语法格式：

```
DROP INDEX
{ index_name ON  table_or_view_name [ ,...n ]
 | table_or_view_name.index_name [ ,...n ]
}
```

【例 9.8】 删除已建索引 IX_DiscountTotal。

```
USE StoreSales
DROP INDEX OrderDetail.IX_DiscountTotal
```

9.3 视图概述

视图是数据库管理系统提供给用户以多种角度观察数据库中数据的一种机制，用户通过视图浏览表中有关的数据，而数据的物理存放位置仍在表中。

9.3.1 视图的基本概念

视图（View）是一个虚拟表，并不表示任何物理数据，只是用来查看数据的窗口。同真实的表一样，视图包含一系列带有名称的列和数据行，其内容由查询定义。视图是从一个或多个表中导出的，用来导出视图的表称为基表，导出的视图称为虚表。在数据库中，只存储视图的定义，不存放视图对应的数据，这些数据仍然存放在原来的基表中。

视图作用如下。

1．简化数据操作

视图可将经常使用的选择、投影、连接等操作定义为视图，无须提交基础查询，从而简化了数据操作。

2．增加安全性

可以允许用户通过视图访问数据，而不授予用户访问基表的权限。

3．可以重新组织数据以便导出数据

可以建立一个基于多个表的视图，再复制视图所引用的行到一个平面文件中，再加载到 Excel 或类似的程序中进行分析。

4．自定义数据

视图允许用户以不同的方式自定义地查看数据。

9.3.2 视图类型

在 SQL Server 数据库中，视图分为三种：标准视图、索引视图和分区视图。

1．标准视图

标准视图组合了一个或多个表中的数据，将重点放在特定数据及简化数据操作上。

2．索引视图

索引视图是创建了唯一的聚集索引的视图，视图的结果集将存储在数据库中。

3．分区视图

分区视图在一台或多台服务器间水平连接一组成员表中的分区数据。这样，数据看上去如同来自一个表。连接同一个 SQL Server 实例中的成员表的视图是一个本地分区视图。在服务器间连接表中的数据的视图是分布式分区视图。

9.4 视图的操作

视图的操作包括创建视图、查询视图、修改视图定义、删除视图，分别介绍如下。

9.4.1 创建视图

使用视图前，必须先创建视图，创建视图要遵守以下原则：

（1）只有在当前数据库中才能创建视图，视图命名必须遵循标识符规则。

（2）不能将规则、默认值或触发器与视图相关联。

（3）不能在视图上建立任何索引。

创建视图可以使用图形界面方式，也可以使用 T-SQL 语句。

1. 使用图形界面方式创建视图

【例 9.9】 使用图形界面方式，在 StoreSales 数据库中创建有关销售情况的
V_SalesSituation 视图，包括员工姓名、订单号、商品名称、折扣总价、总金额、部门号，
按总金额降序排列，且部门号为 D001。

操作步骤如下：

（1）启动 SQL Server Management Studio，在对象资源管理器中，展开"数据库"节
点，选中"StoreSales"数据库，展开该数据库节点，选中"视图"，单击鼠标右键，在弹
出的快捷菜单中选择"新建视图"命令，如图 9.9 所示。

（2）出现"添加表"对话框，在"添加表"对话框中，选择 Employee、SalesOrder、
OrderDetail、Goods 四个表，单击"添加"按钮，再单击"关闭"按钮，如图 9.10 所示。

图 9.9 选择"新建视图"命令

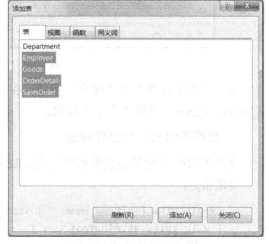

图 9.10 "添加表"对话框

（3）返回到对象资源管理器，在其右边会出现视图设计器，包括关系图窗格、网格
窗格、SQL 窗格、结果窗格等。

选择视图所包含的列，在网格窗格的"列"一栏中指定，例如，在列组合框中依次
选择 SalesOrder.OrderID 列、Employee.EmplName 列、Goods.GoodsName 列、OrderDetail.
DiscountTotal 列、SalesOrder.Cost 列、Employee.DeptID 列；将 SalesOrder.OrderID 列的"排
序类型"设置为"升序"；将 Employee.DeptID 列的"筛选器"设置为"= 'D001'"，如图 9.11
所示，其对应的 SELECT 语句将出现在 SQL 窗格中，语句如下：

```
        SELECT TOP (100) PERCENT dbo.SalesOrder.OrderID, dbo.Employee.EmplName,
dbo.Goods.GoodsName, dbo.OrderDetail.DiscountTotal, dbo.SalesOrder.Cost, dbo.
Employee.DeptID
        FROM dbo.OrderDetail INNER JOIN
                dbo.Goods ON dbo.OrderDetail.GoodsID = dbo.Goods.GoodsID INNER JOIN
                dbo.SalesOrder ON dbo.OrderDetail.OrderID = dbo.SalesOrder.OrderID
INNER JOIN
                dbo.Employee ON dbo.SalesOrder.EmplID = dbo.Employee.EmplID
        WHERE (dbo.Employee.DeptID = 'D001')
        ORDER BY dbo.SalesOrder.OrderID
```

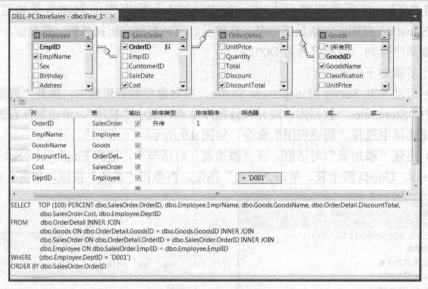

图 9.11　视图设计器

（4）单击工具栏上的"保存"按钮，在出现的"选择名称"对话框中输入视图名称
V_SalesSituation，单击"确定"按钮。

2. 使用 T-SQL 语句创建视图

使用 T-SQL 语句创建视图的语句是 CREATE VIEW 语句。

语法格式：

```
CREATE VIEW [ schema_name . ] view_name [ (column [ ,...n ] ) ]
[ WITH <view_attribute>[ ,…n ] ]
    AS select_statement
    [ WITH CHECK OPTION ]
```

说明：

● view_name：视图名称；schema_name 是数据库架构名。

● column：列名，此为视图中包含的列，最多可引用 1024 个列。

● WITH 子句：指出视图的属性。

● select_statement：定义视图的 SELECT 语句，可在该语句中使用多个表或视图。

● WITH CHECK OPTION：指出在视图上进行的修改都要符合 select_statement 所指

定的准则。

注意：CREATE VIEW 必须是批处理命令的第一条语句。

【例 9.10】 使用 CREATE VIEW 语句，在 StoreSales 数据库中创建 V_Employee
Situation 视图，包括员工号、姓名、性别、工资和部门，且部门为人事部、物资部或经
理办。

```
USE StoreSales
GO
CREATE VIEW V_EmployeeSituation
AS
SELECT EmplID, EmplName, Sex, Wages, DeptName
    FROM Employee a, Department b
    WHERE a.DeptID =b.DeptID AND DeptName IN ('人事部', '物资部', '经理办')
    WITH CHECK OPTION
GO
```

9.4.2 查询视图

查询视图使用 SELECT 语句，使用 SELECT 语句对视图进行查询与使用 SELECT 语
句对表进行查询一样，举例如下。

【例 9.11】 查询 V_SalesSituation 视图、V_EmployeeSituation 视图。

使用 SELECT 语句对 V_SalesSituation 视图进行查询：

```
USE StoreSales
SELECT *
FROM V_SalesSituation
```

语句执行结果：

```
OrderID  EmplName  GoodsName                DiscountTotal   Cost       DeptID
-------  --------  --------------------     -------------   -------    ---------
S00001   廖小玉    DELL XPS12 9250              14847.30     25815.50   D001
S00001   廖小玉    HP ML10 GEN9                 10978.20     25825.50   D001
S00002   孙勇诚    DELL XPS12 9250              29694.60     41752.80   D001
S00002   孙勇诚    DELL PowerEdgeT130           12058.20     41752.80   D001
S00003   李清林    Microsoft Surface Pro 4      14817.60     14817.60   D001
```

使用 SELECT 语句对 V_EmployeeSituation 视图进行查询：

```
USE StoreSales
SELECT *
FROM V_EmployeeSituation
```

语句执行结果：

```
EmplID  EmplName  Sex  Wages        DeptName
------  --------  ---- -----------  ---------------------
```

E002	罗秀文	女	3200.00	人事部
E003	刘强	男	6800.00	经理办
E004	徐莉思	女	3800.00	物资部

【例 9.12】 查询 D001 部门员工的员工姓名、订单号、折扣总价、总金额。

通过对 V_SalesSituation 视图进行查询，即可得到 D001 部门的员工姓名、订单号、折扣总价和总金额。

```
USE StoreSales
SELECT EmplName, OrderID, DiscountTotal, Cost
FROM V_SalesSituation
```

语句执行结果：

```
EmplName  OrderID  DiscountTotal  Cost
--------  -------  -------------  ----------
廖小玉    S00001   14847.30       25825.50
廖小玉    S00001   10978.20       25825.50
孙勇诚    S00002   29694.60       41752.80
孙勇诚    S00002   12058.20       41752.80
李清林    S00003   14817.60       14817.06
```

【例 9.13】 查询平均成绩在 85 分以上的学生的学号和平均成绩。

创建视图 V_AverageAchievement 语句如下：

```
USE StudentScore
GO
CREATE VIEW V_AverageAchievement(StudentID, Avg_Grade)
AS
SELECT StudentID, AVG(Grade)
    FROM Score
    GROUP BY StudentID
GO
```

使用 SELECT 语句对 V_AverageAchievement 视图进行查询：

```
USE StudentScore
SELECT *
FROM V_AverageAchievement
```

语句执行结果：

```
StudentID  Avg_Grade
---------  ----------
161001     93
161002     70
161004     83
162001     NULL
162002     93
162005     86
```

9.4.3 修改视图定义

修改视图的定义可以使用图形界面方式，也可以使用 T-SQL 的 ALTER VIEW 语句。

1. 使用图形界面方式修改视图定义

使用图形界面方式修改视图定义，举例如下。

【例 9.14】 使用图形界面方式修改例 9.9 创建的视图 V_SalesSituation，以降序显示总金额。

操作步骤如下：

（1）启动 SQL Server Management Studio，在对象资源管理器中，展开"数据库"节点，选中"StoreSales"数据库，展开该数据库节点，展开"视图"，选择"dbo.V_Sales Situation"，单击鼠标右键，在弹出的快捷菜单中选择"设计"命令。

（2）进入"视图设计器"窗口，可以查看和修改视图结构，其操作和创建视图类似。

（3）在"视图设计器"窗口中，将 Cost 列的排序类型修改为"降序"，SQL 窗口中对应的 SELECT 语句自动修改为：

```
SELECT TOP (100) PERCENT dbo.SalesOrder.OrderID, dbo.Employee.EmplName,
dbo.Goods.GoodsName, dbo.OrderDetail.DiscountTotal, dbo.SalesOrder.Cost, dbo.
Employee.DeptID
    FROM dbo.OrderDetail INNER JOIN
        dbo.Goods ON dbo.OrderDetail.GoodsID = dbo.Goods.GoodsID INNER JOIN
        dbo.SalesOrder ON dbo.OrderDetail.OrderID = dbo.SalesOrder.OrderID
INNER JOIN
        dbo.Employee ON dbo.SalesOrder.EmplID = dbo.Employee.EmplID
    WHERE (dbo.Employee.DeptID = 'D001')
    ORDER BY dbo.SalesOrder.Cost DESC
```

修改视图定义的结果如图 9.12 所示。

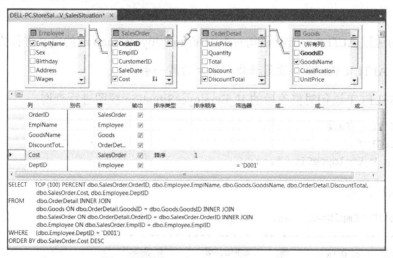

图 9.12 修改后的"视图设计器"窗口

（4）修改完成后，单击工具栏的"！"按钮，运行修改后的视图 V_SalesSituation，运行结果如图 9.13 所示。单击"保存"按钮，将视图定义修改保存。

	OrderID	EmplName	GoodsName	DiscountTotal	Cost	DeptID
▶	S00002	孙勇诚	DELL XPS12 9250	29694.6000	41752.8000	D001
	S00002	孙勇诚	DELL PowerEdgeT130	12058.2000	41752.8000	D001
	S00001	廖小玉	DELL XPS12 9250	14847.3000	25825.5000	D001
	S00001	廖小玉	HP ML10 GEN9	10978.2000	25825.5000	D001
	S00003	李清林	Microsoft Surface Pro 4	14817.6000	14817.6000	D001

图 9.13　修改后的视图 V_SalesSituation 的执行结果

2. 使用 T-SQL 语句修改视图定义

使用 T-SQL 的 ALTER VIEW 语句修改视图。

语法格式：

```
ALTER VIEW [ schema_name . ] view_name [ ( column [ ,...n ] ) ]
[ WITH <view_attribute>[,…n ] ]
AS select_statement
[ WITH CHECK OPTION ]
```

其中，view_attribute、select_statement 等参数与 CREATE VIEW 语句中含义相同。

【例 9.15】　将例 9.10 定义的视图 V_EmployeeSituation 进行修改，取消部门为人事部、物资部或经理办的要求。

```
USE StoreSales
GO
ALTER VIEW V_EmployeeSituation
AS
SELECT EmplID, EmplName, Sex, Wages, DeptName
    FROM Employee a, Department b
    WHERE a.DeptID =b.DeptID
    WITH CHECK OPTION
GO
```

该语句通过 ALTER VIEW 语句对视图 V_EmployeeSituation 的定义进行修改。

注意： ALTER VIEW 必须是批处理命令的第一条语句。

使用 SELECT 语句对修改后的 V_EmployeeSituation 视图进行查询：

```
USE StoreSales
SELECT *
FROM V_EmployeeSituation
```

语句执行结果：

```
EmplID  EmplName  Sex    Wages       DeptName
------- --------  ------ ----------  ---------------
E001    孙勇诚     男     4000.00     销售部
E002    罗秀文     女     3200.00     人事部
E003    刘强       男     6800.00     经理办
```

E004	徐莉思	女	3800.00	物资部
E005	廖小玉	女	3500.00	销售部
E006	李清林	男	4200.00	销售部

从查询结果可以看出，修改后的 V_EmployeeSituationt 视图已取消部门为人事部、物资部或经理办的要求。

9.4.4 删除视图

删除视图可以使用图形界面方式，也可以使用 T-SQL 语句。

1. 使用图形界面方式删除视图

启动 SQL Server Management Studio，在对象资源管理器中，展开"数据库"节点，选中"StudentScore"数据库，展开该数据库节点，展开"视图"，选择需要删除的视图，这里，选择"dbo.V_Course"（已创建），单击鼠标右键，在弹出的快捷菜单中选择"删除"命令，进入"删除对象"窗口，单击"确定"按钮即可。

2. 使用 T-SQL 语句删除视图

使用 T-SQL 的 DROP VIEW 语句删除视图。

语法格式：

```
DROP VIEW [ schema_name . ] view_name [ ...,n ] [ ; ]
```

其中，view_name 是视图名，使用 DROP VIEW 可删除一个或多个视图。

【例 9.16】 将视图 V_Course 删除。

```
USE StudentScore
DROP VIEW V_Course
```

9.5 更新视图

更新视图是指通过视图进行插入、删除、修改数据，由于视图是不存储数据的虚表，对视图的更新最终转化为对基表的更新。

9.5.1 可更新视图

通过更新视图数据可更新基表数据，但只有满足可更新条件的视图才能更新，可更新视图必须满足的条件是：创建视图的 SELECT 语句中没有聚合函数，且没有 TOP、GROUP BY、UNION 子句及 DISTICT 关键字，不包含从基表列通过计算所得的列，且 FROM 子句中至少包含一个基表。

在前面的视图中，V_SalesSituation、V_EmployeeSituation 是可更新视图，V_Average Achievement 是不可更新视图。

【例 9.17】 在 StoreSales 数据库中，以 Employee 为基表，创建部门号为 D001 的可更新视图 V_Renewable。

创建视图 V_Renewable 的语句如下：

```
USE StoreSales
GO
CREATE VIEW V_Renewable
AS
SELECT *
    FROM Employee
    WHERE DeptID= 'D001'
GO
```

使用 SELECT 语句查询 V_Renewable 视图：

```
USE StoreSales
SELECT *
FROM V_Renewable
```

语句执行结果：

```
EmplID  EmplName  Sex  Birthday    Address     Wages         DeptID
------  --------  ---  ----------  ---------   -----------   ----------
E001    孙勇诚     男   1981-09-24  东大街 28 号  4000.00       D001
E005    廖小玉     女   1986-03-19  NULL        3500.00       D001
E006    李清林     男   1976-12-07  顺城街 35 号  4200.00       D001
```

9.5.2 插入数据

使用 INSERT 语句通过视图向基表插入数据，有关 INSERT 语句的介绍参见第 7 章。

【例 9.18】 向 V_Renewable 视图中插入一条记录：('E007','黄德明','男','1985-06-28','光华村 17 号',3800,'D001')。

```
USE StoreSales
INSERT INTO V_Renewable VALUES('E007','黄德明','男','1985-06-28','光华村 17 号',3800,'D001')
```

使用 SELECT 语句查询 V_Renewable 视图的基表 Employee：

```
USE StoreSales
SELECT *
FROM Employee
```

上述语句对基表 Employee 进行查询，该表已添加记录('E007','黄德明','男','1985-06-28','光华村 17 号',3800,'D001')。

语句执行结果：

```
EmplID  EmplName  Sex  Birthday    Address     Wages         DeptID
------  --------  ---  ----------  ---------   -----------   ----------
E001    孙勇诚     男   1981-09-24  东大街 28 号  4000.00       D001
```

E002	罗秀文	女	1988-05-28	通顺街 64 号	3200.00		D002
E003	刘强	男	1972-11-05	玉泉街 48 号	6800.00		D004
E004	徐莉思	女	1985-07-16	公司集体宿舍	3800.00		D003
E005	廖小玉	女	1986-03-19	NULL	3500.00		D001
E006	李清林	男	1976-12-07	顺城街 35 号	4200.00		D001
E007	黄德明	男	1985-06-28	光华村 17 号	3800.00		D001

注意：当视图依赖的基表有多个表时，不能向该视图插入数据。

9.5.3 修改数据

使用 UPDATE 语句通过视图修改基表数据，有关 UPDATE 语句的介绍参见第 7 章。

【例 9.19】 将 V_Renewable 视图中员工号为 E007 的员工地址改为双楠路 52 号。

```
USE StoreSales
UPDATE V_Renewable SET Address='双楠路 52 号'
WHERE EmplID='E007'
```

使用 SELECT 语句查询 V_Renewable 视图的基表 Employee：

```
USE StoreSales
SELECT *
FROM Employee
```

上述语句对基表 Employee 进行查询，该表已将 E007 的员工地址改为双楠路 52 号。

语句执行结果：

```
EmplID   EmplName   Sex   Birthday     Address          Wages        DeptID
------   --------   ----- ----------   --------------   ----------   ----------
E001     孙勇诚      男    1981-09-24   东大街 28 号      4000.00      D001
E002     罗秀文      女    1988-05-28   通顺街 64 号      3200.00      D002
E003     刘强        男    1972-11-05   玉泉街 48 号      6800.00      D004
E004     徐莉思      女    1985-07-16   公司集体宿舍      3800.00      D003
E005     廖小玉      女    1986-03-19   NULL             3500.00      D001
E006     李清林      男    1976-12-07   顺城街 35 号      4200.00      D001
E007     黄德明      男    1985-06-28   双楠路 52 号      3800.00      D001
```

注意：当视图依赖的基表有多个表时，一次视图修改只能修改一个基表的数据。

9.5.4 删除数据

使用 DELETE 语句通过视图删除基表数据，有关 DELETE 语句的介绍参见第 7 章。

【例 9.20】 删除 V_Renewable 视图中员工号为 E007 的记录。

```
USE StoreSales
DELETE FROM V_Renewable
WHERE EmplID='E007'
```

使用 SELECT 语句查询 V_Renewable 视图的基表 Employee：

```
USE StoreSales
SELECT *
FROM Employee
```

上述语句对基表 Employee 进行查询，该表已删除记录('E007','黄德明','男','1985-06-28','光华村 17 号',3800,'D001')。

语句执行结果：

```
EmplID   EmplName   Sex   Birthday     Address        Wages        DeptID
-------  --------   ----- ---------    ------------   -----------  ----------
E001     孙勇诚      男    1981-09-24   东大街 28 号     4000.00      D001
E002     罗秀文      女    1988-05-28   通顺街 64 号     3200.00      D002
E003     刘强        男    1972-11-05   玉泉街 48 号     6800.00      D004
E004     徐莉思      女    1985-07-16   公司集体宿舍     3800.00      D003
E005     廖小玉      女    1986-03-19   NULL           3500.00      D001
E006     李清林      男    1976-12-07   顺城街 35 号     4200.00      D001
```

注意：当视图依赖的基表有多个表时，不能在该视图删除数据。

9.6 小结

本章主要介绍了以下内容：

（1）索引是与表关联的存储结构，它包含由表中的一列或多列生成的键，以及映射到指定表行的存储位置的指针，这些键存储在一个结构（B 树）中，使 SQL Server 可以快速有效地查找与键值关联的行。

（2）在 SQL Server Management Studio 中，可用图形界面方式或 T-SQL 语句创建索引，T-SQL 语句中创建索引的语句是 CREATE INDEX。

（3）查看和修改索引属性的方法有两种：使用图形界面方式和使用系统存储过程及 T-SQL 语句，在 T-SQL 语句中，修改索引属性使用 ALTER INDEX。

（4）索引的删除有两种方式：图形界面方式和使用 T-SQL 语句，在 T-SQL 语句中，使用 DROP INDEX 删除索引。

（5）视图（View）是从一个或多个表或其他视图导出的，用来导出视图的表称为基表，导出的视图称为虚表。在数据库中，只存储视图的定义，不存放视图对应的数据，这些数据仍然存放在原来的基表中。

（6）创建视图有使用图形界面和使用 T-SQL 语句两种方式，T-SQL 语句中创建视图的语句是 CREATE VIEW。

（7）查询视图使用 SELECT 语句，使用 SELECT 语句对视图进行查询与使用 SELECT 语句对表进行查询的方法一样。

（8）修改视图的定义可以使用图形界面方式，也可以使用 T-SQL 语句中的 ALTER VIEW 语句。

（9）删除视图可以使用图形界面方式或使用 T-SQL 语句，在 T-SQL 语句中，使用

DROP VIEW 删除视图。

（10）更新视图是指通过视图进行插入、删除、修改数据，由于视图是不存储数据的虚表，对视图的更新最终转化为对基表的更新。使用 INSERT 语句通过视图向基表插入数据，使用 UPDATE 语句通过视图修改基表数据，使用 DELETE 语句通过视图删除基表数据。

习 题 9

一、选择题

9.1 建立索引的作用之一是_____。
   A. 节省存储空间
   B. 便于管理
   C. 提高查询速度
   D. 提高查询和更新的速度

9.2 在 T-SQL 中，创建一个索引的命令是_____。
   A. SET INDEX
   B. CREATE INDEX
   C. ALTER INDEX
   D. DECLARE INDEX

9.3 索引是对数据库表中 _____ 字段的值进行排序。
   A. 一个
   B. 多个
   C. 一个或多个
   D. 零个

9.4 在 T-SQL 中，删除一个索引的命令是_____。
   A. DELETE
   B. CLEAR
   C. DROP
   D. REMOVE

9.5 在 SQL Server 中，设有商品表（商品号，商品名，生产日期，单价，类别）。现经常需要执行下列查询：

```
SELECT 商品号，商品名，单价
  FROM 商品表 WHERE 类别 IN （'食品','家电'）
  ORDER BY 商品号
```

现需要在商品表上建立合适的索引来提高该查询的执行效率。下列建立索引的语句，最合适的是 _____ 。

   A. CREATE INDEX Idx1 ON 商品表（类别）
   B. CREATE INDEX Idx1 ON 商品表（商品号，商品名，单价）
   C. CREATE INDEX Idx1 ON 商品表（类别，商品号）INCLUDE（商品名，单价）
   D. CREATE INDEX Idx1 ON 商品表（商品号）INCLUDE（商品名，单价）
        WHERE 类别='食品'OR 类别='家电'

9.6 下面几项中，关于视图叙述正确的是_____。
   A. 视图既可以通过表得到，也可以通过其他视图得到
   B. 视图的建立会影响基表
   C. 视图的删除会影响基表
   D. 视图可在数据库中存储数据

9.7 以下关于视图的叙述错误的是_____。
   A. 视图可以从一个或多个其他视图中产生
   B. 视图是一种虚表，因此不会影响基表的数据

C．视图是从一个或者多个表中使用 SELECT 语句导出的

D．视图是查询数据库表中数据的一种方法

9.8　在 T-SQL 中，创建一个视图的命令是_____。

A．DECLARE VIEW　　　　　　　　　　B．ALTER VIEW

C．SET VIEW　　　　　　　　　　　　　D．CREATE VIEW

9.9　在 T-SQL 中，删除一个视图的命令是_____。

A．DELETE　　　　　B．CLEAR　　　　C．DROP　　　　D．REMOVE

二、填空题

9.10　在 SQL Server 中，在 t1 表的 c1 列上创建一个唯一聚集索引，请补全下面的语句：

```
CREATE_____INDEX V_c1 ON t1(c1);
```

9.11　建立索引的主要作用是_____。

9.12　T-SQL 语句中，创建索引的语句是_____。

9.13　视图是从_____导出的。

9.14　用来导出视图的表称为基表，导出的视图又称为_____。

9.15　在数据库中，只存储视图的_____，不存放视图对应的数据。

9.16　由于视图是不存储数据的虚表，对视图的更新最终转化为对_____的更新。

三、问答题

9.17　什么是索引？

9.18　建立索引有何作用？

9.19　索引分为哪两种？各有什么特点？

9.20　如何创建升序和降序索引？

9.21　什么是视图？使用视图有哪些优点和缺点？

9.22　基表和视图的区别和联系是什么？

9.23　什么是可更新视图？可更新视图必须满足哪些条件？

9.24　将创建视图的基表从数据库中删除掉，视图会被删除吗？为什么？

9.25　更改视图名称会导致哪些问题？

四、上机实验题

9.26　写出在 SalesOrder 表上 OrderID 列建立聚集索引的语句。

9.27　写出在 Goods 表上的 UnitPrice 列建立非聚集索引的语句，并设置填充因子为 90。

9.28　创建一个视图 V_StudentAchievement，包含学号、姓名、性别、课程号、课程名、成绩等列，并输出该视图的所有记录。

9.29　创建一个视图 V_StudentAchievement_Computer，包含姓名、课程名、成绩等列，且专业为计算机，并输出该视图的所有记录。

9.30　创建一个视图 V_AvgAchievement，包含姓名、平均分等列，并输出该视图的所有记录。

9.31 创建一个视图 V_GoodsStatus，包含商品号、商品名称、单价、库存量、未到货商品数量等列，且商品类型代码为 10，并输出该视图的所有记录。

9.32 创建一个视图 V_SalesStatus，包含订单号、员工姓名、商品名称、单价、折扣总价、总金额等列，且部门号为 D001，并输出该视图的所有记录。

9.33 创建一个视图 V_DeptStatus，包含部门名、平均工资和人数等列，并输出该视图的所有记录。

第 10 章 数据完整性

9.31 创建一个视图 V_GoodsStatus，查询商品表中，商品名称、单价、库存量、本期
进货数量等列，且销售表数量代号为 10，并指出库存数量的增加或减少。

9.32 创建一个视图 V，查询 DOI出入管理表中的商品名、出入库类别、单价、折扣
价格、库存量等列，并指出下列 DOI出入库数量是随着期间的变化。

9.33 创建一个视图 V_DepStatus，自行完善 I名，"名称 I、学生人数等列，并输出仓库
图例原有程度。

数据完整性指数据库中数据的一致性、准确性和有效性，数据完整性是衡量数据库质量好坏的标准之一，数据完整性的类型有：域完整性、实体完整性、参照完整性和用户定义完整性。SQL Server 提供了完善的数据完整性机制，可以通过约束、触发器、规则、默认等数据库对象来实现数据完整性。本章介绍数据完整性的基本概念和实现方法。

10.1 数据完整性概述

数据完整性一般包括实体完整性、参照完整性，域完整性、用户定义完整性，下面分别进行介绍。

1. 实体完整性

实体完整性要求表中有一个主键，其值不能为空且能唯一地标识对应的记录，又称为行完整性，通过 PRIMARY KEY 约束、UNIQUE 约束等实现数据的实体完整性。

例如，对于 StoreSales 数据库中的 SalesOrder 表（订单表），OrderID（订单号）列作为主键（主码），每个订单的 OrderID 列能唯一地标识该订单对应的行记录信息，通过 OrderID 列建立主键约束实现 SalesOrder 表的实体完整性。

2. 参照完整性

参照完整性保证主表中的数据与从表中数据的一致性，又称为引用完整性，在 SQL Server 中，通过定义主键（主码）与外键（外码）之间的对应关系实现参照完整性，参照完整性确保键值在所有表中一致。

例如，将 SalesOrder 表作为主表，表中的 OrderID 列作为主键，OrderDetail 表（订单明细表）作为从表，表中的 OrderID 列作为外键，从而建立主表与从表之间的联系实现参照完整性。

如果定义了两个表之间的参照完整性，则要求：
- 从表不能引用不存在的键值。
- 如果主表中的键值更改了，那么在整个数据库中，对从表中该键值的所有引用要进行一致的更改。
- 如果要删除主表中的某一记录，应先删除从表中与该记录匹配的相关记录。

3. 域完整性

域完整性是指列数据输入的有效性，又称列完整性，通过 CHECK 约束、DEFAULT 约束、NOT NULL 约束等实现域完整性。

CHECK 约束通过显示输入列中的值来实现域完整性，例如：对于 StoreSales 数据库 OrderDetail 表（订单明细表），对 Quantity（订货数量）规定为大于或等于 2，可用

CHECK 约束表示。

4. 用户定义完整性

可以定义不属于其他任何完整性类别的特定业务规则,所有完整性类别都支持用户定义完整性,包括 CREATE TABLE 中所有列级约束和表级约束、规则、默认值、存储过程及触发器。

10.2 约束

实体完整性、参照完整性、域完整性通过约束来实现,其中:

- PRIMARY KEY 约束:主键约束,实现实体完整性。
- UNIQUE 约束:唯一性约束,实现实体完整性。
- FOREIGN KEY 约束:外键约束,实现参照完整性。
- CHECK 约束:检查约束,实现域完整性。
- DEFAULT 约束:默认约束,实现域完整性。
- NOT NULL 约束:非空约束,实现域完整性。

10.2.1 PRIMARY KEY 约束

PRIMARY KEY 约束(主键约束)用于实现实体完整性。

通过 PRIMARY KEY 约束定义主键,一个表只能有一个 PRIMARY KEY 约束,且 PRIMARY KEY 约束不能取空值,SQL Server 为主键自动创建唯一性索引,实现数据的唯一性。

如果一个表的主键由单列组成,则该主键约束可定义为该列的列级约束或表级约束。如果主键由两个或两个以上的列组成,则该主键约束必须定义为表级约束。

1. 使用 T-SQL 创建与删除 PRIMARY KEY 约束

(1)使用 T-SQL 语句在创建表时创建 PRIMARY KEY 约束

定义列级主键约束:

语法格式:

```
[CONSTRAINT constraint_name]
PRIMARY KEY [CLUSTERED|NONCLUSTERED]
```

定义表级主键约束:

语法格式:

```
[CONSTRAINT constraint_name]
PRIMARY KEY [CLUSTERED|NONCLUSTERED]
{ (column_name [, …n ] )}
```

说明:

- PRIMARY KEY: 定义主键约束的关键字。

● constraint_name: 指定约束的名称。如果不指定，系统会自动生成约束的名称。

● CLUSTERED | NONCLUSTERED: 定义约束的索引类型，CLUSTERED 表示聚集索引，NONCLUSTERED 表示非聚集索引，与 CREATE INDEX 语句中的选项相同。

【例 10.1】 创建商品表 Goods，分别对商品号创建列级和表级 PRIMARY KEY 约束，每级约束有指定和不指定约束名称两种情况。

① 定义列级主键约束，不指定约束名称。

```
USE StoreSales
CREATE TABLE Goods
(
    GoodsID char(4) NOT NULL PRIMARY KEY,
                                    /* 在列级定义主键约束，未指定约束名称 */
    GoodsName char(30) NOT NULL,
    Classification char(6) NOT NULL,
    UnitPrice money NOT NULL,
    StockQuantity int NOT NULL,
    GoodsAfloat int NOT NULL
)
```

由于未指定约束名称，创建该表时系统自动生成的约束名称为：PK_Goods_663DA8C0B27C2FF5。

② 定义列级主键约束，指定约束名称。

```
USE StoreSales
CREATE TABLE Goods
(
    GoodsID char(4) NOT NULL CONSTRAINT PK_GoodsID PRIMARY KEY,
                /* 在列级定义主键约束，指定约束名称为 PK_GoodsID */
    GoodsName char(30) NOT NULL,
    Classification char(6) NOT NULL,
    UnitPrice money NOT NULL,
    StockQuantity int NOT NULL,
    GoodsAfloat int NOT NULL
)
```

③ 定义表级主键约束，不指定约束名称。

```
USE StoreSales
CREATE TABLE Goods
(
    GoodsID char(4) NOT NULL,
    GoodsName char(30) NOT NULL,
    Classification char(6) NOT NULL,
    UnitPrice money NOT NULL,
    StockQuantity int NOT NULL,
    GoodsAfloat int NOT NULL,
    PRIMARY KEY (GoodsID)      /* 在表级定义主键约束，未指定约束名称 */
```

```
    )
```

由于未指定约束名称，系统在创建该表时自动生成的约束名称为 PK_Goods_663DA8C078CE91F4。

④ 定义表级主键约束，指定约束名称。

```
USE StoreSales
CREATE TABLE Goods
(
    GoodsID char(4) NOT NULL,
    GoodsName char(30) NOT NULL,
    Classification char(6) NOT NULL,
    UnitPrice money NOT NULL,
    StockQuantity int NOT NULL,
    GoodsAfloat int NOT NULL,
    CONSTRAINT PK_GoodsID PRIMARY KEY (GoodsID)
       /* 在表级定义主键约束，指定约束名称为 PK_GoodsID */
)
```

【例 10.2】 创建 OrderDetail 表，对订单号、商品号创建 PRIMARY KEY 约束。

由于主键由两个列组成，主键约束必须定义为表级约束，本例指定约束名称。

```
USE StoreSales
CREATE TABLE OrderDetail
(
    OrderID char(6) NOT NULL,
    GoodsID char(4) NOT NULL,
    SaleUnitPrice money NOT NULL,
    Quantity int NOT NULL,
    Total money NOT NULL,
    Discount float NOT NULL,
    DiscountTotal money NOT NULL,
    CONSTRAINT PK_OrderIDGoodsID PRIMARY KEY (OrderID,GoodsID)
       /* 必须在表级定义主键约束，指定约束名称为 PK_OrderIDGoodsID */
)
```

（2）使用 T-SQL 语句在修改表时创建 PRIMARY KEY 约束。

修改表时创建 PRIMARY KEY 约束使用 ALTER TABLE 的 ADD 子句。

语法格式：

```
ALTER TABLE table_name
    ADD[ CONSTRAINT constraint_name ] PRIMARY KEY
        [ CLUSTERED | NONCLUSTERED]
        ( column [ ,...n ] )
```

【例 10.3】 创建 Employee 表后，删去商品号列的主键，通过修改表，对商品号列创建 PRIMARY KEY 约束。

```
USE StoreSales
```

```
ALTER TABLE Employee
ADD
  CONSTRAINT PK_EmplID PRIMARY KEY (EmplID)
```

（3）使用 T-SQL 语句删除 PRIMARY KEY 约束

删除 PRIMARY KEY 约束使用 ALTER TABLE 的 DROP 子句。

语法格式：

```
ALTER TABLE table_name
  DROP CONSTRAINT constraint_name [,…n]
```

【例 10.4】 删除上例创建的 PRIMARY KEY 约束。

```
USE StoreSales
ALTER TABLE Employee
  DROP CONSTRAINT PK_EmplID
```

2. 使用图形界面方式创建与删除 PRIMARY KEY 约束

使用图形界面方式创建 PRIMARY KEY 约束参见第 6 章 6.4.1 节相关操作步骤。

删除 PRIMARY KEY 约束的操作为：在"对象资源管理器"中，选择 dbo.Employee
表，单击鼠标右键，在弹出的快捷菜单中选择"设计"命令，进入"表设计器"窗口，
选中主键所对应的行，单击鼠标右键，在弹出的快捷菜单中选择"删除主键"命令即可。

10.2.2 UNIQUE 约束

UNIQUE 约束（唯一性约束）指定一个或多个列的组合的值具有唯一性，以防止在
列中输入重复的值，为表中的一列或者多列提供实体完整性。UNIQUE 约束指定的列可
以有空值，但 PRIMARY KEY 约束的列值不允许为空值，故 PRIMARY KEY 约束强度大
于 UNIQUE 约束。

通过 UNIQUE 约束定义唯一性约束，为了保证一个表非主键列不输入重复值，应在
该列定义 UNIQUE 约束。

PRIMARY KEY 约束与 UNIQUE 约束的主要区别如下：

● 一个表只能创建一个 PRIMARY KEY 约束，但可创建多个 UNIQUE 约束。

● PRIMARY KEY 约束的列值不允许为 NULL，UNIQUE 约束的列值可取 NULL。

● 创建 PRIMARY KEY 约束时，系统自动创建聚集索引，创建 UNIQUE 约束时，
系统自动创建非聚集索引。

PRIMARY KEY 约束与 UNIQUE 约束都不允许对应列存在重复值。

1. 使用 T-SQL 语句在创建表时创建 UNIQUE 约束

定义列级唯一性约束的语法格式如下。

语法格式：

```
[CONSTRAINT constraint_name]
UNIQUE [CLUSTERED|NONCLUSTERED]
```

唯一性约束应用于多列时必须定义表级约束。

语法格式：

```
[CONSTRAINT constraint_name]
UNIQUE [CLUSTERED|NONCLUSTERED]
(column_name [, …n ])
```

说明：

● UNIQUE：定义唯一性约束的关键字。

● constraint_name：指定约束的名称。如果不指定，系统会自动生成约束的名称。

● CLUSTERED | NONCLUSTERED：定义约束的索引类型，CLUSTERED 表示聚集索引，NONCLUSTERED 表示非聚集索引，与 CREATE INDEX 语句中的选项相同。

【例 10.5】 创建 Employee2 表时，对身份证列创建 UNIQUE 约束。

本例创建 UNIQUE 约束和 PRIMARY KEY 约束，均采用表级约束并指定约束名。

```
USE StoreSales
CREATE TABLE Employee2
(
    EmplID char(4) NOT NULL,
    IDCard char(18) NOT NULL,
    EmplName char(8) NOT NULL,
    Sex char(2) NOT NULL,
    Birthday date NOT NULL,
    Address char(20) NULL,
    Wages money NOT NULL,
    DeptID char(4) NOT NULL,
    CONSTRAINT PK_EmID PRIMARY KEY (EmplID), /* 在表级定义主键约束 */
    CONSTRAINT UK_IDcard UNIQUE (IDCard)      /* 在表级定义唯一性约束 */
)
```

2. 使用 T-SQL 语句在修改表时创建 UNIQUE 约束

修改表时创建 UNIQUE 约束的语法格式如下。

语法格式：

```
ALTER TABLE table_name
    ADD[ CONSTRAINT constraint_name ] UNIQUE
        [ CLUSTERED | NONCLUSTERED]
        ( column [ ,...n ] )
```

【例 10.6】 创建 Goods 表后，通过修改表，对商品名称列创建 UNIQUE 约束。

```
USE StoreSales
ALTER TABLE Goods
ADD
    CONSTRAINT UK_GdName UNIQUE (GoodsName)
```

3. 使用 T-SQL 语句删除 UNIQUE 约束

删除 PRIMARY KEY 约束或 UNIQUE 约束使用 ALTER TABLE 的 DROP 子句:

语法格式:

```
ALTER TABLE table_name
    DROP CONSTRAINT constraint_name [,…n]
```

【例 10.7】 删除上例创建的 UNIQUE 约束。

```
USE StoreSales
ALTER TABLE Goods
    DROP CONSTRAINT UK_GdName
```

4. 使用图形界面方式创建与删除 UNIQUE 约束

使用图形界面方式创建与删除 UNIQUE 约束,举例如下。

【例 10.8】 使用对象资源管理器,对 Goods 表的商品名列创建 UNIQUE 约束。

操作步骤如下:

(1)启动 SQL Server Management Studio,在对象资源管理器中,展开"数据库"节点,选中"StoreSales"数据库,展开该数据库节点,展开"表"节点,选择"dbo.Goods",单击鼠标右键,在弹出的快捷菜单中选择"设计"命令,进入"表设计器"窗口,选择"GoodsName"列,单击鼠标右键,在弹出的快捷菜单中选择"索引/键"命令,打开"索引/键"窗口。

(2)单击"添加"按钮,在右边的"标识"属性区域的"(名称)"栏中输入唯一键的名称,这里是"UK_GoodsName",在常规属性区域的"类型"栏中选择类型为"唯一键",在常规属性区域的"列"栏后单击"…"按钮,选择要创建索引的列,这里选择"GoodsName"列,如图 10.1 所示。

(3)单击"关闭"按钮,保存修改,完成创建 UNIQUE 约束。

如果要删除 UNIQUE 约束,打开如图 10.1 所示的"索引/键"窗口,选择要删除的 UNIQUE 约束,单击"删除"按钮,再单击"关闭"按钮即可。

10.2.3 FOREIGN KEY 约束

外键约束定义了表与表之间的关系,通过将一个表中一列或多列添加到另一个表中,创建两个表之间的连接,这个列就成为第二个表的外键(FOREIGN KEY),通过定义 FOREIGN KEY 约束来创建外键。

使用 PRIMARY KEY 约束或 UNIQUE 约束来定义主表的主键或唯一键,使用 FOREIGN KEY 约束来定义从表的外键,可实现主表与从表之间的参照完整性。

在 SQL Server 中,主表又称主键表,从表又称外键表。

定义表间参照关系的步骤如下:

(1)首先定义主键表的主键(或唯一键)。

(2)再定义外键表的外键。

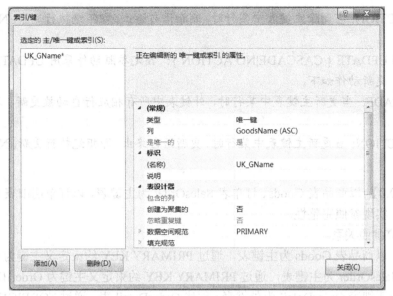

图 10.1 创建唯一键

1. 使用 T-SQL 语句创建与删除表间参照关系

（1）使用 T-SQL 语句创建表间参照关系

① 创建表时定义外键

定义列级外键约束的语法格式如下。

语法格式：

```
[CONSTRAINT constraint_name]
[FOREIGN KEY]
REFERENCES ref_table
[ NOT FOR REPLICATION ]
```

定义表级外键约束的语法格式如下。

语法格式：

```
[CONSTRAINT constraint_name]
FOREIGN KEY (column_name [, …n ])
REFERENCES ref_table [(ref_column [, …n] )]
[ ON DELETE { CASCADE|NO ACTION } ]
[ ON UPDATE { CASCADE|NO ACTION } ] ]
[ NOT FOR REPLICATION ]
```

说明：

● FOREIGN KEY：定义外键约束的关键字。

● constraint_name：指定约束的名称。如果不指定，系统会自动生成约束的名称。

● ON DELETE { CASCADE|NO ACTION }：指定参照动作采用 DELETE 语句进行删除操作，删除动作如下。

CASCADE：当删除主键表中某行时，外键表中所有相应行自动被删除，即进行级联删除。

NO ACTION：当删除主键表中某行时，删除语句终止，即拒绝执行删除。NO ACTION 是默认值。

● ON UPDATE { CASCADE|NO ACTION }：指定参照动作采用 UPDATE 语句进行更新操作，更新动作如下。

CASCADE：当更新主键表中某行时，外键表中所有相应行自动被更新，即进行级联更新。

NO ACTION：当更新主键表中某行时，更新语句终止，即拒绝执行更新。NO ACTION 是默认值。

【例 10.9】以商品表 Goods、订单表 SalesOrder 为主键表，以订单明细表 OrderDetail 为外键表，实现参照完整性。

● 建立参照关系。

首先，以商品表 Goods 为主键表，通过 PRIMARY KEY 约束定义主键为 GoodsID；以订单表 SalesOrder 为主键表，通过 PRIMARY KEY 约束定义主键为 OrderID。

以订单明细表 OrderDetail 为外键表，创建 OrderDetail 表，通过 FOREIGN KEY 约束定义外键，代码如下。

```
USE StoreSales
CREATE TABLE OrderDetail
(
    OrderID char(6) NOT NULL,
    GoodsID char(4) NOT NULL,
    SaleUnitPrice money NOT NULL,
    Quantity int NOT NULL,
    Total money NOT NULL,
    Discount float NOT NULL,
    DiscountTotal money NOT NULL,
    CONSTRAINT PK_OrderIDGoodsID PRIMARY KEY (OrderID,GoodsID),
    CONSTRAINT FK_GoodsID FOREIGN KEY (GoodsID) REFERENCES Goods (GoodsID)
        /* OrderDetail 为外键表，定义外键为 GoodsID，参照主键表 Goods，主键 GoodsID */
      ON DELETE NO ACTION
        /* 当删除 Goods 表中某行时，拒绝执行删除 */
      ON UPDATE CASCADE,
        /* 当更新 Goods 表中某行时，级联更新 OrderDetail 表中所有相应行 */
    CONSTRAINT FK_OrderID FOREIGN KEY (OrderID) REFERENCES SalesOrder (OrderID)
        /* OrderDetail 为外键表，定义外键为 OrderID，参照主键表 SalesOrder，主键
OrderID */
      ON DELETE CASCADE
        /* 当删除 SalesOrder 表中某行时，级联删除 OrderDetail 表中所有相应行 */
      ON UPDATE NO ACTION
        /* 当更新 SalesOrder 表中某行时，拒绝执行更新 */
)
```

● 当删除 Goods 表中某行时，拒绝执行删除。

删除 Goods 表 GoodsID='1001'的行时，系统提示"您将要删除 1 行"，如图 10.2

所示。

图 10.2　删除 Goods 表中的 1 行

单击"是"按钮后，系统提示：DELETE 语句与 REFERENCE 约束"FK GoodsID"
冲突。语句终止，未删除任何行，如图 10.3 所示。

图 10.3　删除语句终止

● 当更新 Goods 表中某行时，级联更新 OrderDetail 表中所有相应行。

更新 Goods 表第 1 行 GoodsID 列，将'1001'更新为'1008'，如图 10.4 所示。

GoodsID	GoodsName	Classificati...	UnitPrice	StockQuan...	GoodsAfloat
1008	Microsoft Surface Pro 4	10	5488.0000	12	4
1002	Apple iPad Pro	10	5888.0000	12	5
1004	DELL XPS12 9250	10	5499.0000	10	0
2001	HP Pavilion 14-al128TX	20	4199.0000	8	4
3001	DELL PowerEdgeT130	30	6699.0000	10	4
3002	HP ML10 GEN9	30	6099.0000	5	3
4001	EPSON L565	40	1899.0000	8	4
4002	HP LaserJet M226dw	40	2699.0000	7	2
NULL	NULL	NULL	NULL	NULL	NULL

图 10.4　Goods 表第 1 行 GoodsID 列的'1001'更新为'1008'

查询 OrderDetail 表，其相应行的 GoodsID 列的‘1001’已级联更新为‘1008’，如图 10.5 所示。

DELL-PC.StoreSal...dbo.OrderDetail

	OrderID	GoodsID	SaleUnitPrice	Quantity	Total	Discount	DiscountTotal
	S00001	1004	5499.0000	3	16497.0000	0.1	14847.3000
	S00001	3002	6099.0000	2	12198.0000	0.1	10978.2000
	S00002	1004	5499.0000	6	32994.0000	0.1	29694.6000
	S00002	3001	6699.0000	2	13398.0000	0.1	12058.2000
▸	S00003	1008	5488.0000	3	16464.0000	0.1	14817.6000
*	NULL	NULL	NULL	NULL	NULL	NULL	NULL

5 /5

图 10.5　OrderDetail 表相应行的 GoodsID 列的‘1001’已级联更新为‘1008’

② 通过修改表定义外键

使用 ALTER TABLE 语句的 ADD 子句也可定义外键约束，语法格式与定义其他约束类似，此处略去。

【例 10.10】 修改 Employee 表的定义，将它的“部门号”列定义为外键，假设 Department 表的“部门号”列已定义为主键。

```
ALTER TABLE Employee
  ADD CONSTRAINT FK_DeptID FOREIGN KEY(DeptID) REFERENCES Department(DeptID)
   /* Employee 为外键表，定义外键为 DeptID，参照主键表 Department，主键 DeptID */
```

（2）使用 T-SQL 语句删除表间参照关系

使用 T-SQL 语句删除表间参照关系语法格式如下。

语法格式：

```
ALTER TABLE table_name
   DROP CONSTRAINT constraint_name [,…n]
```

【例 10.11】 删除以上对 Employee 部门号列定义的 FK_DeptID 外键约束。

```
ALTER TABLE Employee
  DROP CONSTRAINT FK_DeptID
```

2. 使用图形界面方式创建与删除表间参照关系

（1）使用图形界面方式创建表间参照关系

使用图形界面方式创建表间参照关系，举例如下。

【例 10.12】 使用对象资源管理器，在 StoreSales 数据库中建立 Department 表和 Employee 表的参照关系。

操作步骤如下：

① 定义 Department 表的 DeptID 列为主键。

② 启动 SQL Server Management Studio，在对象资源管理器中，展开“数据库”节点，选中“StoreSales”数据库，展开该数据库节点，选择“数据库关系图”，单击鼠标右键，在弹出的快捷菜单中选择“新建数据库关系图”命令，打开“添加表”窗口。

③ 在出现的“添加表”窗口中选择要添加的表，这里选择 Department 表和 Employee

表，单击"添加"按钮，再单击"关闭"按钮。

④ 在"数据库关系图设计"窗口将光标指向主表的主键，并拖动到从表，这里将 Department 表的 DeptID 列拖动到从表 Employee 中的 DeptID 列。

⑤ 在弹出的"表和列"窗口中输入关系名，设置主键表和列名、外键表和列名，如图 10.6 所示，单击"确定"按钮，再单击"外键关系"窗口中的"确定"按钮。

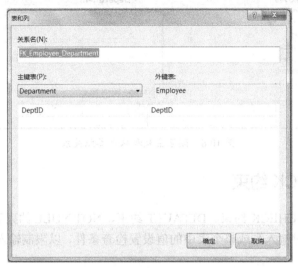

图 10.6 设置参照完整性

⑥ 出现如图 10.7 所示的界面，单击"保存"按钮，在弹出的"选择名称"对话框中输入关系图名称 Diagram_Department_Employee，单击"确定"按钮，在弹出的"保存"对话框中单击"是"按钮，完成表间参照关系的创建。

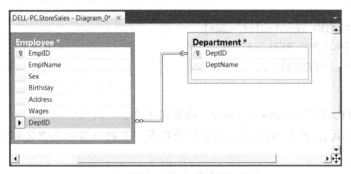

图 10.7 建立主表和从表参照关系

（2）使用图形界面方式删除表间参照关系

使用图形界面方式删除表间参照关系，举例如下。

【例 10.13】 使用对象资源管理器，在 StoreSales 数据库中删除 Department 表和 Employee 表的参照关系。

操作步骤如下：

① 在 StoreSales 数据库的"数据库关系图"目录下选择要修改的"关系图"，这里是 "Diagram_Department_Employee"，单击鼠标右键，在弹出的快捷菜单中选择"修改"命令，打开"数据库关系图设计"窗口。

② 在"数据库关系图设计"窗口中，选择已经建立的"关系"，单击鼠标右键，选择"从数据库中删除关系"命令，如图 10.8 所示，在弹出的对话框中，单击"是"按钮，删除主表和从表参照关系。

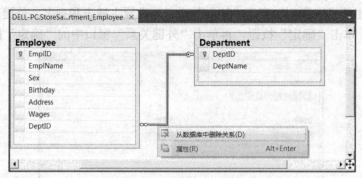

图 10.8　删除主表和从表参照关系

10.2.4　CHECK 约束

域完整性通过 CHECK 约束、DEFAULT 约束、NOT NULL 约束等实现。

CHECK 约束对输入列或整个表中的值设置检查条件，以限制输入值，保证数据库的数据完整性。

创建与删除 CHECK 约束有两种方式：使用 T-SQL 语句和使用图形界面。

1. 使用 T-SQL 语句创建与删除 CHECK 约束

（1）使用 T-SQL 语句在创建表时创建 CHECK 约束

语法格式：

```
[CONSTRAINT constraint_name]
CHECK [NOT FOR REPLICATION]
(logical_expression)
```

说明：

● CONSTRAINT constraint_name：指定约束名。

● NOT FOR REPLICATION：指定检查约束，在把从其他表中复制的数据插入表中时不发生作用。

● logical_expression：指定检查约束的逻辑表达式。

【例 10.14】　创建商品表 Goods，增加单价列的 CHECK 约束，要求单价不大于 10000。

```
USE StoreSales
CREATE TABLE Goods
(
    GoodsID char(4) NOT NULL PRIMARY KEY,
    GoodsName char(30) NOT NULL,
    Classification char(6) NOT NULL,
    UnitPrice money NOT NULL CHECK(UnitPrice<=10000),  /* UnitPrice 列只允许
小于或等于 10000 */
```

```
        StockQuantity int NOT NULL,
        GoodsAfloat int NOT NULL
    )
    GO
```

本例为列 UnitPrice 定义了列级检查约束，使其值必须小于或等于 10000。

（2）使用 T-SQL 语句在修改表时创建 CHECK 约束

使用 ALTER TABLE 的 ADD 子句在修改表时创建 CHECK 约束。

语法格式：

```
    ALTER TABLE table_name
        ADD [<column_definition>]
            [CONSTRAINT constraint_name] CHECK (logical_expression)
```

【例 10.15】 修改 Goods 表，增加库存量列的 CHECK 约束，要求库存量不小于 4。

```
    USE StoreSales
    ALTER TABLE Goods
      ADD CONSTRAINT CK_StockQuantity CHECK(StockQuantity>=4)
                        /* 要求 StockQuantity 列大于或等于 4 */
```

本例为列 StockQuantity 定义了列级检查约束，使其值必须大于或等于 4。

（3）使用 T-SQL 语句删除 CHECK 约束

使用 ALTER TABLE 语句的 DROP 子句删除 CHECK 约束。

语法格式：

```
    ALTER TABLE table_name
        DROP CONSTRAINT check_name
```

【例 10.16】 删除 Goods 表库存量列的 CHECK 约束。

```
    USE StoreSales
    ALTER TABLE goods
    DROP CONSTRAINT CK_StockQuantity
```

2. 使用图形界面方式创建与删除 CHECK 约束

使用图形界面方式创建与删除 CHECK 约束，举例如下。

【例 10.17】 使用对象资源管理器，在员工表的性别列，创建一个性别只能取 '男' 或 '女' 的 CHECK 约束。

操作步骤如下：

（1）启动 SQL Server Management Studio，在对象资源管理器中，展开 "数据库" 节点，选中 "StoreSales" 数据库，展开该数据库节点，展开 "表" 节点，选择 "dbo.Employee"，单击鼠标右键，在弹出的快捷菜单中选择 "设计" 命令，在打开的 "表设计器" 窗口中选择 "Sex" 列，单击鼠标右键，选择 "CHECK 约束" 命令。

（2）在出现的 "CHECK 约束" 窗口中单击 "添加" 按钮，添加一个 CHECK 约束，这里是 "CK_Sex"，在 "表达式" 文本框后面单击 按钮，打开 "CHECK 约束表达式" 窗口，编辑相应的 CHECK 约束表达式为：Sex IN（'男'，'女'）（也可直接在文本框中输入内容），单击"确定"按钮，返回"CHECK 约束"窗口，如图 10.9 所示。

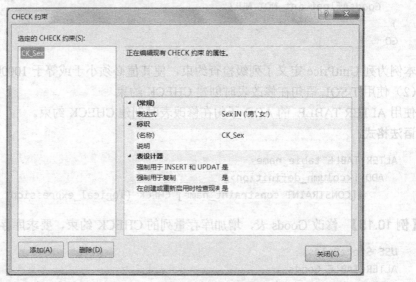

图 10.9 "CHECK 约束"窗口

（3）在"CHECK 约束"窗口中，单击"关闭"按钮，保存对各项的修改，完成"CHECK 约束"的创建。

如果需要删除 CHECK 约束，在进入"CHECK 约束"窗口后，选择需要删除的内容，单击"删除"按钮，再单击"关闭"按钮，即可完成"CHECK 约束"的删除。

10.2.5　DEFAULT 约束

DEFAULT 约束通过定义列的默认值或使用数据库的默认值对象绑定表的列，当没有为某列指定数据时，自动指定列的值。

在创建表时，可以创建 DEFAULT 约束作为表定义的一部分。如果某个表已经存在，则可以为其添加 DEFAULT 约束，表中的每列都可以包含一个 DEFAULT 约束。

默认值可以是常量，也可以是表达式，还可以为 NULL 值。

创建表时创建 DEFAULT 约束的语法格式如下。

语法格式：

```
[CONSTRAINT constraint_name]
DEFAULT constant_expression [FOR column_name]
```

【例 10.18】　创建 Employee 表，建立 DEFAULT 约束。

```
USE StoreSales
GO
CREATE TABLE Employee
(
    EmplID char(4) NOT NULL PRIMARY KEY,
    EmplName char(8) NOT NULL,
    Sex char(2) NOT NULL DEFAULT '男',     /* 定义 Sex 列 DEFAULT 约束值为'男' */
```

```
        Birthday date NOT NULL,
        Address char(20) NULL,
        Wages money NOT NULL,
        DeptID char(4) NOT NULL DEFAULT 'D001'    /* 定义 DeptID 列 DEFAULT 约束值为
'D001' */
    )
    GO
```

该语句执行后，为验证 DEFAULT 约束的作用，向 Employee 表插入一条记录('E008', '孙杰', '1989-04-28', NULL,3200)，未指定 Sex 列、DeptID 列。

```
    USE StoreSales
    INSERT INTO Employee(EmplID,EmplName,Birthday,Address,Wages)
    VALUES('E008','孙杰', '1989-04-28', NULL,3200)
    GO
```

通过以下 SELECT 语句进行查询。

```
    USE StoreSales
    SELECT *
    FROM Employee
    WHERE EmplID='E008'
    GO
```

查询结果：

```
EmplID  EmplName  Sex  Birthday       Address        Wages       DeptID
------  --------  ---- --------       -------------  ----------- -----------
E008    孙杰      男   1989-04-28     NULL           3200.00     D001
```

由于已创建 Sex 列 DEFAULT 约束值为'男'、DeptID 列 DEFAULT 约束值为'D001'，虽然在插入记录中未指定 Sex 列、DeptID 列，SQL Server 自动为上述两列分别插入字符值'男'和'D001'。

10.3 应用举例

为了进一步掌握数据完整性的基本概念和方法,下面的应用实例讲解通过 PRIMARY KEY 约束、FOREIGN KEY 约束、CHECK 约束、DEFAULT 约束等实现数据完整性的方法。

【例 10.19】 要求如下。

（1）在 Test 数据库中建立 3 个表：Gds（商品表）、Ord（订单表），Det（订单明细表）。

（2）将 Gds 表中 GNo 列修改为主键。

（3）将 Gds 表中的 StkQty 列的值设为大于或等于 4。

（4）将 Gds 表中 Cls 列的默认值设为 10。

（5）将 Det 表中 GNo 列设置为引用 Gds 表中 GNo 列的外键。

（6）将 Det 表中 Ono 列设置为引用 Ord 表中 ONo 列的外键。

（7）删除前面所有的限定。

根据题目要求，编写 T-SQL 语句如下：

（1）在 Test 数据库中创建 3 个表。

```
CREATE DATABASE Test
GO


USE Test
GO


CREATE TABLE Gds            /* 商品表 */
(   GNo char(4),            /* 商品号 */
    GName char(30),         /* 商品名称 */
    Cls char(6),            /* 商品类型代码 */
    StkQty char(2)          /* 库存量 */
)
GO


CREATE TABLE Ord            /* 订单表 */
(   ONo char(6),            /* 订单号 */
    ENo char(4),            /* 员工号 */
    Cost money              /* 总金额 */
)
GO


CREATE TABLE Det            /* 订单明细表 */
(   ONo char(6),            /* 订单号 */
    GNo char(4),            /* 商品号 */
    DctTtl money            /* 折扣总价 */
)
GO
```

（2）先将 Gds 表中 GNo 列改为非空属性，然后将其设置为主键。

```
USE Test
GO

ALTER TABLE Gds
ALTER COLUMN GNo char(4) NOT NULL
GO

ALTER TABLE Gds
ADD CONSTRAINT PK_GNo PRIMARY KEY(GNo)
GO
```

（3）将 Gds 表中的 StkQty 列的值设为大于或等于 4。

```
USE Test
```

```
GO

ALTER TABLE Gds
ADD CONSTRAINT CK_StkQty CHECK (StkQty>=4)
GO
```

（4）将 Gds 表中 Cls 列的默认值设为 10。

```
USE Test
GO

ALTER TABLE Gds
ADD CONSTRAINT DF_Cls DEFAULT '10' FOR Cls
GO
```

（5）将 Det 表中 GNo 列设置为引用 Gds 表中 GNo 列的外键。

```
USE Test
GO

ALTER TABLE Det
ADD CONSTRAINT FK_GNo FOREIGN KEY (GNo) REFERENCES Gds (GNo)
GO
```

（6）将 Det 表中 Ono 列设置为引用 Ord 表中 Ono 列的外键。

```
USE Test
GO

ALTER TABLE Ord
ALTER COLUMN ONo char(6) NOT NULL
GO

ALTER TABLE Ord
ADD CONSTRAINT PK_ONo PRIMARY KEY(ONo)
GO

ALTER TABLE Det
ADD CONSTRAINT FK_ONo FOREIGN KEY (ONo) REFERENCES Ord (ONo)
GO
```

（7）删除前面所有的限定。

```
USE Test
GO

ALTER TABLE Gds
DROP CONSTRAINT CK_StkQty
GO
ALTER TABLE Gds
```

```
DROP CONSTRAINT DF_Cls
GO

ALTER TABLE Det
DROP CONSTRAINT FK_GNo
GO

ALTER TABLE Gds
DROP CONSTRAINT PK_GNo
GO

ALTER TABLE Det
DROP CONSTRAINT FK_ONo
GO

ALTER TABLE Ord
DROP CONSTRAINT PK_ONo
GO
```

10.4 小结

本章主要介绍了以下内容：

（1）数据完整性是指数据库中数据的一致性、准确性和有效性，数据完整性是衡量数据库质量好坏的标准之一，数据完整性包括实体完整性、参照完整性、域完整性。

（2）数据完整性通过约束来实现，其中：

- PRIMARY KEY 约束：主键约束，实现实体完整性。
- UNIQUE 约束：唯一性约束，实现实体完整性。
- FOREIGN KEY 约束：外键约束，实现参照完整性。
- CHECK 约束：检查约束，实现域完整性。
- DEFAULT 约束：默认约束，实现域完整性。
- NOT NULL 约束：非空约束，实现域完整性。

（3）PRIMARY KEY 约束（主键约束）用于实现实体完整性，通过 PRIMARY KEY 约束定义主键，一个表只能有一个 PRIMARY KEY 约束，且 PRIMARY KEY 约束不能取空值，SQL Server 为主键自动创建唯一性索引，实现数据的唯一性。

如果一个表的主键由单列组成，则该主键约束可定义为该列的列级约束或表级约束。如果主键由两个或两个以上的列组成，则该主键约束必须定义为表级约束。

（4）UNIQUE 约束用于实现实体完整性，通过 UNIQUE 约束定义唯一性，为了保证一个表非主键列不输入重复值，应在该列定义 UNIQUE 约束。

（5）使用 PRIMARY KEY 约束或 UNIQUE 约束来定义主表的主键或唯一键，FOREIGN KEY 约束来定义从表的外键，可实现主表与从表之间的参照完整性。

在 SQL Server 中，主表又称主键表，从表又称外键表。

定义表间参照关系的步骤为：首先定义主键表的主键（或唯一键），再定义外键表的外键。

（6）CHECK 约束用于实现域完整性，CHECK 约束对输入列或整个表中的值设置检查条件，以限制输入值，保证数据库的数据完整性。

（7）DEFAULT 约束用于实现域完整性，DEFAULT 约束通过定义列的默认值或使用数据库的默认值对象绑定表的列，当没有为某列指定数据时，自动指定列的值。

习 题 10

一、选择题

10.1 域完整性通过_____来实现。

A．PRIMARY KEY 约束   B．FOREIGN KEY 约束

C．CHECK 约束   D．触发器

10.2 参照完整性通过_____来实现。

A．PRIMARY KEY 约束   B．FOREIGN KEY 约束

C．CHECK 约束   D．规则

10.3 限制性别字段中只能输入"男"或"女"，采用的约束是_____。

A．UNIQUE 约束   B．PRIMARY KEY 约束

C．FOREIGN KEY 约束   D．CHECK 约束

10.4 关于外键约束的叙述正确的是_____。

A．需要与另外一个表的主键相关联   B．自动创建聚集索引

C．可以参照其他数据库的表   D．一个表只能有一个外键约束

10.5 在 SQL Server 中，设某数据库应用系统中有商品类别表（商品类别号，类别名称，类别描述信息）和商品表（商品号，商品类别号，商品名称，生产日期，单价，库存量）。该系统要求增加每种商品在入库的时候自动检查其类别，禁止未归类商品入库的约束。下列实现此约束的语句中，正确的是_____。

A．ALTER TABLE 商品类别表 ADD CHECK（商品类别号 IN
（SELECT 商品类别号 FROM 商品表））

B．ALTER TABLE 商品表 ADD CHECK（商品类别号 IN
（SELECT 商品类别号 FROM 商品类别表））

C．ALTER TABLE 商品表 ADD FOREIGN KEY（商品类别号）
REFERENCES 商品类别表（商品类别号）

D．ALTER TABLE 商品类别表 ADD FOREIGN KEY（商品类别号）
REFERENCES 商品表（商品类别号）

二、填空题

10.6 实体完整性要求表中有一个主键，其值不能为空且能唯一地标识对应的记录，又称为_____。

10.7 域完整性指_____数据输入的有效性，又称列完整性。

10.8 修改某数据库的员工表，增加性别列的默认约束，使默认值为'男'，请补全下面的语句：

```
ALTER TABLE 员工表
ADD CONSTRAINT DF_员工表_性别 _____
```

10.9　修改某数据库的成绩表,增加成绩列的检查约束,使成绩限定在 0 到 100 之间,请补全下面的语句:

```
ALTER TABLE 成绩表
ADD CONSTRAINT CK_成绩表_成绩_____
```

10.10　修改某数据库的商品表,增加商品号的主键约束,请补全下面的语句:

```
ALTER TABLE 商品表
ADD CONSTRAINT PK_商品表_商品号_____
```

10.11　修改某数据库的订单表,将它的商品号列定义为外键,假设引用表为商品表,其商品号列已定义为主键,请补全下面的语句:

```
ALTER TABLE 订单表
ADD CONSTRAINT FK_订单表_商品号_____
```

三、问答题

10.12　什么是数据完整性?SQL Server 有哪几种数据完整性类型?

10.13　什么是主键约束?什么是唯一性约束?两者有什么区别?

10.14　什么是外键约束?

10.15　怎样定义 CHECK 约束和 DEFAULT 约束。

四、上机实验题

10.16　创建 Employee 表,将"员工号"列设为主键,将"部门号"列设为引用 Department 表中"部门号"列的外键。

10.17　在 Goods 表的"商品类型代码"列添加 DEFAULT 约束,使该列的默认值为'10',在"库存量"列添加 CHECK 约束,要求库存量大于或等于 4。

10.18　创建 SalesOrder 表,将"订单号"列设为主键,将"员工号"列设为引用 Employee 表中"员工号"列的外键,设置"销售日期"列的默认约束值为当前日期。

10.19　删除 Student 表 StudentID 列的 PRIMARY KEY 约束,然后再在该列添加 PRIMARY KEY 约束。

10.20　创建 Score 表,通过 PRIMARY KEY 约束定义 StudentID、CourseID 为主键;通过 FOREIGN KEY 约束定义 StudentID 为引用 Student 表中 StudentID 的外键,当删除或更新 Student 表中某行时,拒绝执行删除或更新;通过 FOREIGN KEY 约束定义 CourseID 为引用 Course 表中 CourseID 的外键,当删除或更新 Course 表中某行时,级联删除或更新 Score 表中所有相应行。

第11章 数据库程序设计

SQL 语言是非过程化的查询语言，非过程化既是它的优点、也是它的弱点，即缺少流程控制能力，难以实现应用业务中的逻辑控制。

SQL Server 数据库管理系统的编程语言为 Transact-SQL（T-SQL）语言，是对标准结构化查询语言 SQL 的实现和扩展，T-SQL 既保持与标准 SQL 语言的兼容性，又扩展了 SQL 语言的功能，为数据集的处理添加结构，它虽然与高级语言不同，但具有变量、数据类型、运算符和表达式、流程控制、函数、存储过程、触发器等功能，T-SQL 编程技术可以有效克服 SQL 语言实现复杂应用方面的不足，是面向数据编程的最佳选择。本章介绍 T-SQL 语言在数据库程序设计方面的内容。

11.1 数据类型

在 SQL Server 中，根据每个局部变量、列、表达式和参数对应的数据特性，都有各自的数据类型。SQL Server 支持两类数据类型：系统数据类型和用户自定义数据类型。

11.1.1 系统数据类型

系统数据类型又称基本数据类型，常用的系统数据类型参见第 6 章 6.3.2 节，SQL Server 定义的系统数据类型表参见表 6.2。

11.1.2 用户自定义数据类型

在 SQL Server 中，除提供的系统数据类型外，用户还可以自己定义数据类型。用户自定义的数据类型根据基本数据类型进行定义，可将一个名称用于一个数据类型，能更好地说明该对象中保存值的类型，方便用户使用。例如，student 表和 score 表都有 stno 列，该列应有相同的类型，即均为字符型值、长度为 6，不允许为空值，为了含义明确、使用方便，可由用户定义一个数据类型，命名为 school_student_num，作为 student 表和 score 表 stno 列的数据类型。

用户自定义数据类型应有以下三个属性：

- 新数据类型的名称。
- 新数据类型所依据的系统数据类型。
- 是否为空。

1. 创建用户自定义数据类型

（1）使用图形界面方式创建

【例 11.1】 使用图形界面方式创建用户自定义数据类型 Employee_EmplID。

操作步骤如下：

① 启动 SQL Server Management Studio，在对象资源管理器中，展开"数据库"节点，选中"StoreSales"数据库，展开该数据库节点，展开"可编程性"节点，展开"类型"节点，右键单击"用户定义数据类型"选项，在弹出的快捷菜单中选择"新建用户定义数据类型"命令，出现"新建用户定义数据类型"窗口。

② 在"名称"文本框中输入自定义的数据类型名称，这里是 Employee_EmplID。在"数据类型"下拉框中选择自定义数据类型的系统数据类型，这里是 char。在"长度"栏中输入要定义的数据类型的长度，这里是 4。其他选项使用默认值，如图 11.1 所示，单击"确定"按钮，完成用户自定义数据类型的创建。

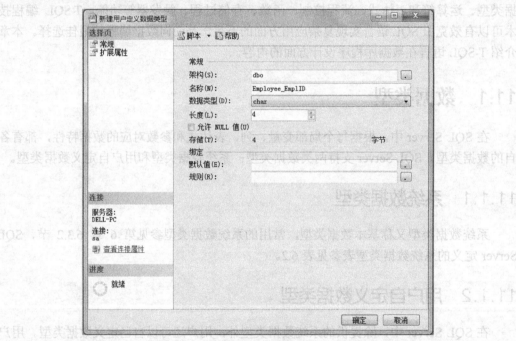

图 11.1 "新建用户定义数据类型"窗口

（2）使用 CREATE TYPE 语句创建

使用 CREATE TYPE 语句来实现用户数据类型定义的语法格式如下。

语法格式：

```
CREATE TYPE [ schema_name. ] type_name
    FROM base_type [ ( precision [ , scale ] ) ]
    [ NULL | NOT NULL ]
[ ; ]
```

说明：

● type_name: 指定用户自定义数据类型名称。

● base_type: 用户自定义数据类型所依据的系统数据类型。

194

【例 11.2】 使用 CREATE TYPE 命令创建用户自定义数据类型 Employee_EmplID。

```
CREATE TYPE Employee_EmplID
FROM char(4) NOT NULL
```

该语句创建了用户自定义数据类型 Employee_EmplID。

2. 删除用户自定义数据类型

（1）使用图形界面方式删除

如果要删除用户自定义数据类型，例如，删除用户自定义数据类型 Employee_EmplID，选择该类型，单击鼠标右键，在弹出的快捷菜单中选择"删除"命令，在打开的"删除对象"窗口中单击"确定"按钮即可。

（2）使用 DROP TYPE 语句删除

使用 DROP TYPE 语句删除自定义数据类型的语法格式如下。

语法格式：

```
DROP TYPE [ schema_name. ] type_name [ ; ]
```

例如，删除前面定义的类型 Employee_EmplID 的语句为：

```
DROP TYPE Employee_EmplID
```

3. 使用用户自定义数据类型定义列

使用用户自定义数据类型定义列，可以采用图形界面方式和 T-SQL 语句两种方式实现。

例如，采用图形界面方式，使用用户自定义数据类型 Employee_EmplID 定义 Employee 表 EmplID 列。

【例 11.3】 采用 T-SQL 语句方式，使用用户自定义数据类型 Employee_EmplID 定义 Employee 表 EmplID 列。

```
USE StoreSales
CREATE TABLE Employee
(
    EmplID Employee_EmplID NOT NULL PRIMARY KEY,
    EmplName char(8) NOT NULL,
    Sex char(2) NOT NULL,
    Birthday date NOT NULL,
    Address char(20) NULL,
    Wages money NOT NULL,
    DeptID char(4) NOT NULL
)
GO
```

该语句创建 Employee 表，与以前不同的是，在定义 EmplID 列时引用了用户自定义数据类型 Employee_EmplID。

11.1.3 用户自定义表数据类型

SQL Server 提供了一种称为用户自定义表数据类型的新的用户自定义类型，它可以作为参数提供给语句、存储过程或者函数。

创建自定义表数据类型使用 CREATE TYPE 语句。

语法格式：

```
CREATE TYPE [ schema_name. ] type_name
    AS TABLE ( <column_definition>
          [ <table_constraint> ] [ ,...n ] )
[ ; ]
```

说明：

<column_definition> 是对列的描述，包含列名、数据类型、为空性、约束等。<table_constraint>定义表的约束。

【例 11.4】 创建用户自定义表数据类型，包含订单表的所有列。

```
USE StoreSales
CREATE TYPE SalesOrder_TableType
    AS TABLE
(
    OrderID char(6) NOT NULL PRIMARY KEY,
    EmplID char(4),
    CustomerID char(4),
    SaleDate date NOT NULL,
    Cost money NOT NULL
)
```

该语句创建用户自定义表数据类型 SalesOrder_TableType，包含订单表的员工号、客户号、销售日期、总金额等列及其数据类型、是否为空、主键约束等。

11.2 标识符、常量、变量

11.2.1 标识符

标识符用于定义服务器、数据库、数据库对象、变量等的名称，包括常规标识符和分隔标识符两类。

1. 常规标识符

常规标识符就是不需要使用分隔标识符进行分隔的标识符，它以字母、下画线（_）、@或#开头，后面可接一个或若干个 ASCII 字符、Unicode 字符、下画线（_）、美元符号（$）、@或#，但不能全为下画线（_）、@或#。

2. 分隔标识符

包含在双引号（"）或者方括号（[]）内的常规标识符或不符合常规标识符规则的标

识符。

标识符允许的最大长度为 128 个字符，符合常规标识符格式规则的标识符可以分隔、也可以不分隔，对不符合标识符规则的标识符必须进行分隔。

11.2.2　常量

常量是在程序运行中其值不能改变的量，又称为标量值。常量使用格式取决于值的数据类型，可分为整型常量、实型常量、字符串常量、日期时间常量、货币常量等。

1．整型常量

整型常量分为十进制整型常量、二进制整型常量和十六进制整型常量。

（1）十进制整型常量

不带小数点的十进制数，例如： 58、2491、+138 649 427、-3 694 269 714。

（2）二进制整型常量

二进制数字串，由数字 0 或 1 组成，例如：101011110、10110111。

（3）十六进制整型常量

前缀 0x 后跟十六进制数字串。例如：0x1DA、0xA2F8、0x37DΛF93EΓA、0x（0x 为空十六进制常量）。

2．实型常量

实型常量有定点表示和浮点表示两种方式。

定点表示举例如下：

```
24.7
3795.408
+274958149.4876
-5904271059.83
```

浮点表示举例如下：

```
0.7E-3
285.7E5
+483E-2
-18E4
```

3．字符串常量

字符串常量有 ASCII 字符串常量和 Unicode 字符串常量两种形式。

（1）ASCII 字符串常量

ASCII 字符串常量是用单引号括起来，由 ASCII 字符构成的符号串，举例如下：

```
'World'
'How are you!'
```

（2）Unicode 字符串常量

Unicode 字符串常量与 ASCII 字符串常量相似，不同的是它前面有一个 N 标识符，N

前缀必须大写，举例如下：

```
N 'World'
N 'How are you!'
```

4．日期时间常量

日期时间常量由单引号将表示日期时间的字符串括起来构成，有以下格式的日期和时间常量：

字母日期格式，例如：'June 25, 2011'。

数字日期格式，例如：'9/25/2012'、'2013-03-11'。

未分隔的字符串格式，例如：'20101026'。

时间常量：'15:42:47'、'09:38:AM'。

日期时间常量：'July 18, 2010 16:27:08'。

5．货币常量

货币常量是以"$"作为前缀的一个整型或实型常量数据，例如：$38、$1842906、-$26.41、+$27485.13。

11.2.3　变量

变量是在程序运行中其值可以改变的量，一个变量应有一个变量名，变量名必须是一个合法的标识符。

变量分为局部变量和全局变量两类。

1．局部变量

局部变量由用户定义和使用，局部变量名称前有"@"符号，局部变量仅在声明它的批处理或过程中有效，当批处理或过程执行结束后，变成无效。

（1）局部变量的定义

使用 DECLARE 语句声明局部变量，所有局部变量在声明后均初始化为 NULL，局部变量的语法格式如下。

语法格式：

```
DECLARE{ @local_variable  data_type [= value]}[ ,...n]
```

说明：

● local_variable：局部变量名，前面的@表示局部变量。
● data_type：用于定义局部变量的类型。
● =value：为变量赋值。
● n：表示可定义多个变量，各变量间用逗号隔开。

（2）局部变量的赋值

在定义局部变量后，可使用 SET 语句或 SELECT 语句赋值。

① 使用 SET 语句赋值

使用 SET 语句赋值的语法格式如下。

语法格式:

```
SET  @local_variable=expression
```

说明:

● @local_variable 是除 cursor、text、ntext、image、table 外的任何类型的变量名,变量名必须以"@"符号开头。

● expression 是任何有效的 SQL Server 表达式。

注意:为局部变量赋值,该局部变量必须首先使用 DECLARE 语句定义。

【例 11.5】 创建两个局部变量并赋值,然后输出变量值。

```
DECLARE @var1 char(10),@var2 char(20)
SET @var1='孙康'
SET @var2='是电子工程学院的学生'
SELECT @var1+@var2
```

该语句定义两个局部变量后,采用 SET 语句赋值,将两个变量的字符值连接后输出。
语句执行结果:

```
------------------------------
孙康       是电子工程学院的学生
```

【例 11.6】 创建一个局部变量,在 SELECT 语句中使用该变量查找部门号为 D001 的员工的员工号、姓名、性别。

```
USE StoreSales
DECLARE @DtID char(4)
SET @DtID='D001'
  SELECT EmplID, EmplName, Sex
  FROM Employee
  WHERE DeptID=@DtID
```

该语句采用 SET 语句给局部变量赋值,再将变量值赋给 DeptID 列进行查询输出。
语句执行结果:

```
EmplID  EmplName  Sex
-------  ---------- --------
E001    孙勇诚     男
E005    廖小玉     女
E006    李清林     男
```

【例 11.7】 将上例中的查询结果赋给局部变量。

```
USE StoreSales
DECLARE @EmName char(8)
SET @EmName=(SELECT EmplName FROM Employee WHERE EmplID= 'E005')
SELECT @EmName
```

该语句定义局部变量后，将查询结果赋给局部变量。

语句执行结果：

```
--------
廖小玉
```

② 使用 SELECT 语句赋值

使用 SELECT 语句赋值的语法格式如下。

语法格式：

```
SELECT {@local_variable=expression} [,…n]
```

说明：

● @local_variable 是除 cursor、text、ntext、image 外的任何类型变量名，变量名必须以@开头。

● expression 是任何有效的 SQL Server 表达式，包括标量子查询。

● n 表示可给多个变量赋值。

【例 11.8】 使用 SELECT 语句赋值给局部变量。

```
USE StoreSales
DECLARE @No char(4), @Name char(8)
SELECT @No=EmplID,@Name=EmplName
FROM Employee
WHERE DeptID='D001'
PRINT @No+'  '+@Name
```

该语句定义局部变量后，使用 SELECT 语句赋值给该变量，并用屏幕输出语句输出。

语句执行结果：

```
E006   李清林
```

说明： PRINT 语句是屏幕输出语句，该语句用于向屏幕输出信息，可输出局部变量、全局变量、表达式的值。

2．全局变量

全局变量由系统定义，在名称前加"@@"符号，用于提供当前的系统信息。

T-SQL 全局变量作为函数引用，例如，@@ERROR 返回执行上次执行的 T-SQL 语句的错误编号，@@CONNECTIONS 返回自上次启动 SQL Server 以来连接或试图连接数据库的次数。

11.3　运算符与表达式

运算符是一种符号，用来指定在一个或多个表达式中执行的操作，SQL Server 的运算符有：算术运算符、位运算符、比较运算符、逻辑运算符、字符串连接运算符、赋值运算符等。

11.3.1　算术运算符

算术运算符在两个表达式间执行数学运算，这两个表达式可以是任何数字数据类型。

算术运算符有：+（加）、-（减）、*（乘）、/（除）和%（求模）五种。+（加）和-（减）运算符也可用于对 datetime 及 smalldatetime 值进行算术运算。表达式是由数字、常量、变量和运算符组成的式子，表达式的结果是一个值。

11.3.2　位运算符

位运算符用于对两个表达式进行位操作，这两个表达式可为整型或与整型兼容的数据类型，位运算符如表 11.1 所示。

表 11.1　位运算符

运　算　符	运　算　名　称	运　算　规　则
&	按位与	两个位均为 1 时，结果为 1，否则为 0
|	按位或	只要一个位为 1，结果为 1，否则为 0
^	按位异或	两个位值不同时，结果为 1，否则为 0

【例 11.9】　对两个变量进行按位运算。

```
DECLARE @a int ,@b int
SET @a=7
SET @b=4
SELECT @a&@b AS 'a&b',@a|@b AS 'a|b',@a^@b AS 'a^b'
```

该语句对两个变量分别进行按位与、按位或、按位异或运算。

语句执行结果：

```
a&b     a|b     a^b
-----   -------  ------
4       7       3
```

11.3.3　比较运算符

比较运算符用于测试两个表达式的值是否相同，它的运算结果返回 TRUE、FALSE 或 UNKNOWN 之一，SQL Server 比较运算符如表 11.2 所示。

表 11.2　比较运算符

运　算　符	运　算　名　称	运　算　符	运　算　名　称
=	相等	<=	小于或等于
>	大于	<>、!=	不等于
<	小于	!<	不小于
>=	大于或等于	!>	不大于

11.3.4 逻辑运算符

逻辑运算符用于对某个条件进行测试，运算结果为 TRUE 或 FALSE，逻辑运算符如表 11.3 所示。

表 11.3 逻辑运算符

运 算 符	运 算 规 则
AND	如果两个操作数值都为 TRUE，运算结果为 TRUE
OR	如果两个操作数中有一个为 TRUE，运算结果为 TRUE
NOT	如果一个操作数值为 TRUE，运算结果为 FALSE，否则为 TRUE
ALL	如果每个操作数值都为 TRUE，运算结果为 TRUE
ANY	在一系列操作数中只要有一个为 TRUE，运算结果为 TRUE
BETWEEN	如果操作数在指定的范围内，运算结果为 TRUE
EXISTS	如果子查询包含一些行，运算结果为 TRUE
IN	如果操作数值等于表达式列表中的一个，运算结果为 TRUE
LIKE	如果操作数与一种模式相匹配，运算结果为 TRUE
SOME	如果在一系列操作数中，有些值为 TRUE，运算结果为 TRUE

使用 LIKE 运算符进行模式匹配时，用到的通配符如表 11.4 所示。

表 11.4 通配符列表

通 配 符	说 明
%	代表 0 个或多个字符
_（下画线）	代表单个字符
[]	指定范围（如[a-f]、[0-9]）或集合（如[abcdef]）中的任何单个字符
[^]	指定不属于范围（如[^a-f]、[^0-9]）或集合（如[^abcdef]）的任何单个字符

11.3.5 字符串连接运算符

字符串连接运算符通过运算符"+"实现两个或多个字符串的连接运算。

【例 11.10】 多个字符串连接。

```
SELECT ('ab'+'cdefg'+'hijk') AS '字符串连接'
```

该语句进行了多个字符串连接。
语句执行结果：

```
字符串连接
----------------
abcdefghijk
```

11.3.6　赋值运算符

在给局部变量赋值的 SET 和 SELECT 语句中使用的"="运算符，称为赋值运算符。

赋值运算符用于将表达式的值赋予另外一个变量，也可以使用赋值运算符在列标题和为列定义值的表达式之间建立关系。

11.3.7　一元运算符

一元运算符是指只有一个操作数的运算符，包含+（正）、-（负）和～（按位取反）。设 a 的值为 9（1001），则～a 的值为 6（0110）。

11.3.8　运算符优先级

当一个复杂的表达式有多个运算符时，运算符优先级决定执行运算的先后次序，执行的顺序会影响所得到的运算结果。

运算符优先级列表如表 11.5 所示，在一个表达式中按先高（优先级数字小）后低（优先级数字大）的顺序进行运算。

表 11.5　运算符优先级列表

运　算　符	优　先　级
+（正）、-（负）、～（按位 NOT）	1
*（乘）、/（除）、%（模）	2
+（加）、+（串联）、-（减）	3
=, >, <, >=, <=, <>, !=, !>, !< 比较运算符	4
^（位异或）、&（位与）、|（位或）	5
NOT	6
AND	7
ALL、ANY、BETWEEN、IN、LIKE、OR、SOME	8
=（赋值）	9

11.4　批处理

一个批处理是一条或多条 T-SQL 语句的集合。当它被提交给 SQL Server 服务器后，SQL Server 把这个批处理作为一个单元进行分析、优化、编译、执行。批处理的主要特征是，它作为一个不可分的实体在服务器上解释和执行。

SQL Server 服务器对批处理的处理分为 4 个阶段。

（1）分析阶段：服务器检查命令的语法，验证表和列的名字的合法性。

（2）优化阶段：服务器确定完成一个查询的最有效的方法。

（3）编译阶段：生成该批处理的执行计划。

（4）运行阶段：逐条执行该批处理中的语句。

11.4.1 批处理的指定和使用规则

1. 批处理的指定

批处理的指定方法有以下几种。

（1）应用程序作为一个执行单元发出的所有 SQL 语句构成一个批处理，并生成单个执行计划。

（2）存储过程或触发器内的所有语句构成一个批处理。每个存储过程或触发器都编译为一个执行计划。

（3）由 EXECUTE 语句执行的字符串是一个批处理，并编译为一个执行计划。

（4）由 sp_executesql 系统存储过程执行的字符串是一个批处理，并编译为一个执行计划。

2. 批处理的使用规则

批处理的使用规则如下。

（1）CREATE VIEW、CREATE PROCEDURE、CREATE TRIGGER、CREATE RULE、CREATE DEFAULT 等语句在同一批处理中只能提交一个，不能在批处理中与其他语句组合使用。当批处理中含有这些语句时，必须是批处理中仅有语句。

（2）不能在定义一个 CHECK 约束之后，立即在同一个批处理中使用。

（3）不能在修改表的一个字段之后，立即在同一个批处理中引用这个字段。

（4）不能在同一个批处理中更改表结构，立即引用新添加的列。

（5）如果 EXECUTE 语句是批处理中的第一条语句，则不需要 EXECUTE 关键字。如果 EXECUTE 语句不是批处理中的第一条语句，则需要 EXECUTE 关键字。

11.4.2 GO 命令

GO 命令是批处理的结束标志。当编译器执行到 GO 命令时，会把 GO 命令前面的所有语句当成一个批处理来执行。由于一个批处理被编译到一个执行计划中，所以批处理在逻辑上必须完整。

GO 命令不是 T-SQL 语句，而是可被 SQL Server 查询编辑器识别的命令。GO 命令和 T-SQL 语句不可处在同一行上。

局部变量的作用域限制在一个批处理中，不可在 GO 命令后引用。一个批处理创建的执行计划不能引用另一个批处理中声明的任何变量。

RETURN 可在任何时候从批处理中退出，而不执行位于 RETURN 之后的语句。

【例 11.11】 创建视图，使用 GO 命令将 CREATE VIEW 语句与其他语句：USE 语句、SELECT 语句隔离，使得 CREATE VIEW 成为一个批处理中的仅有语句。

```
USE StoreSales
GO
    /* 批处理结束标志 */
CREATE VIEW V_Goods
```

```
       AS
SELECT * FROM Goods
GO
       /* CREATE VIEW 必须是批处理中仅有语句 */
SELECT * FROM V_Goods
GO
```

【例 11.12】 由于未将局部变量的作用域限制在一个批处理中导致的批处理出错及其改正方法。

（1）批处理出错的程序

```
USE StoreSales
GO
       /* 第 1 个批处理结束 */
DECLARE @Name char(8)
SELECT @Name=EmplName FROM Employee
WHERE EmplID='E002'
GO
       /* 第 2 个批处理结束 */
PRINT @Name
GO
       /* 第 3 个批处理结束 */
```

语句执行结果：

```
消息 137，级别 15，状态 2，第 9 行
必须声明标量变量 "@Name"。
```

该程序的局部变量@Name 在第 2 个批处理中声明并赋值，在第 3 个批处理中无效，因而出错。

（2）改正的方法

改正的方法为将第 1 个批处理和第 2 个批处理合并，语句如下：

```
USE StoreSales
GO
       /* 第 1 个批处理结束 */
DECLARE @Name char(8)
SELECT @Name=EmplName FROM Employee
WHERE EmplID='E002'
PRINT @Name
GO
       /* 第 2 个批处理结束 */
```

语句执行结果：

```
罗秀文
```

11.5　流程控制语句

流程控制语句是用来控制程序执行流程的语句，通过对程序流程的组织和控制，提高编程语言的处理能力，满足程序设计的需要，SQL Server 提供的流程控制语句如表 11.6 所示。

表 11.6　SQL Server 流程控制语句

流程控制语句	说　　明
IF...ELSE	条件语句
GOTO	无条件转移语句
WHILE	循环语句
CONTINUE	用于重新开始下一次循环
BREAK	用于退出最内层的循环
RETURN	无条件返回
WAITFOR	为语句的执行设置延迟

11.5.1　BEGIN…END 语句块

BEGIN…END 语句块将多条 T-SQL 语句定义为一个语句块，在执行时，该语句块作为一个整体来执行。

语法格式：

```
BEGIN
    { sql_statement | statement_block }
END
```

其中，关键字 BEGIN 指示 T-SQL 语句块的开始，END 指示语句块的结束。sql_statement 是语句块中的 T-SQL 语句，BEGIN…END 可以嵌套使用，statement_block 表示使用 BEGIN…END 定义的另一个语句块。

说明：经常用到 BEGIN…END 语句块的语句和函数有：WHILE 循环语句、IF…ELSE 语句、CASE 函数。

【例 11.13】　BEGIN…END 语句块示例。

```
BEGIN
    DECLARE @CloudDB char(20)
    SET @CloudDB = '云数据库'
    BEGIN
        PRINT '变量@CloudDB 的值为:'
        PRINT @CloudDB
    END
END
```

该语句块实现了 BEGIN…END 的嵌套，外层 BEGIN…END 语句用于局部变量的定义和赋值，内层 BEGIN…END 语句用于屏幕输出。

语句执行结果：

```
变量@CloudDB 的值为：
云数据库
```

11.5.2　条件语句

使用 IF…ELSE 语句时，需要对给定条件进行判定，当条件为真或假时，分别执行不同的 T-SQL 语句或语句序列。

语法格式：

```
IF Boolean_expression                        /*条件表达式*/
{ sql_statement | statement_block }          /*条件表达式为真时执行*/
[ ELSE
{ sql_statement | statement_block } ]        /*条件表达式为假时执行*/
```

IF…ELSE 语句分为带 ELSE 部分和不带 ELSE 部分两种形式：

（1）带 ELSE 部分：

```
IF 条件表达式
  A                             /*T-SQL 语句或语句块*/
ELSE
  B                             /*T-SQL 语句或语句块*/
```

当条件表达式的值为真时执行 A，然后执行 IF 语句的下一条语句；条件表达式的值为假时执行 B，然后执行 IF 语句的下一条语句。

（2）不带 ELSE 部分：

```
IF 条件表达式
  A                             /*T-SQL 语句或语句块*/
```

当条件表达式的值为真时，执行 A，然后执行 IF 语句的下一条语句；当条件表达式的值为假时，直接执行 IF 语句的下一条语句。

在 IF 和 ELSE 后面的子句都允许嵌套，嵌套层数没有限制。

IF…ELSE 语句的执行流程如图 11.2 所示。

【例 11.14】 IF…ELSE 语句示例。

```
USE StudentScore
GO
IF (SELECT AVG(Grade) FROM Score WHERE CourseID='1002')>80
  BEGIN
    PRINT '课程:1002'
    PRINT '平均成绩良好'
  END
ELSE
```

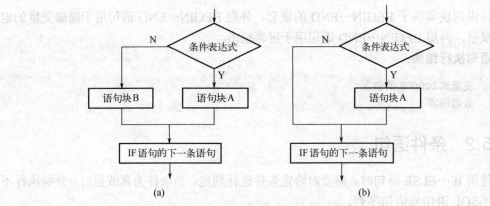

图 11.2 IF⋯ELSE 语句的执行流程

```
BEGIN
    PRINT '课程:1002'
    PRINT '平均成绩一般'
END
```

该语句采用了 IF⋯ELSE 语句,在 IF 和 ELSE 后面分别使用了 BEGIN⋯END 语句块。
语句执行结果:

```
课程:102
平均成绩良好
```

11.5.3 循环语句

1. WHILE 循环语句

程序中的一部分语句需要重复执行时,可以使用 WHILE 循环语句来实现。
语法格式:

```
WHILE Boolean_expression                  /*条件表达式*/
{ sql_statement | statement_block }       /*T-SQL 语句序列构成的循环体*/
```

WHILE 循环语句的执行流程如图 11.3 所示。

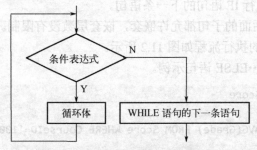

图 11.3 WHILE 语句的流程图

从 WHILE 语句的流程图可看出其使用形式如下:

```
WHILE 条件表达式
    循环体                                 /*T-SQL 语句或语句块*/
```

首先进行条件判断，当条件表达式值为真时，执行循环体中的 T-SQL 语句或语句块；然后，再进行条件判断，当条件表达式值为真时，重复执行上述操作；直至条件表达式值为假，退出循环体，执行 WHILE 语句的下一条语句。

在循环体中，可进行 WHILE 语句的嵌套。

【例 11.15】 显示字符串 'Work' 中每个字符的 ASCII 值和字符。

```
DECLARE @pnint, @sg char(8)
SET @pn = 1
SET @sg = 'Work'
WHILE @pn <= LEN(@sg)
  BEGIN
    SELECT ASCII(SUBSTRING(@sg, @pn, 1)), CHAR(ASCII(SUBSTRING(@sg, @pn,
1)))
    SET @pn = @pn + 1
  END
```

该语句采用了 WHILE 循环语句，循环条件为小于或等于字符串 'Work' 的长度值，在循环体中使用了 BEGIN…END 语句块，执行结果如图 11.4 所示。

	(无列名)	(无列名)
1	87	W

	(无列名)	(无列名)
1	111	o

	(无列名)	(无列名)
1	114	r

	(无列名)	(无列名)
1	107	k

图 11.4　WHILE 循环语句执行结果

2. BREAK 语句

BREAK 语句的语法格式如下。

语法格式：

```
BREAK
```

BREAK 语句在循环语句中用于退出本层循环，当循环体中有多层循环嵌套时，使用 BREAK 语句只能退出其所在的本层循环。

3. CONTINUE 语句

CONTINUE 语句的语法格式如下：

语法格式

```
CONTINUE
```

CONTINUE 语句在循环语句中用于结束本次循环，重新转入循环开始条件的判断。

11.5.4　无条件转移语句

GOTO 语句用于实现无条件的跳转，将执行流程转移到标号指定的位置。

语法格式：

```
GOTO label
```

其中，label 是要跳转的语句标号，标号必须符合标识符规则。

标号的定义形式为：

```
label：语句
```

【例 11.16】 计算从 1 加到 100 的和。

```
DECLARE @sm int, @i int
SET @i = 0
SET @sm = 0
lp:
SET @sm = @sm+ @i
SET @i = @i +1
IF @i <=100
  GOTO lp
PRINT '1+2+...+100 = '+CAST (@sm AS char(10))
```

语句执行结果：

```
1+2+...+100 = 5050
```

11.5.5 返回语句

RETURN 语句用于从查询语句块、存储过程或者批处理中无条件退出，位于RETURN
之后的语句将不被执行。

语法格式：

```
RETURN [ integer_expression ]
```

其中，integer_expression 为整型表达式。

11.5.6 等待语句

指定语句块、存储过程或事务执行的时刻或需等待的时间间隔。

语法格式：

```
WAITFOR { DELAY 'time' | TIME 'time' }
```

其中，DELAY 'time' 用于指定 SQL Server 必须等待的时间，TIME 'time' 用于指
定 SQL Server 等待到某一时刻。

11.5.7 错误处理语句

TRY…CATCH 语句用于对 T-SQL 语言中的错误进行处理。

语法格式：

```
BEGIN TRY
    { sql_statement | statement_block }
END TRY
BEGIN CATCH
    [ { sql_statement | statement_block } ]
END CATCH
  [ ; ]
```

11.6 系统内置函数

T-SQL 语言提供三种系统内置函数：标量函数、聚合函数、行集函数，所有函数都是确定性的或非确定性的。例如，DATEADD 内置函数是确定性函数，因为对于其任何给定参数总是返回相同的结果。GETDATE 是非确定性函数，因其每次执行后，返回结果都不同。

标量函数的输入参数和返回值的类型均为基本类型，SQL Server 包含的标量函数如下：

- 数学函数；
- 字符串函数；
- 日期和时间函数；
- 系统函数；
- 配置函数；
- 系统统计函数；
- 游标函数；
- 文本和图像函数；
- 元数据函数；
- 安全函数。

下面介绍常用的标量函数。

1．数学函数

数学函数用于对数值表达式进行数学运算并返回运算结果，常用的数学函数如表 11.7 所示。

表 11.7　数学函数

函　　数	描　　述
ABS	返回数值表达式的绝对值
EXP	返回指定表达式以 e 为底的指数
CEILING	返回大于或等于数值表达式的最小整数
FLOOR	返回小于或等于数值表达式的最大整数
LN	返回数值表达式的自然对数
LOG	返回数值表达式以 10 为底的对数
POWER	返回对数值表达式进行幂运算的结果
RAND	返回 0 到 1 之间的一个随机值
ROUND	返回舍入到指定长度或精度的数值表达式
SIGN	返回数值表达式的正号（+）、负号（−）或零（0）
SQUARE	返回数值表达式的平方
SQRT	返回数值表达式的平方根

下面举例说明数学函数的使用。

（1）ABS 函数

ABS 函数用于返回数值表达式的绝对值。

语法格式：

```
ABS ( numeric_expression )
```

其中，参数 numeric_expression 为数字型表达式，返回值类型与 numeric_expression 相同。

【例 11.17】 ABS 函数对不同数字的处理结果。

```
SELECT ABS(-5.8), ABS(0.0), ABS(+7.4)
```

该语句采用了 ABS 函数分别求负数、零和正数的绝对值。

语句执行结果：

```
--------------  ----------------  ---------------------
5.8             0.0                7.4
```

（2）RAND 函数

RAND 函数用于返回 0 到 1 之间的一个随机值。

语法格式：

```
RAND ([ seed ] )
```

其中，参数 seed 是指定种子值的整型表达式，返回值类型为 float。如果未指定种子值，则随机分配种子值；当指定种子值时，返回的结果相同。

【例 11.18】 通过 RAND 函数产生随机数。

```
DECLARE @count int
SET @count = 8
SELECT RAND(@count) AS Random_Number
```

该语句采用了 RAND 函数产生随机数。

语句执行结果：

```
R Random_Number
----------------------
0.713722424011731
```

2. 字符串函数

字符串函数用于对字符串、二进制数据和表达式进行处理，常用的字符串函数如表 11.8 所示。

表 11.8 字符串函数

函 数	描 述
ASCII	ASCII 函数，返回字符表达式中最左侧字符的 ASCII 码
CHAR	ASCII 码转换函数，返回指定 ASCII 码的字符
CHARINDEX	返回指定模式的起始位置
LEFT	左子串函数，返回字符串中从左边开始指定个数的字符
LEN	字符串函数，返回指定字符串表达式的字符（而不是字节）数，其中不包含尾随空格
LOWER	小写字母函数，将大写字符数据转换为小写字符数据后返回字符表达式
LTRIM	删除前导空格字符串，返回删除了前导空格之后的字符表达式

函　数	描　述
REPLACE	替换函数，用第三个表达式替换第一个字符串表达式中出现的所有第二个指定字符串表达式的匹配项
REPLICATE	复制函数，以指定的次数重复字符表达式
RIGHT	右子串函数，返回字符串中从右边开始指定个数的字符
RTRIM	删除尾随空格函数，删除所有尾随空格后返回一个字符串
SPACE	空格函数，返回由重复的空格组成的字符串
STR	数字向字符转换函数，返回由数字数据转换来的字符数据
SUBSTRING	子串函数，返回字符表达式、二进制表达式、文本表达式或图像表达式的一部分
UPPER	大写函数，返回小写字符数据转换为大写的字符表达式

（1）LEFT 函数

LEFT 函数用于返回字符串中从左边开始指定个数的字符。

语法格式：

```
LEFT ( character_expression , integer_expression )
```

其中，参数 character_expression 为字符型表达式，integer_expression 为整型表达式，返回值为 varchar 型。

【例 11.19】 返回部门名最左边的两个字符。

```
USE StoreSales
SELECT DISTINCT LEFT(DeptName,2)
FROM Department
```

该语句采用了 LEFT 函数求部门名最左边的两个字符。

语句执行结果：

```
--------
经理
人事
物资
销售
```

（2）LTRIM 函数

LTRIM 函数用于删除字符串中的前导空格，并返回字符串。

语法格式：

```
LTRIM ( character_expression )
```

其中，参数 character_expression 为字符型表达式，返回值类型为 varchar。

【例 11.20】 使用 LTRIM 函数删除字符串中的起始空格。

```
DECLARE @string varchar(30)
SET @string = '    分布式文件系统'
```

```
SELECT  LTRIM(@string)
```

该语句采用了 LTRIM 函数删除字符串中的前导空格并返回字符串。
语句执行结果：

```
-------------------------------
分布式文件系统
```

（3）REPLACE 函数

REPLACE 函数用第三个字符串表达式替换第一个字符串表达式中包含的第二个字符串表达式，并返回替换后的表达式。

语法格式：

```
REPLACE (string_expression1,string_expression2,string_expression3)
```

其中，参数 string_expression1、string_expression2 和 string_expression3 均为字符串表达式，返回值为字符型。

【例 11.21】 用 REPLACE 函数实现字符串的替换。

```
DECLARE @str1 char(16),@str2 char(4),@str3 char(16)
SET @str1='云计算教程'
SET @str2='教程'
SET @str3='概论'
SET @str3=REPLACE (@str1, @str2, @str3)
SELECT @str3
```

该语句采用了 REPLACE 函数实现字符串的替换。
语句执行结果：

```
---------------------
云计算概论
```

（4）SUBSTRING 函数

SUBSTRING 函数用于返回表达式中指定的部分数据。
语法格式：

```
SUBSTRING ( expression , start , length )
```

其中，参数 expression 可为字符串、二进制串、text、image 字段或表达式；start、length 均为整型，start 指定子串的开始位置，length 指定子串的长度（要返回的字节数）。

【例 11.22】 在一列中返回员工表中的姓，在另一列中返回表中员工的名。

```
USE StoreSales
SELECT SUBSTRING(EmplName, 1,1), SUBSTRING(EmplName, 2, LEN(EmplName) -1)
FROM Employee
ORDER BY EmplID
```

该语句采用了 SUBSTRING 函数分别求"姓名"字符串中的子串"姓"和子串"名"。
语句执行结果：

```
    ---- --------
  孙    勇诚
  罗    秀文
  刘    强
  徐    莉思
  廖    小玉
  李    清林
```

（5）CHARINDEX 函数

CHARINDEX 函数用于在表达式 2 中搜索表达式 1 并返回其起始位置（如果找到）。

语法格式：

```
CHARINDEX ( expression1,expression2 [ , start_location ] )
```

其中，expression1 为包含要查找的序列的字符表达式 1，expression2 为要搜索的字符表达式 2，start_location 表示搜索起始位置的整数或 bigint 表达式。

3. 日期时间函数

日期和时间函数用于对日期和时间数据进行各种不同的处理和运算，返回日期和时间值、字符串和数值等，常用的日期时间函数如表 11.9 所示。

表 11.9　日期时间函数

函　数	描　述
DATEADD	返回给指定日期加上一个时间间隔后的新 datetime 值
DATEDIFF	返回跨两个指定日期的日期边界数和时间边界数
DATENAME	返回表示指定日期的指定日期部分的字符串
DATEPART	返回表示指定日期的指定日期部分的整数
DAY	返回一个整数，表示指定日期的天（datepart）部分
GETDATE	以 datetime 值的 SQL Server 2008 标准内部格式，返回当前系统日期和时间
GETUTCDATE	返回表示当前的 UTC 时间（通用协调时间或格林尼治标准时间）的 datetime 值。当前的 UTC 时间得自当前的本地时间和运行 Microsoft SQL Server 2008 实例的计算机操作系统中的时区设置
MONTH	返回表示指定日期的"月"部分的整数
YEAR	返回表示指定日期的"年"部份的整数

在表 11.9 中，有关 datepart 的取值如表 11.10 所示。

表 11.10　datepart 取值

Datepart 取值	缩写形式	函数返回的值	Datepart 取值	缩写形式	函数返回的值
Year	yy, yyyy	年份	Week	wk, ww	第几周
Quarter	qq, q	季度	Hour	hh	小时
Month	mm, m	月	Minute	mi, n	分钟
Dayofyear	dy, y	一年的第几天	Second	ss, s	秒
Day	dd, d	日	Millisecond	ms	毫秒

【例 11.23】 依据员工出生时间计算年龄。

```
USE StoreSales
SET NOCOUNT ON
DECLARE @startdt datetime
SET @startdt = GETDATE()
SELECT EmplName AS 姓名 , DATEDIFF(yy, Birthday, @startdt ) AS 年龄 FROM
Employee
```

该语句通过 GETDATE 函数获取当前系统日期和时间，采用 DATEDIFF 函数由出生时间计算年龄。

语句执行结果：

```
姓名          年龄
--------    ---------
孙勇诚        37
罗秀文        30
刘强          46
徐莉思        33
廖小玉        32
李清林        42
```

4. 系统函数

系统函数用于返回有关 SQL Server 系统、数据库、数据库对象和用户的信息。

（1）COL_NAME 函数

COL_NAME 函数根据指定的表标识号和列标识号返回列的名称。

语法格式：

```
COL_NAME ( table_id , column_id )
```

其中，table_id 为包含列的表的标识号，column_id 为列的标识号。

【例 11.24】 输出 Employee 表中所有列的列名。

```
USE StoreSales
DECLARE @i int
SET @i=1
WHILE @i<=7
  BEGIN
    PRINT COL_NAME(OBJECT_ID('Employee'),@i)
    SET @i=@i+1
END
```

该语句通过 COL_NAME 函数根据 Employee 表标识号和列标识号返回所有列名。

语句执行结果：

```
EmplID
EmplName
Sex
Birthday
```

216

```
Address
Wages
DeptID
```

（2）CONVERT 函数

CONVERT 函数将一种数据类型的表达式转换为另一种数据类型的表达式。

语法格式：

```
CONVERT (data_type[(length)], expression [, style])
```

其中，data_type 为目标数据类型，length 为指定目标数据类型长度的可选整数，expression 为表达式，style 指定 Date 和 Time 样式。例如，style 为 101，表示美国标准日期格式：mm/dd/yyyy，style 为 102，表示 ANSI 日期格式：yy.mm.dd。

（3）CAST 函数

CAST 函数将一种数据类型的表达式转换为另一种数据类型的表达式。

语法格式：

```
CAST ( expression AS data_type [ (length ) ])
```

其中，expression 为表达式，data_type 为目标数据类型，length 为指定目标数据类型长度的可选整数。

（4）CASE 函数

CASE 函数用于计算条件列表并返回多个可能的结果表达式之一，有两种使用形式：一种是简单 CASE 函数，另一种是搜索型 CASE 函数。

① 简单 CASE 函数

简单 CASE 函数将某个表达式与一组简单表达式进行比较以确定结果。

语法格式：

```
CASE input_expression
  WHEN when_expression THEN result_expression […n ]
  [ ELSE else_result_expression]
END
```

其功能能为：计算 input_expression 表达式的值，并与每个 when_expression 表达式的值比较，若相等，则返回对应的 result_expression 表达式的值；否则返回 else_result_ expression 表达式的值。

② 搜索型 CASE 函数

搜索型 CASE 函数计算一组布尔表达式以确定结果。

语法格式：

```
CASE
  WHEN Boolean_expression THEN result_expression […n ]
  [ ELSE else_result_expression]
END
```

其功能能为：按指定顺序为每个 WHEN 子句的 Boolean_expression 表达式求值，返回第一个取值为 TRUE 的 Boolean_expression 表达式对应的 result_expression 表达式的值；

如果没有取值为 TRUE 的 Boolean_expression 表达式，则当指定 ELSE 子句时，返回 else_result_expression 的值；若没有指定 ELSE 子句，则返回 NULL。

【例 11.25】 使用 CASE 函数，将教师职称转换为职称类型。

```
USE StudentScore
SELECT TeacherName AS '姓名', TeacherSex AS '性别',
  CASE Title
    WHEN '教授' THEN '高级职称'
    WHEN '副教授' THEN '高级职称'
    WHEN '讲师' THEN '中级职称'
    WHEN '助教' THEN '初级职称'
  END AS '职称类型'
FROM Teacher
```

该语句通过简单 CASE 函数将教师职称转换为职称类型。

语句执行结果：

姓名	性别	职称类型
孙博伟	男	高级职称
钱晓兰	女	中级职称
周天宇	男	高级职称
冯燕	女	高级职称
朱海波	男	高级职称

11.7　小结

本章主要介绍了以下内容：

（1）SQL Server 数据库管理系统的编程语言为 Transact-SQL（T-SQL）语言，是对标准结构化查询语言 SQL 的实现和扩展，为数据集的处理添加结构，它虽然与高级语言不同，但具有变量、数据类型、运算符和表达式、流程控制、函数、存储过程、触发器等功能，T-SQL 是面向数据编程的最佳选择。

（2）在 SQL Server 中，根据每个局部变量、列、表达式和参数对应的数据特性，都有各自的数据类型。SQL Server 支持两类数据类型：系统数据类型和用户自定义数据类型。

SQL Server 定义的系统数据类型有：整数型、精确数值型、浮点型、货币型、位型、字符型、Unicode 字符型、文本型、二进制型、日期时间类型、时间戳型、图像型等。

（3）标识符用于定义服务器、数据库、数据库对象、变量等的名称，包括常规标识符和分隔标识符两类。

常量是在程序运行中其值不能改变的量，又称为标量值。常量使用格式取决于值的数据类型，可分为整型常量、实型常量、字符串常量、日期时间常量、货币常量等。

变量是在程序运行中其值可以改变的量，一个变量应有一个变量名，变量名必须是一个合法的标识符。变量分为局部变量和全局变量两类。

（4）运算符是一种符号，用来指定在一个或多个表达式中执行的操作，SQL Server 的运算符有：算术运算符、位运算符、比较运算符、逻辑运算符、字符串连接运算符、赋值运算符等。表达式是由数字、常量、变量和运算符组成的式子，表达式的结果是一个值。

（5）一个批处理是一条或多条 T-SQL 语句的集合。当它被提交给 SQL Server 服务器后，SQL Server 把这个批处理作为一个单元进行分析、优化、编译、执行。

GO 命令是批处理的结束标志。GO 命令不是 T-SQL 语句，而是可被 SQL Server 查询编辑器识别的命令。

（6）流程控制语句是用来控制程序执行流程的语句，通过对程序流程的组织和控制，提高编程语言的处理能力，满足程序设计的需要。SQL Server 提供的流程控制语句有：IF…ELSE（条件语句），WHILE（循环语句），CONTINUE（用于重新开始下一次循环），BREAK（用于退出最内层的循环），GOTO（无条件转移语句），RETURN（无条件返回），WAITFOR（为语句的执行设置延迟）等。

（7）T-SQL 语言提供三种系统内置函数：标量函数、聚合函数、行集函数，所有函数都是确定性的或非确定性的。

标量函数的输入参数和返回值的类型均为基本类型，SQL Server 包含的标量函数有：数学函数、字符串函数、日期和时间函数、系统函数、配置函数、系统统计函数、游标函数、文本和图像函数、元数据函数、安全函数等。

习 题 11

一、选择题

11.1 下列关于变量的说法中，错误的是 _____。
   A．变量用于临时存放数据　　　　B．可使用 SELECT 语句为变量赋值
   C．用户只能定义局部变量　　　　D．全局变量可以读/写

11.2 下列说法错误的是 _____。
   A．语句体包含一个以上的语句需要采用 BEGIN…END 语句
   B．多重分支只能用 CASE 语句
   C．WHILE 语句中循环体可以一次不执行
   D．TRY…CATCH 语句用于对命令进行错误控制

11.3 在字符串函数中，子串函数为_____。
   A．LTRIM()　　　　　　　　　　B．CHAR()
   C．STR()　　　　　　　　　　　D．SUBSTRING()

11.4 获取当前日期函数为_____。
   A．DATEDIFF()　　　　　　　　B．DATEPART()
   C．GETDATE()　　　　　　　　D．GETUDCDATE()

11.5 返回字符串表达式字符数的函数为_____。
   A．LEFT()　　　　　　　　　　B．LEN()
   C．LOWER()　　　　　　　　　D．LTRIM()

二、填空题

11.6 变量是在程序运行中其值_____的量。

11.7 运算符用来指定在一个或多个表达式中执行的_____。

11.8 表达式是由数字、常量、变量和_____组成的式子。

11.9 一个批处理是一条或多条_____的集合。

11.10 GO 命令是批处理的_____。

11.11 T-SQL 语言提供三种系统内置函数：_____、聚合函数和行集函数。

三、问答题

11.12 什么是局部变量？什么是全局变量？如何标识它们？

11.13 给局部变量赋值有哪些方式？

11.14 T-SQL 有哪些运算符？简述运算符的优先级。

11.15 什么是批处理？什么是 GO 命令？使用批处理有哪些限制？

11.16 简述 T-SQL 流程控制语句的关键字和作用。

11.17 试说明系统内置函数的分类及其特点。

四、上机实验题

11.18 编写一个程序，判断 StoreSales 数据库是否存在 Employee 表。

11.19 编写一个程序，用 PRINT 语句输出孙勇诚的销售总金额。

11.20 编写一个程序，用 PRINT 语句输出钱晓兰老师所上课程的平均分。

11.21 编写一个程序，输出所有学生成绩对应的等级，没有成绩者显示"未考试"。

11.22 编写一个程序，计算 1～100 中所有奇数之和。

11.23 编写一个程序，计算 $s=1!+2!+\cdots+10!$。

第 12 章　数据库编程技术

存储过程是一组 T-SQL 语句集合，编译后放在数据库服务器端，供客户端调用。触发器是特殊类型的存储过程，它在插入、删除或修改指定表中的数据时自动触发执行。用户定义函数是用户定义的 T-SQL 函数，必须有一个返回值，返回值可以是单独的数值或一个表。游标是一种处理数据的方法，它可以逐行处理结果集，也可以指向结果集中的任意位置并对该位置的数据进行处理。本章介绍存储过程、触发器、用户定义函数和游标等数据库编程技术的内容。

12.1　存储过程

存储过程（Stored Procedure）是一组完成特定功能的 T-SQL 语句集合，编译后放在数据库服务器端，用户通过指定存储过程的名称并给出参数（如果该存储过程带有参数）来执行存储过程。

12.1.1　存储过程概述

存储过程的 T-SQL 语句编译以后可多次执行，由于不需要重新编译，所以执行存储过程可以提高性能，存储过程具有以下特点。

（1）存储过程可以快速执行

当某操作要求大量的 T-SQL 代码或者要求重复执行时，存储过程要比 T-SQL 批处理代码快得多。当创建存储过程时，它得到了分析和优化。在第一次执行之后，存储过程就驻留在内存中，省去了重新分析、重新优化和重新编译等工作。

（2）存储过程可以减少网络通信流量

存储过程可以由多条 T-SQL 语句组成，但执行时，仅用一条语句，所以只有少量的 SQL 语句在网络线上传输，从而减少了网络流量和网络传输时间。

（3）存储过程具有安全特性

对没有权限执行存储体（组成存储过程的语句）的用户，也可以被授权执行该存储过程。

（4）存储过程允许模块化程序设计

创建一次存储过程，存储在数据库中后，就可以在程序中重复调用任意多次。存储过程由专业人员创建，可以独立于程序源代码来修改它们。

（5）保证操作一致性

由于存储过程是一段封装的查询，从而对于重复的操作将保持功能的一致性。

存储过程分为用户存储过程、系统存储过程、扩展存储过程。

1．用户存储过程

用户存储过程是用户数据库中创建的存储过程，完成用户指定的数据库操作，其名称不能以 sp_为前缀。用户存储过程包括 T-SQL 存储过程和 CLR 存储过程。

（1）T-SQL 存储过程

T-SQL 存储过程是指保存的 T-SQL 语句集合，可以接收和返回用户提供的参数，本书将 T-SQL 存储过程简称为存储过程。

（2）CLR 存储过程

CLR 存储过程是指对 Microsoft .NET Framework 公共语言运行时（CLR）方法的引用，可以接收和返回用户提供的参数。

2．系统存储过程

系统存储过程是由系统提供的存储过程，可以作为命令执行各种操作。系统存储过程定义在系统数据库 master 中，其前缀是 sp_，为检索系统表的信息提供了方便快捷的方法，它们允许系统管理员执行修改系统表的数据库管理任务，可以在任何一个数据库中执行。

3．扩展存储过程

扩展存储过程允许使用编程语言（如 C 语言）创建自己的外部例程，使用时需要先加载到 SQL Server 系统中，并且按照使用存储过程的方法执行。

12.1.2 存储过程的创建

存储过程的创建可采用 T-SQL 语句，也可采用图形界面方式。

1．通过 T-SQL 语句创建存储过程

T-SQL 创建存储过程的语句是 CREATE PROCEDURE。

语法格式：

```
CREATE { PROC | PROCEDURE } [schema_name.] procedure_name [ ; number ]
                                                    /*定义过程名*/
    [ { @parameter [ type_schema_name. ] data_type }      /*定义参数的类型*/
    [ VARYING ] [ = default ] [ OUT | OUTPUT ] [READONLY] ][ ,...n ]
                                                    /*定义参数的属性*/
    [ WITH {[ RECOMPILE ] [,] [ ENCRYPTION ] }]    /*定义存储过程的处理方式*/
    [ FOR REPLICATION ]
    AS  <sql_statement> [;]                          /*执行的操作*/
```

说明：

● procedure_name：定义的存储过程的名称。

● number：可选整数，用于对同名的过程分组。

● @parameter：存储过程中的形参（形式参数的简称），可以声明一个或多个形参，将@作为第一个字符来指定形参名称，且必须符合有关标识符的规则，执行存储过程应提供相应的实参（实际参数的简称），除非定义了该参数的默认值。

- data_type: 形参的数据类型，所有数据类型都可以作为形参的数据类型。
- VARYING: 指定作为输出参数支持的结果集。
- default: 参数的默认值，如果定义了 default 值，则无须指定相应的实参即可执行过程。
- OUTPUT: 指示参数是输出参数，此选项的值可以返回给调用 EXECUTE 的语句。
- READONLY: 指示不能在过程的主体中更新或修改参数。
- RECOMPILE: 指示每次运行该过程，将重新编译。
- sql_statement: 包含在过程中的一个或多个 T-SQL 语句，但有某些限制。

存储过程可以带参数，也可以不带参数，这里创建不带参数的存储过程。

【例 12.1】 在 StoreSales 数据库上，设计一个存储过程 P_EmplDept，用于查找销售部的男员工情况。

```
USE StoreSales
GO
IF EXISTS(SELECT * FROM sysobjects WHERE name='P_EmplDept' AND TYPE='P')
  DROP PROCEDURE P_EmplDept
                              /* 如果存在存储过程 P_EmplDept，则将其删除 */
GO
              /* CREATE PROCEDURE 必须是批处理的第一条语句，此处 GO 不能缺少 */
CREATE PROCEDURE P_EmplDept              /* 创建不带参数的存储过程 */
AS
  SELECT EmplID, EmplName,Sex
    FROM Employee a, Department b
    WHERE a.DeptID=b.DeptID AND DeptName='销售部' AND Sex= '男'
    ORDER BY a.DeptID
GO
```

单击"执行"按钮 ⚡执行(X)，系统提示"命令已成功完成"，展开 StoreSales 数据库，展开"可编程性"节点，右键单击"存储过程"选项，在弹出的快捷菜单中选择"刷新"命令，可看出在存储过程包含的节点中出现 dbo.P_EmplDept 存储过程。如果有错误消息，用户应根据提示进行修改，直到该存储过程创建成功。

2. 通过图形界面方式创建存储过程

通过图形界面方式创建存储过程，举例如下。

【例 12.2】 通过图形界面方式创建存储过程 P_GoodsInfo，用于求商品类型代码为 30 的商品。

操作步骤如下：

（1）启动 SQL Server Management Studio，在对象资源管理器中，展开"数据库"节点，选中 StoreSales 数据库，展开该数据库节点，展开"可编程性"节点，右键单击"存储过程"选项，在弹出的快捷菜单中选择"新建"→"存储过程"命令，出现存储过程模板，如图 12.1 所示。

在该窗口中输入要创建的存储过程语句，输入完成后单击"执行"按钮 ⚡执行(X)，系统提示"命令已成功完成"，至此完成存储过程的创建。

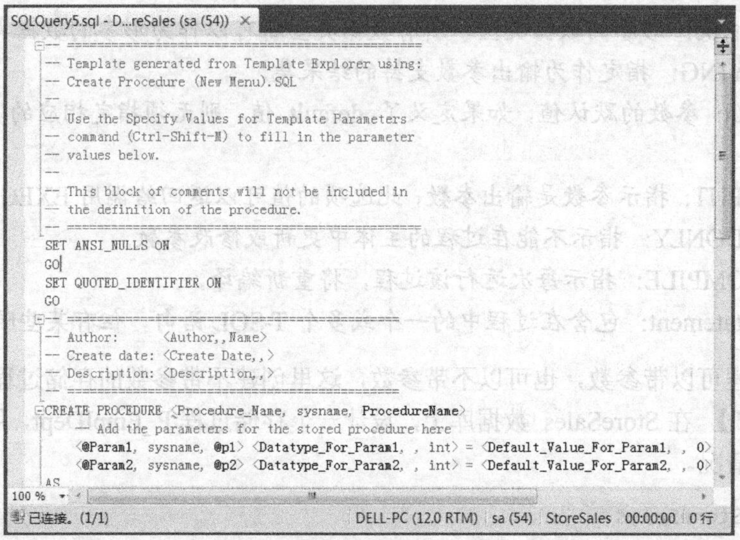

图 12.1 存储过程模板

这里输入的创建存储过程 T-SQL 语句如下：

```
CREATE PROCEDURE P_GoodsInfo
AS
  SELECT *
    FROM Goods
    WHERE Classification='30'
GO
```

12.1.3 存储过程的执行

存储过程的执行可采用 EXECUTE 命令方式，也可采用图形界面方式。

1. 通过 EXECUTE 命令方式执行存储过程

通过 EXECUTE（或 EXEC）命令可以执行一个已定义的存储过程。

语法格式：

```
[ { EXEC | EXECUTE } ]
  { [ @return_status = ]
  { module_name [ ;number ] | @module_name_var }
  [ [ @parameter = ] { value| @variable [ OUTPUT ] | [ DEFAULT ] }]
  [,…n ]
  [ WITH RECOMPILE ]
  }
[;]
```

说明：

● 参数@return_status 为可选的整型变量，保存存储过程的返回状态，EXECUTE 语句使用该变量前，必须对其定义。

● 参数 module_name 是要调用的存储过程或用户定义标量函数的完全限定或者不完

224

全限定名称。

- @parameter 表示 CREATE PROCEDURE 或 CREATE FUNCTION 语句中定义的参数名，value 为实参。如果省略@parameter，则后面的实参顺序要与定义时参数的顺序一致。在使用@parameter_name=value 格式时，参数名称和实参不必按在存储过程或函数中定义的顺序提供。但是，如果任何参数使用了@parameter_name=value 格式，则对后续的所有参数均必须使用该格式。
- @variable 表示局部变量，用于保存 OUTPUT 参数返回的值。
- DEFAULT 关键字表示不提供实参，而是使用对应的默认值。
- WITH RECOMPILE 表示执行模块后，强制编译、使用和放弃新计划。

【例 12.3】 通过 EXECUTE 命令方式执行存储过程 P_EmplDept。

通过 EXECUTE P_EmplDept 或 EXEC P_EmplDept 语句执行存储过程 P_EmplDept：

```
USE StoreSales
GO
EXECUTE P_EmplDept
GO
```

语句执行结果：

```
EmplID  EmplName   Sex
------  ---------  -------
E001    孙勇诚      男
E006    李清林      男
```

注意：CREATE PROCEDURE 必须是批处理的第一条语句，且只能在一个批处理中创建并编译。

【例 12.4】 通过 EXECUTE 命令方式执行存储过程 P_GoodsInfo。

存储过程 P_GoodsInfo 通过以下语句执行：

```
USE StoreSales
GO
EXECUTE P_GoodsInfo
GO
```

语句执行结果：

```
GoodsID  GoodsName         Classification   UnitPrice   StockQuantity  GoodsAfloat
-------  ----------------  --------------   ---------   -------------  -----------
3001     DELL PowerEdgeT130      30          6699.00        10              4
3002     HP ML10 GEN9            30          6099.00        5               3
```

2. 通过图形界面方式执行存储过程

通过图形界面方式执行存储过程，举例如下。

【例 12.5】 通过图形界面方式执行存储过程 P_GoodsInfo。

操作步骤如下：

（1）在 StoreSales 数据库的"存储过程"目录下选择要执行的存储过程，例如 P_GoodsInfo 存储过程，右键单击该存储过程，在弹出的快捷菜单中选择"执行存储过程"命令。

（2）出现"执行过程"窗口，如果列出存储过程的参数形式，用户需要设置并输入参数的值。

（3）单击"确定"按钮。

语句执行结果：

```
GoodsID  GoodsName         Classification  UnitPrice  StockQuantity  GoodsAfloat
-------  ---------------   --------------  ---------  -------------  -----------
3001     DELL PowerEdgeT130      30        6699.00         10             4
3002     HP ML10 GEN9            30        6099.00          5             3
```

12.1.4 存储过程的参数

参数用于在存储过程和调用方之间交换数据，输入参数允许调用方将数据值传递到存储过程，输出参数允许存储过程将数据值传递回调用方。

下面介绍带输入参数存储过程的使用、带默认参数存储过程的使用、带输出参数存储过程的使用、存储过程的返回值等。

1. 带输入参数存储过程的使用

为了定义存储过程的输入参数，必须在 CREATE PROCEDURE 语句中声明一个或多个变量及类型。

执行带输入参数存储过程，有以下两种传递参数的方式：

（1）按位置传递参数：采用实参列表方式，使传递参数和定义时的参数顺序一致。

（2）通过参数名传递参数：采用"参数=值"的方式，各个参数的顺序可以任意排列。

带输入参数存储过程的使用通过以下实例说明。

【例 12.6】 创建一个带输入参数存储过程，输出指定姓名的员工销售的订单号、商品名、销售数量、折扣总价和总金额。

```
USE StoreSales
GO
CREATE PROCEDURE P_NameSalesInfo @Name char(8)
                /* 存储过程 P_NameSalesInfo 指定的参数@Name 是输入参数 */
AS
SELECT EmplName AS 姓名, b.OrderID AS 订单号, GoodsName AS 商品名, Quantity AS 销售数量, DiscountTotal AS 折扣总价, Cost AS 总金额
    FROM Employee a, SalesOrder b, OrderDetail c, Goods d
    WHERE EmplName=@Name AND a.EmplID=b.EmplID AND b.OrderID=c.OrderID AND c.GoodsID=d.GoodsID
    GO
```

采用按位置传递参数，将实参 121001 传递给形参@Name，执行存储过程语句如下：

```
EXECUTE P_NameSalesInfo 廖小玉
```

或者通过参数名传递参数，将实参 121001 传递给形参@Name，执行存储过程语句如下：

```
EXECUTE P_NameSalesInfo @Name ='廖小玉'
```

语句执行结果：

```
姓名      订单号    商品名                  销售数量   折扣总价     总金额
------  -------  -----------------   ------   --------   -----------

廖小玉   S00001   DELL XPS12 9250      3        14847.30   25825.50
廖小玉   S00001   HP ML10 GEN9         2        10978.20   25825.50
```

2．带默认参数存储过程的使用

在创建存储过程时，可为参数设置默认值，默认值必须为常量或 NULL。

在调用存储过程时，如果未指定对应的实参值，则自动用对应的默认值代替。

【例 12.7】 修改上例的存储过程，重新命名为 P_NameSalesInfo2，指定默认员工为'孙勇诚'。

```
USE StoreSales
GO
CREATE PROCEDURE P_NameSalesInfo2 @Name char(8)='孙勇诚'
               /* 存储过程 P_NameSalesInfo2 为形参@Name 设置默认值'孙勇诚' */
AS
SELECT EmplName AS 姓名, b.OrderID AS 订单号, GoodsName AS 商品名, Quantity AS
销售数量, DiscountTotal AS 折扣总价, Cost AS 总金额
FROM Employee a, SalesOrder b, OrderDetail c, Goods d
WHERE EmplName=@Name AND a.EmplID=b.EmplID AND b.OrderID=c.OrderID AND
c.GoodsID=d.GoodsID
GO
```

不指定实参，调用默认参数存储过程 P_NameSalesInfo2，执行语句如下：

```
EXECUTE P_NameSalesInfo2
```

语句执行结果：

```
姓名      订单号    商品名                  销售数量   折扣总价     总金额
-----   -------  -----------------   ------   --------   -----------

孙勇诚   S00002   DELL XPS12 9250      6        29694.60   41752.80
孙勇诚   S00002   DELL PowerEdgeT130   2        12058.20   41752.80
```

指定实参为'李清林'，调用默认参数存储过程 P_NameSalesInfo2，执行语句如下：

```
EXECUTE P_NameSalesInfo2 @Name ='李清林'
```

语句执行结果：

```
姓名      订单号    商品名                       销售数量   折扣总价     总金额
-----   -------  ------------------------   ------   --------   -----------

李清林   S00003   Microsoft Surface Pro 4     3        14817.60   14817.60
```

3. 带输出参数存储过程的使用

定义输出参数可从存储过程返回一个或多个值到调用方，使用带输出参数存储过程，在 CREATE PROCEDURE 和 EXECUTE 语句中都必须使用 OUTPUT 关键字。

【例 12.8】 创建一个存储过程 P_GoodsID_NameUnitPrice，输入商品号，输出商品名称和单价。

```
USE StoreSales
GO
CREATE PROCEDURE P_GoodsID_NameUnitPrice @GID char(4), @GName char(30) OUTPUT,
@UPrice money OUTPUT
    /* 定义商品号形参@GID 为输入参数,商品名称形参@GName 和单价形参@UPrice 为输出参
数 */
AS
SELECT @GName=GoodsName, @UPrice=UnitPrice
  FROM Goods
  WHERE GoodsID=@GID
```

执行带输出参数存储过程的语句如下：

```
DECLARE @GName char(30)        /* 定义形参@GName 为输出参数 */
DECLARE @UPrice money          /* 定义形参@UPrice 为输出参数 */
EXEC P_GoodsID_NameUnitPrice '1001', @GName OUTPUT, @UPrice OUTPUT
SELECT '商品名称'=@GName, '单价'=@UPrice
GO
```

该语句查找商品号为 1001 的商品名称和单价。

语句执行结果：

```
商品名称                         单价
------------------------      -----------
Microsoft Surface Pro 4       5488.00
```

注意：在创建或使用输出参数时，都必须对输出参数进行定义。

4. 存储过程的返回值

存储过程执行后会返回整型状态值，若返回代码为 0，表示成功执行；若返回-1～-99 之间的整数，表示没有成功执行。

也可以使用 RETURN 语句定义返回值。

12.1.5 存储过程修改和删除

1. 修改存储过程

修改存储过程可以使用 ALTER PROCEDURE 语句或图形界面方式。

（1）使用 ALTER PROCEDURE 语句修改存储过程

使用 ALTER PROCEDURE 语句修改已存在的存储过程。

语法格式：

```
ALTER { PROC | PROCEDURE } [schema_name.] procedure_name [ ; number ]
  [ { @parameter [ type_schema_name. ] data_type }
  [ VARYING ] [ = default ] [ OUT[PUT] ] ][ ,...n ]
[ WITH {[ RECOMPILE ] [,] [ ENCRYPTION ] }]
[ FOR REPLICATION ]
AS  <sql_statement>
```

其中，各参数的含义与 CREATE PROCEDURE 相同。

【例 12.9】 修改存储过程 P_EmplDept，用于查找销售部的女员工情况。

```
ALTER PROCEDURE P_EmplDept        /* 修改存储过程 P_EmplDept 命令 */
AS
  SELECT EmplID, EmplName,Sex
    FROM Employee a, Department b
    WHERE a.DeptID=b.DeptID AND DeptName='销售部' AND Sex= '女'
    ORDER BY a.DeptID
GO
```

在原存储过程 P_EmplDept 的 SQL 语句的 WHERE 条件中，修改为 Sex='女'，其执行语句如下：

```
EXECUTE P_EmplDept
```

语句执行结果：

```
EmplID      EmplName      Sex
----------  ------------  ------------
E005        廖小玉            女
```

（2）通过图形界面方式修改存储过程

通过图形界面方式修改存储过程，举例如下。

【例 12.10】 通过图形界面方式修改存储过程 P_EmplDept。

操作步骤如下：

① 启动 SQL Server Management Studio，在对象资源管理器中，展开"数据库"节点，选中 StoreSales 数据库，展开该数据库节点，展开"可编程性"节点，展开"存储过程"选项，右键单击 dbo.P_EmplDept 节点，在弹出的快捷菜单中选择"修改"命令。

② 出现存储过程脚本编辑窗口，可在该窗口中修改相关的 T-SQL 语句，修改完成后，单击"执行"按钮 ! 执行(X)，若执行成功，则修改存储过程。

2．删除存储过程

删除存储过程有两种方式：使用 DROP PROCEDURE 语句或图形界面方式。

（1）使用 DROP PROCEDURE 语句删除存储过程

使用 DROP PROCEDURE 语句删除该存储过程。

语法格式：

```
DROP PROCEDURE { procedure } [ ,...n ]
```

其中，procedure 是指要删除的存储过程或存储过程组的名，n 可以指定多个存储过程同时删除。

【例 12.11】 删除存储过程 P_EmplDept。

```
USE StoreSales
DROP PROCEDURE P_EmplDept
```

（2）通过图形界面方式删除存储过程

【例 12.12】 通过图形界面方式删除存储过程 P_Test。

操作步骤如下：

① 启动 SQL Server Management Studio，在对象资源管理器中，展开"数据库"节点，选中 StoreSales 数据库，展开该数据库节点，展开"可编程性"节点，展开"存储过程"选项，右键单击 dbo.P_Test 节点，在弹出的快捷菜单中选择"删除"命令。

② 出现"删除对象"窗口，单击"确定"按钮即可删除存储过程 P_Test。

12.2 触发器

触发器（Trigger）是特殊类型的存储过程，其特殊性主要体现在它在插入、删除或修改指定表中的数据时自动触发执行。

12.2.1 触发器概述

触发器是一种特殊类型的存储过程，触发器是通过事件进行触发而自动执行的，而存储过程是通过过程名字直接调用的。

在 SQL Server 中，一个表可以有多个触发器，可根据 INSERT、UPDATE 或 DELETE 语句对触发器进行设置，也可以对一个表上的特定操作设置多个触发器。触发器不能通过名称直接调用，更不允许设置参数。

触发器与存储过程的主要区别如下：

（1）触发器自动执行，而存储过程需要显式调用才能执行。

（2）触发器是建立在表或视图之上的，而存储过程是建立在数据库之上的。

触发器的作用如下：

（1）实现比约束更为复杂的限制。SQL Server 提供约束和触发器两种主要机制来强制使用业务规则和数据完整性，触发器可实现比约束更为复杂的限制。

（2）可对数据库中的相关表实现级联更改。

（3）可以防止恶意或错误的 INSERT、UPDATE 和 DELETE 操作。

（4）可以评估数据修改前后表的状态，并根据该差异采取措施。

（5）强制表的修改要合乎业务规则。

SQL Server 有两种常规类型的触发器：DML 触发器、DDL 触发器。

1．DML 触发器

当数据库中发生数据操作语言（DML）事件时，将调用 DML 触发器。DML 事件包括在指定表或视图中修改数据的 INSERT 语句、UPDATE 语句或 DELETE 语句。DML 触发器可以查询其他表，还可以包含复杂的 Transact-SQL 语句，将触发器和触发它的语句作为可在触发器内回滚的单个事务对待。如果检测到错误，则整个事务自动回滚。

2. DDL 触发器

当服务器或数据库中发生数据定义语言（DDL）事件时，将调用 DDL 触发器。这些语句主要是以 CREATE、ALTER、DROP 等关键字开头的语句。DDL 触发器的主要作用是执行管理操作，例如审核系统、控制数据库的操作等。

12.2.2 创建 DML 触发器

创建 DML 触发器有两种方式：使用 T-SQL 语句或使用图形界面方式，下面分别介绍。

1. 使用 T-SQL 语句创建 DML 触发器

DML 触发器是当发生数据操纵语言（DML）事件时要执行的操作。DML 触发器用于在数据被修改时强制执行业务规则，以及扩展 Microsoft SQL Server 约束、默认值和规则的完整性检查逻辑。

创建 DML 触发器的语法格式如下。

语法格式：

```
CREATE TRIGGER [ schema_name . ]trigger_name
   ON { table | view }                          /*指定操作对象*/
      [ WITH  ENCRYPTION ]                       /*说明是否采用加密方式*/
   { FOR |AFTER | INSTEAD OF }
      { [ INSERT ] [ , ] [ UPDATE ] [ , ] [ DELETE ] }
                                                 /*指定激活触发器的动作*/
   [ NOT FOR REPLICATION ]                       /*说明该触发器不用于复制*/
   AS  sql_statement [ ; ]
```

说明：
- trigger_name：用于指定触发器名称。
- table | view：在表上或视图上执行触发器。
- AFTER 关键字：用于说明触发器在指定操作都成功执行后触发。不能在视图上定义 AFTER 触发器，如果仅指定 FOR 关键字，则 AFTER 是默认值，一个表可以创建多个给定类型的 AFTER 触发器。
- INSTEAD OF 关键字：指定用触发器中的操作代替触发语句的操作。在表或视图上，每个 INSERT、UPDATE、DELETE 语句最多可以定义一个 INSTEAD OF 触发器。
- { [INSERT] [,] [UPDATE] [,] [DELETE] }：指定激活触发器的语句类型，必须至少指定一个选项，INSERT 表示将新行插入表时激活触发器，UPDATE 表示更改某一行时激活触发器，DELETE 表示从表中删除某一行时激活触发器。
- sql_statement：表示触发器的 T-SQL 语句，指定 DML 触发器触发后要执行的动作。

执行 DML 触发器时，系统创建了两个特殊的临时表 inserted 表和 deleted 表。由于

inserted 表和 deleted 表都是临时表,它们在触发器执行时被创建,触发器执行完毕就消失,所以只可以在触发器的语句中使用 SELECT 语句查询这两个表。

● 执行 INSERT 操作:插入触发器表中的新记录被插入 inserted 表中。

● 执行 DELETE 操作:从触发器表中删除的记录被插入 deleted 表中。

● 执行 UPDATE 操作:先从触发器表中删除旧记录,再插入新记录,其中,被删除的旧记录被插入 deleted 表中,插入的新记录被插入 inserted 表中。

使用触发器有以下限制:

(1) CREATE TRIGGER 必须是批处理中的第一条语句,并且只能应用到一个表中。

(2) 触发器只能在当前的数据库中创建,但触发器可以引用当前数据库的外部对象。

(3)在同一条 CREATE TRIGGER 语句中,可以为多种操作(如 INSERT 和 UPDATE)定义相同的触发器操作。

(4)如果一个表的外键在 DELETE、UPDATE 操作上定义了级联,则不能在该表上定义 INSTEAD OF DELETE、INSTEAD OF UPDATE 触发器。

(5)对于含有 DELETE 或 UPDATE 操作定义的外键表,不能使用 INSTEAD OF DELETE 和 INSTEAD OF UPDATE 触发器。

(6)触发器中不允许包含以下 T-SQL 语句:CREATE DataBase、ALTER DataBase、LOAD DataBase、RESTORE DataBase、DROP DataBase、LOAD LOG、RESTORE LOG、DISK INIT、DISK RESIZE 和 RECONFIGURE。

DML 触发器最大的用途是返回行级数据的完整性,而不是返回结果,所以应当尽量避免返回任何结果集。

【例 12.13】 在 StoreSales 数据库的 Employee 表上创建一个触发器 T_Empl,在 Employee 表中插入、修改、删除数据时,显示该表的所有记录。

```
USE StoreSales
GO
        /* CREATE TRIGGER 必须是批处理的第一条语句, 此处 GO 不能缺少 */
CREATE TRIGGER T_Empl                          /* 创建触发器 T_Empl */
  ON Employee
AFTER INSERT, DELETE, UPDATE
AS
BEGIN
  SET NOCOUNT ON
  SELECT * FROM Employee
END
GO
```

下面的语句向 Employee 表中插入一条记录:

```
USE StoreSales
INSERT INTO Employee VALUES('E008','周世海','男','1992-04-15', NULL,
3100,'D001')
GO
```

语句执行结果：

EmplID	EmplName	Sex	Birthday	Address	Wages	DeptID
E001	孙勇诚	男	1981-09-24	东大街 28 号	4000.00	D001
E002	罗秀文	女	1988-05-28	通顺街 64 号	3200.00	D002
E003	刘强	男	1972-11-05	玉泉街 48 号	6800.00	D004
E004	徐莉思	女	1985-07-16	公司集体宿舍	3800.00	D003
E005	廖小玉	女	1986-03-19	NULL	3500.00	D001
E006	李清林	男	1976-12-07	顺城街 35 号	4200.00	D001
E008	周世海	男	1992-04-15	NULL	3100.00	D001

出现该表所有记录，新插入的记录也在里面。

注意：CREATE TRIGGER 必须是批处理的第一条语句，且只能在一个批处理中创建并编译。

2. 使用图形界面创建 DML 触发器

【例 12.14】 使用图形界面在 Goods 表上创建触发器 T_Goods，在该表的行进行插入、修改、删除时输出所有的行。

操作步骤如下：

（1）启动 SQL Server Management Studio，在对象资源管理器中，展开"数据库"节点，选中 StoreSales 数据库，展开该数据库节点，选中"表"节点并展开，选中 Goods 表节点并展开，右键单击"触发器"选项，在弹出的快捷菜单中选择"新建触发器"命令。

（2）出现触发器模板，如图 12.2 所示。

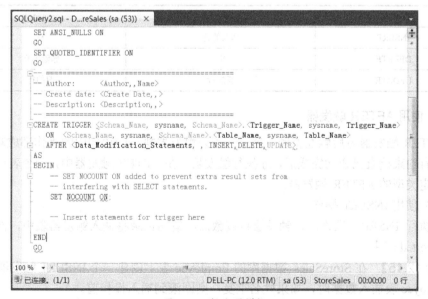

图 12.2 触发器模板

（3）在该窗口中输入要创建的触发器语句，输入完成后单击"执行"按钮 执行(X)，系统提示"命令已成功完成"，至此完成触发器的创建。

这里输入的创建触发器的 T-SQL 语句如下：

```
SET ANSI_NULLS ON
GO
SET QUOTED_IDENTIFIER ON
GO
CREATE TRIGGER T_Goods
    ON Goods
    AFTER INSERT,DELETE,UPDATE
AS
BEGIN
    SET NOCOUNT ON
    SELECT * FROM Goods
END
GO
```

12.2.3 使用 DML 触发器

DML 触发器分为 AFTER 触发器和 INSTEAD OF 触发器。

inserted 表和 deleted 表是 SQL Server 为每个 DML 触发器创建的临时专用表，这两个表的结构与该触发器作用的表的结构相同，触发器执行完成后，这两个表即被删除。inserted 表存放由于执行 INSERT 或 UPDATE 语句要向表中插入的所有行。deleted 表存放由于执行 DELETE 或 UPDATE 语句要从表中删除的所有行。

激活触发程序时，inserted 表和 deleted 表的内容如表 12.1 所示。

表 12.1　inserted 表和 deleted 表在执行触发程序时的情况

T-SQL	inserted 表	deleted 表
INSERT	插入的行	空
DELETE	空	删除的行
UPDATE	新的行	旧的行

1. 使用 AFTER 触发器

AFTER 触发器为后触发型触发器，在引发触发器执行的语句中的操作都成功执行，并且所有约束检查已成功完成后，才执行触发器。在 AFTER 触发器中，一个表可以创建多个给定类型的 AFTER 触发器。

（1）使用 INSERT 操作

当执行 INSERT 操作时，触发器将被激活，新的记录将插入触发器表中，同时也添加到 inserted 表中。

【例 12.15】 在 StoreSales 数据库的 Employee 表上创建一个 INSERT 触发器 T_Ins，向 Employee 表插入数据时，如果姓名重复，则回滚到插入操作前。

```
USE StoreSales
GO
```

234

```
CREATE TRIGGER T_Ins                    /* 创建 INSERT 触发器 T_Ins */
  ON Employee
AFTER INSERT
AS
BEGIN
  DECLARE @Name char(8)
  SELECT @Name=inserted.EmplName FROM inserted
  IF EXISTS(SELECT EmplName FROM Employee WHERE EmplName=@Name)
    BEGIN
      PRINT '不能插入重复的姓名'
      ROLLBACK TRANSACTION        /* 回滚到插入操作之前的状态 */
    END
END
```

向 Employee 表插入一条记录，该记录中的姓名与 Employee 表中的姓名重复。

```
USE StoreSales
INSERT INTO Employee VALUES('E009','李清林','男','1995-04-26',NULL,3000,
'D001')
  GO
```

语句执行结果：

```
不能插入重复的姓名
消息 3609，级别 16，状态 1，第 2 行
事务在触发器中结束。批处理已中止。
```

由于进行了事务回滚，所以未向 Employee 表插入新记录。

注意：ROLLBACK TRANSACTION 语句用于回滚之前所做的修改，将数据库恢复到原来的状态。

（2）使用 UPDATE 操作

当执行 UPDATE 操作时，触发器将被激活，当在触发器表中修改记录时，表中原来的记录被移动到 deleted 表中，修改后的记录插入 inserted 表中。

【例 12.16】在 StoreSales 数据库的 Employee 表上创建一个 UPDATE 触发器 T_Upd，防止用户修改 Employee 表中的部门号。

```
USE StoreSales
GO
CREATE TRIGGER T_Upd                    /* 创建 UPDATE 触发器 T_Upd */
  ON Employee
AFTER UPDATE
AS
IF UPDATE(DeptID)
  BEGIN
    PRINT '不能修改部门号'
    ROLLBACK TRANSACTION        /* 回滚到修改操作之前的状态 */
  END
```

```
GO
```

下面的语句修改 Employee 表中员工号为 E004 的部门号：

```
USE StoreSales
UPDATE Employee
SET DeptID='D001'
WHERE EmplID='E004'
GO
```

语句执行结果：

```
不能修改部门号
消息 3609，级别 16，状态 1，第 2 行
事务在触发器中结束。批处理已中止。
```

由于进行了事务回滚，所以未修改 Employee 表的部门号。

（3）使用 DELETE 操作

当执行 DELETE 操作时，触发器将被激活，当在触发器表中删除记录时，表中删除的记录将被移动到 deleted 表中。

【例 12.17】在 StoreSales 数据库的 Employee 表上创建一个 DELETE 触发器 T_Del，防止用户删除 Employee 表中 D002 部门的记录。

```
USE StoreSales
GO
CREATE TRIGGER T_Del                    /* 创建 DELETE 触发器 T_Del */
  ON Employee
AFTER DELETE
AS
  IF EXISTS(SELECT * FROM deleted WHERE DeptID='D002')
    BEGIN
      PRINT '不能删除 D002 部门的记录'
      ROLLBACK TRANSACTION                /* 回滚到删除操作之前的状态 */
    END
GO
```

下面的语句删除 Employee 表中 D002 部门的记录：

```
USE StoreSales
DELETE Employee
WHERE DeptID='D002'
GO
```

语句执行结果：

```
不能删除 D002 部门的记录
消息 3609，级别 16，状态 1，第 2 行
事务在触发器中结束。批处理已中止。
```

由于进行了事务回滚，所以未删除 Employee 表中 D002 部门的记录。

2. 使用 INSTEAD OF 触发器

INSTEAD OF 触发器为前触发型触发器，指定执行触发器的不是执行引发触发器的语句，而是替代引发触发器语句的操作。在表或视图上，每个 INSERT、UPDATE、DELETE 语句最多可以定义一个 INSTEAD OF 触发器。

AFTER 触发器是在触发语句执行后触发的，与 AFTER 触发器不同的是，INSTEAD OF 触发器触发时只执行触发器内部的 SQL 语句，而不执行激活该触发器的 SQL 语句。

【例 12.18】 在 StoreSales 数据库的 SalesOrder 表上创建一个 INSTEAD OF 触发器 T_Istd2，防止用户对 SalesOrder 表的数据进行任何删除。

```
USE StoreSales
GO
CREATE TRIGGER T_Istd2              /* 创建 INSTEAD OF 触发器 T_Istd2 */
  ON SalesOrder
INSTEAD OF DELETE
AS
  PRINT '不能对 SalesOrder 表进行删除操作'
GO
```

下面的语句删除 SalesOrder 表的记录：

```
USE StoreSales
DELETE SalesOrder
WHERE OrderID='S00003'
GO
```

语句执行结果：

```
不能对 SalesOrder 表进行删除操作
```

因而 SalesOrder 表的记录保持不变。

12.2.4　创建和使用 DDL 触发器

DDL 触发器在响应数据定义语言（DDL）语句时触发，它与 DML 触发器不同的是，它们不会为响应表或视图的 UPDATE、INSERT 或 DELETE 语句而被触发，与此相反，它们将为了响应 DDL 语言的 CREATE、ALTER 和 DROP 语句而被触发。

DDL 触发器一般用于以下目的：

- 用于管理任务，例如，审核和控制数据库操作。
- 防止对数据库结构进行某些更改。
- 希望数据库中发生某种情况以响应数据库结构中的更改。
- 记录数据库结构中的更改或事件。

1. 创建 DDL 触发器

创建 DDL 触发器语法格式如下。

语法格式:

```
CREATE TRIGGER trigger_name
  ON { ALL SERVER | DATABASE }
  [ WITH ENCRYPTION ]
  { FOR | AFTER } { event_type | event_group } [ ,...n ]
AS  sql_statement [ ; ] [ ...n ]
```

说明:

● ALL SERVER 是指将当前 DDL 触发器的作用域应用于当前服务器。ALL DataBase 是指将当前 DDL 触发器的作用域应用于当前数据库。

● event_type: 表示执行之后将导致触发 DDL 触发器的 T-SQL 语句事件的名称。

● event_group: 预定义的 T-SQL 语句事件分组的名称。

其他选项与创建 DML 触发器的语法格式中的选项相同。

2. 使用 DDL 触发器

【例 12.19】 在 StoreSales 数据库上创建一个触发器 T_Db,防止用户对该数据库中任一表的修改和删除。

```
USE StoreSales
GO
CREATE TRIGGER T_Db                              /* 创建 DDL 触发器 T_Db */
  ON DATABASE
AFTER DROP_TABLE, ALTER_TABLE
AS
BEGIN
   PRINT '不能对表进行修改和删除'
   ROLLBACK TRANSACTION          /* 回滚到表的修改和删除操作之前的状态 */
END
GO
```

下面的语句修改 StoreSales 数据库上 Employee 表的结构,增加一列:

```
USE StoreSales
ALTER TABLE Employee ADD Telephone char(11)
GO
```

语句执行结果:

```
不能对表进行修改和删除
消息 3609,级别 16,状态 2,第 2 行
事务在触发器中结束。批处理已中止。
```

Employee 表的结构保持不变。

12.2.5 触发器的管理

触发器的管理包括修改触发器、删除触发器、启用或禁用触发器等内容。

1. 修改触发器

修改触发器有两种方式：使用 ALTER TRIGGER 语句或使用图形界面方式。

（1）使用 ALTER TRIGGER 语句修改触发器

修改触发器使用 ALTER TRIGGER 语句，修改触发器包括修改 DML 触发器和修改 DDL 触发器，下面分别介绍。

① 修改 DML 触发器

修改 DML 触发器的语法格式如下。

语法格式：

```
ALTER TRIGGER schema_name.trigger_name
  ON ( table | view )
  [ WITH ENCRYPTION ]
  ( FOR | AFTER | INSTEAD OF )
     { [ DELETE ] [ , ] [ INSERT ] [ , ] [ UPDATE ] }
  [ NOT FOR REPLICATION ]
  AS sql_statement [ ; ] [ ...n ]
```

② 修改 DDL 触发器

修改 DDL 触发器的语法格式如下。

语法格式：

```
ALTER TRIGGER trigger_name
  ON { DATABASE | ALL SERVER }
  [ WITH ENCRYPTION ]
  { FOR | AFTER } { event_type [ ,...n ] | event_group }
  AS sql_statement [ ; ]
```

【例 12.20】 修改在 StoreSales 数据库中 Employee 表上创建的触发器 T_Empl，在 Employee 表插入、修改、删除数据时，输出 inserted 和 deleted 表中的所有记录。

```
USE StoreSales
GO
ALTER TRIGGER T_Empl             /* 修改 DDL 触发器 T_Empl */
  ON Employee
AFTER INSERT, DELETE, UPDATE
AS
BEGIN
  PRINT 'inserted:'
  SELECT * FROM inserted
  PRINT 'deleted:'
  SELECT * FROM deleted
END
GO
```

下面的语句删除 Employee 表中的一条记录：

```
USE StoreSales
DELETE FROM Employee WHERE EmplID='E002'
```

```
GO
```

语句执行结果：

```
inserted:
EmplID EmplName Sex Birthday  Address        Wages        DeptID
------ -------- ---- --------- -------------- ------------ ------------


deleted:
EmplID EmplName Sex  Birthday  Address        Wages        DeptID
------ -------- ---- --------- -------------- ------------ ------------
E002   罗秀文    女   1988-05-28 通顺街 64 号    3200.00      D002
```

所显示的 deleted 表中的记录为 Employee 表所删除的记录。

（2）使用图形界面方式修改触发器

【例 12.21】 使用图形界面方式修改 Employee 表上的 T_Empl 触发器。

操作步骤如下：

① 启动 SQL Server Management Studio，在对象资源管理器中，展开"数据库"节点，选中 StoreSales 数据库，展开该数据库节点，选中"表"节点并展开，选中 Employee 表节点并展开，选中"触发器"节点并展开，右键单击"T_Empl"触发器，在弹出的快捷菜单中选择"修改"命令。

② 出现触发器脚本编辑窗口，可在该窗口中修改相关的 T-SQL 语句。修改完成后，单击"执行"按钮 ! 执行(X)，若执行成功，则修改了触发器。

2. 删除触发器

删除触发器可使用 DROP TRIGGER 语句或图形界面方式。

（1）使用 DROP TRIGGER 语句删除触发器

删除触发器使用 DROP TRIGGER 语句，其语法格式如下。

语法格式：

```
DROP TRIGGER schema_name.trigger_name [ ,...n ] [ ; ]      /*删除 DML 触发器*/
DROP TRIGGER trigger_name [ ,...n ] ON { DATABASE | ALL SERVER }[ ; ]
                                                           /*删除 DDL 触发器*/
```

【例 12.22】 删除 DML 触发器 T_Empl。

```
DROP TRIGGER T_Empl
```

【例 12.23】 删除 DDL 触发器 T_Db。

```
DROP TRIGGER T_Db ON DATABASE
```

（2）使用图形界面方式删除触发器

【例 12.24】 使用图形界面方式删除触发器 T_Ins。

操作步骤如下：

① 启动 SQL Server Management Studio，在对象资源管理器中，展开"数据库"节点，

选中 StoreSales 数据库，展开该数据库节点，选中"表"节点并展开，选中 Employee 表节点并展开，选中"触发器"节点并展开，右键单击 T_Ins 触发器，在弹出的快捷菜单中选择"删除"命令。

② 出现"删除对象"窗口，单击"确定"按钮即可删除触发器 T_Ins。

3. 启用或禁用触发器

触发器创建之后便启用了，如果暂时不需要使用某个触发器，可以禁用该触发器。禁用的触发器并没有被删除，仍然存储在当前数据库中，但在执行触发操作时，该触发器不会被调用。

启用或禁用触发器可以使用 ENABLE/DISABLE TRIGGER 语句或图形界面方式。

（1）使用 DISABLE TRIGGER 语句禁用触发器和使用 ENABLE TRIGGER 语句启用触发器

使用 DISABLE TRIGGER 语句禁用触发器，语法格式如下。

语法格式：

```
DISABLE TRIGGER { [ schema_name .] trigger_name [,...n] | ALL }
ON { object_name | DATABASE | ALL SERVER } [ ; ]
```

其中，trigger_name 是要禁用的触发器的名称，object_name 是创建 DML 触发器 trigger_name 的表或视图的名称。

使用 ENABLE TRIGGER 语句启用触发器，语法格式如下。

语法格式：

```
ENABLE TRIGGER { [ schema_name .] trigger_name [,...n] | ALL }
ON { object_name | DATABASE | ALL SERVER } [ ; ]
```

其中，trigger_name 是要启用的触发器的名称，object_name 是创建 DML 触发器 trigger_name 的表或视图的名称。

【例 12.25】 使用 DISABLE TRIGGER 语句禁用 Employee 表上的触发器 T_Del。

```
USE StoreSales
GO
DISABLE TRIGGER T_Del ON Employee
GO
```

【例 12.26】 使用 ENABLE TRIGGER 语句启用 Employee 表上的触发器 T_Del。

```
USE StoreSales
GO
ENABLE TRIGGER T_Del ON Employee
GO
```

（2）使用图形界面方式禁用触发器

【例 12.27】 使用图形界面方式禁用 Employee 表上触发器 T_Upd。

操作步骤如下：

① 启动 SQL Server Management Studio，在对象资源管理器中，展开"数据库"节点，

选中 StoreSales 数据库，展开该数据库节点，选中"表"节点并展开，选中 Employee 表节点并展开，选中"触发器"节点并展开，右键单击 T_Upd 触发器，在弹出的快捷菜单中选择"禁用"命令。

② 如果该触发器已禁用，在这里选用"启用"命令即可启用该触发器。

12.3　用户定义函数

用户定义函数是用户定义的 T-SQL 函数，必须有一个 RETURN 语句，用于返回函数值，返回值可以是单独的数值或一个表。

12.3.1　用户定义函数概述

用户定义函数是用户根据自己需要定义的函数，用户定义函数有以下优点：

- 允许模块化程序设计。
- 执行速度更快。
- 减少网络流量。

用户定义函数分为两类：标量函数和表值函数。

- 标量函数：返回值为标量值，即返回单个数据值。
- 表值函数：返回值为表值，返回值不是单个数据值，而是由一个表值代表的记录集，即返回 table 数据类型。

表值函数分为两种：

- 内联表值函数：RETURN 子句中包含单个 SELECT 语句。
- 多语句表值函数：在 BEGIN…END 语句块中包含多个 SELECT 语句。

12.3.2　用户定义函数的定义和调用

1. 标量函数

（1）标量函数的定义

定义标量函数的语法格式如下。

语法格式：

```
CREATE FUNCTION [ schema_name. ] function_name        /*函数名部分*/
( [ { @parameter_name [ AS ][ type_schema_name. ] parameter_data_type
                                                      /*形参定义部分*/
  [ = default ] [ READONLY ] } [ ,...n ] ])
RETURNS return_data_type                              /*返回参数的类型*/
  [ WITH <function_option> [ ,...n ] ]                /*函数选项定义*/
  [ AS ]
  BEGIN
    function_body                                     /*函数体部分*/
    RETURN scalar_expression                          /*返回语句*/
  END
```

242

```
    [ ; ]
```

其中：

```
<function_option>::=
{
  [ ENCRYPTION ]
  | [ SCHEMABINDING ]
  | [ RETURNS NULL ON NULL INPUT | CALLED ON NULL INPUT ]
}
```

说明：

● function_name: 用户定义函数名。函数名必须符合标识符的规则，对其架构来说，该名在数据库中必须是唯一的。

● @parameter_name: 用户定义函数的形参名。CREATE FUNCTION 语句中可以声明一个或多个参数，用@符号作为第一个字符来指定形参名，每个函数的参数局限于该函数。

● parameter_data_type: 参数的数据类型。可为系统支持的基本标量类型，不能为 timestamp 类型、用户定义数据类型、非标量类型（如 cursor 和 table）。type_schema_name 为参数所属的架构名。[= default]可以设置参数的默认值。如果定义了 default 值，则无须指定此参数的值即可执行函数。READONLY 选项用于指定不能在函数定义中更新或修改的参数。

● return_data_type: 函数使用 RETURNS 语句指定用户定义函数的返回值类型。scalar_return_data_type 可以是 SQL Server 支持的基本标量类型，但 text、ntext、image 和 timestamp 除外。使用 RETURNS 语句函数将返回 scalar_expression 表达式的值。

● function_body: 由 T-SQL 语句序列构成的函数体。

● <function_option>: 标量函数的选项。

根据上述语法格式，得出定义标量函数形式如下：

```
CREATE FUNCTION [所有者名.] 函数名
( 参数 1 [AS] 类型 1 [ = 默认值 ] ) [ ,...参数 n [AS] 类型 n [ = 默认值 ] ] ] )
RETURNS 返回值类型
[ WITH 选项 ]
[ AS ]
BEGIN
  函数体
  RETURN 标量表达式
END
```

【例 12.28】 定义一个标量函数 F_Avg，输入部门号，返回该部门员工的平均年龄。
① 为了计算员工的平均年龄，首先创建部门号和年龄的视图 V_Age。

```
USE StoreSales
IF EXISTS(SELECT name FROM sysobjects WHERE name='V_Age' AND type='v')
  DROP VIEW V_Age
```

243

```
GO
CREATE VIEW V_Age
  AS
  SELECT DeptID, DATEPART(yyyy,GETDATE( ))-DATEPART(yyyy,Birthday) AS Age
          /* 由当前日期的年代减去出生日期年代取得年龄，指定该表达式名称为 Age */
  FROM Employee
GO
```

② 创建用户定义标量函数 F_Avg，按输入的部门号返回员工的平均年龄。

```
USE StoreSales
IF EXISTS(SELECT name FROM sysobjects WHERE name='F_Avg' AND type='FN')
  DROP FUNCTION F_Avg
GO
CREATE FUNCTION F_Avg(@DtID char(4))
        /* 创建用户定义标量函数 F_Avg，@DtID 为该函数的形参，对应实参为部门号 */
RETURNS int                            /* 函数的返回值类型为整数类型 */
  AS
  BEGIN
    DECLARE @AvgAge int                /* 定义变量@AvgAge 为整数类型 */
    SELECT @AvgAge=
      ( SELECT AVG(Age)
        FROM V_Age
        WHERE DeptID=@DtID
      )
      /* 由实参指定的部门号传递给形参@DtID 作为查询条件，查询统计出该部门的平均年
龄 */
      RETURN @AvgAge                   /* 返回该专业部门平均年龄的标量值 */
    END
  GO
```

（2）标量函数的调用

调用用户定义的标量函数，有以下两种方式：

① 用 SELECT 语句调用

用 SELECT 语句调用标量函数的调用形式如下：

架构名.函数名(实参1,…,实参 n)

其中，实参可为已赋值的局部变量或表达式。

【例 12.29】 使用 SELECT 语句，对上例定义的 F_Avg 函数进行调用。

```
USE StoreSales
DECLARE @DtID char(4)
DECLARE @Dept int
SELECT @DtID = 'D001'
SELECT @Dept=dbo.F_Avg(@DtID)
SELECT @Dept AS 'D001 部门员工的平均年龄'
```

该语句使用 SELECT 语句对 spe_av 标量函数进行调用。

语句执行结果：

```
D001 部门员工的平均年龄
----------------------------------------
37
```

② 用 EXECUTE（EXEC）语句调用

用 EXECUTE（EXEC）语句调用标量函数的调用形式如下：

```
EXEC 变量名=架构名.函数名 实参 1,…,实参 n
```

或

```
EXEC 变量名=架构名.函数名 形参名 1=实参 1,…, 形参名 n=实参 n
```

【例 12.30】 使用 EXEC 语句，对上例定义的 F_Avg 函数进行调用。

```
DECLARE  @Dept int
EXEC @Dept=dbo.F_Avg  @DtID = 'D002'
SELECT @Dept AS 'D002 部门员工的平均年龄'
```

该语句使用 EXEC 语句对 F_Avg 标量函数进行调用。

语句执行结果：

```
D002 部门员工的平均年龄
----------------------------------------
30
```

2. 内联表值函数

标量函数只返回单个标量值，而内联表值函数返回表值（结果集）。

（1）内联表值函数的定义

定义内联表值函数的语法格式如下。

语法格式：

```
CREATE FUNCTION [ schema_name. ] function_name   /*定义函数名部分*/
( [ { @parameter_name [ AS ] [ type_schema_name. ] parameter_data_type
  [ = default ] } [ ,...n ] ])                    /*定义参数部分*/
RETURNS TABLE                                      /*返回值为表类型*/
  [ WITH <function_option> [ ,...n ] ]             /*定义函数的可选项*/
  [ AS ]
  RETURN [ ( ] select_stmt [ ) ]                   /*通过 SELECT 语句返回内嵌表*/
[ ; ]
```

说明：

在内联表值函数中，RETURNS 子句只包含关键字 TABLE，RETURNS 子句在括号中包含单个 SELECT 语句，SELECT 语句的结果集构成函数所返回的表。

【例 12.31】 定义由商品类型代码查询商品号、商品名称和库存量的内联表值函数 F_GoodsInfo。

```
USE StoreSales
IF EXISTS(SELECT * FROM sysobjects WHERE name='F_GoodsInfo' AND (type='if' OR
type='tf'))
    DROP FUNCTION F_GoodsInfo
GO
CREATE FUNCTION F_GoodsInfo(@Class char(6))
    /* 创建用户定义内联表值函数 F_GoodsInfo,@Class 为该函数的形参,对应实参为商品
类型代码值 */
    RETURNS TABLE    /* 函数的返回值类型为 table 类型,没有指定表结构 */
    AS
    /* 由实参指定的商品类型代码值传递给形参@Class 作为查询条件,查询出该商品类型的商
品情况,返回查询结果集构成的表 */
    RETURN
    (
      SELECT GoodsID, GoodsName, StockQuantity
      FROM Goods
      WHERE Classification=@Class
    )
GO
```

（2）内联表值函数的调用

内嵌表值函数只能通过 SELECT 语句调用,调用时,可以仅使用函数名。

【例 12.32】 使用 SELECT 语句,对上例定义的 F_GoodsInfo 函数进行调用。

```
USE StoreSales
SELECT * FROM F_GoodsInfo('10')
```

该语句使用 SELECT 语句对 F_GoodsInfo 内联表值函数进行调用。

语句执行结果：

```
GoodsID  GoodsName                 StockQuantity
-------  ------------------------  -------------------------
1001     Microsoft Surface Pro 4   12
1002     Apple iPad Pro            12
1004     DELL XPS12 9250           10
```

3. 多语句表值函数

多语句表值函数与内联表值函数均返回表值,它们的区别是：多语句表值函数需要
定义返回表的类型,返回表是多个 T-SQL 语句的结果集,其在 BEGIN…END 语句块中
包含多个 T-SQL 语句;内联表值函数不需要定义返回表的类型,返回表是单个 T-SQL 语
句的结果集,不需要用 BEGIN…END 分隔。

（1）多语句表值函数的定义

定义多语句表值函数的语法格式如下。

语法格式：

```
CREATE FUNCTION [ schema_name. ] function_name    /*定义函数名部分*/
```

246

```
( [ { @parameter_name [ AS ] [ type_schema_name. ] parameter_data_type
  [ = default ] } [ ,...n ] ])                        /*定义函数参数部分*/
RETURNS @return_variable TABLE < table_type_definition >
                                                       /*定义作为返回值的表*/
  [ WITH <function_option> [ ,...n ] ]                 /*定义函数的可选项*/
  [ AS ]
  BEGIN
    function_body                                      /*定义函数体*/
    RETURN
  END
[ ; ]
```

其中：

```
<table_type_definition>:: =                            /*定义表*/
( { <column_definition> <column_constraint> }
  [ <table_constraint>
```

说明：

@return_variable 为表变量，function_body 为 T-SQL 语句序列，table_type_definition 为定义表结构的语句，语法格式中其他项定义与标量函数相同。

【例 12.33】 定义由订单号查询商品号、商品名称、折扣总价、总金额的多语句表值函数 F_SalesInfo。

```
USE StoreSales
GO
CREATE FUNCTION F_SalesInfo(@OdId char(6))
    /* 创建用户定义多语句表值函数 F_SalesInfo，@OdId 为该函数的形参，对应实参为
订单号值 */
RETURNS @SalesInfo TABLE
    /* 函数的返回值类型为 table 类型，返回表为@SalesInfo，指定了表结构，定义了
列属性 */
  (
    OdId char(6),
    GdId char(4),
    GdName char(30),
    DtTotal money,
    Ct money
  )
  AS
    BEGIN
      INSERT @SalesInfo
        /* 向@SalesInfo 表插入满足条件的记录 */
      SELECT a.OrderID, b.GoodsID, GoodsName, DiscountTotal, Cost
        FROM SalesOrder a,OrderDetail b, Goods c
        WHERE a.OrderID=b.OrderID AND b.GoodsID=c.GoodsID AND a.OrderID= @OdId
        /* 由实参指定的订单号值传递给形参@OdId 作为查询条件，查询出商品号、商品
名称、折扣总价、总金额，通过 INSERT 语句插入到 @SalesInfo 表中 */
```

```
        RETURN
      END
  GO
```

（2）多语句表值函数的调用

多语句表值函数的调用只能通过 SELECT 语句调用，调用时，可以仅使用函数名。

【例 12.34】 使用 SELECT 语句，对上例定义的 F_SalesInfo 函数进行调用。

```
USE StoreSales
SELECT * FROM F_SalesInfo('S00001')
```

该语句使用 SELECT 语句对 F_SalesInfo 多语句表值函数进行调用。

语句执行结果：

OdId	GdId	GdName	DtTotal	Ct
S00001	1004	DELL XPS12 9250	14847.30	25825.50
S00001	3002	HP ML10 GEN9	10978.20	25825.50

4. 使用图形界面方式创建用户定义函数

使用图形界面方式创建用户定义函数的操作步骤如下：

（1）启动 SQL Server Management Studio，在对象资源管理器中，展开"数据库"节点，选中 StoreSales 数据库，展开该数据库节点，展开"可编程性"节点，展开"函数"节点，右键单击"标量值函数"选项，在弹出的快捷菜单中选择"新建标量值函数"命令，出现标量函数定义模板界面。

（2）在该界面中编写脚本，完成后执行该脚本，完成标量函数的创建。

12.3.3 用户定义函数的删除

删除用户定义函数有以下两种方法。

1. 使用 T-SQL 语句删除

使用 T-SQL 语句删除用户定义函数的语法格式如下。

语法格式：

```
DROP FUNCTION { [ schema_name. ] function_name } [ ,...n ]
```

其中，function_name 是指要删除的用户定义函数的名称。可以一次删除一个或多个用户定义函数。

2. 通过对象资源管理器删除

启动 SQL Server Management Studio，在对象资源管理器中，展开"数据库"节点，选中 StoreSales 数据库，展开该数据库节点，展开"可编程性"节点，展开"函数"节点，展开"标量值函数"节点或"表值函数"节点，选择要删除的用户定义函数，单击鼠标右键，在弹出的快捷菜单中选择"删除"命令，在弹出的"删除对象"窗口中单击"确定"按钮。

12.4 游标

由 SELECT 语句返回的完整行集称为结果集，应用程序特别是嵌入到 T-SQL 语句中的应用程序，并不总能将整个结果集作为一个单元来有效地处理，这些应用程序需要一种机制以便每次处理一行或一部分行，游标就是提供这种机制的对结果集的一种扩展。

12.4.1 游标概述

由 SELECT 语句返回的完整行集称为结果集，使用 SELECT 语句进行查询时可以得到这个结果集，但有时用户需要对结果集中的某一行或部分行进行单独处理，这在 SELECT 的结果集中无法实现，游标（Cursor）就是提供这种机制的对结果集的一种扩展，SQL Server 通过游标提供了对一个结果集进行逐行处理的能力。

游标包括以下两部分的内容：

- 游标结果集：定义游标的 SELECT 语句返回的结果集的集合。
- 游标当前行指针：指向该结果集中某一行的指针。

游标具有下列优点：

- 允许定位在结果集的特定行。
- 从结果集的当前位置检索一行或一部分行。
- 支持对结果集中当前位置的行进行数据修改。
- 为由其他用户对显示在结果集中的数据库数据所做的更改提供不同级别的可见性支持。
- 提供脚本、存储过程和触发器中用于访问结果集中的数据的 Transact-SQL 语句。
- 使用游标可以在查询数据的同时对数据进行处理。

12.4.2 游标的基本操作

游标的基本操作包括声明游标、打开游标、提取数据、关闭游标和删除游标。

使用游标的基本过程如下：

- 声明 T-SQL 变量。
- 使用 DECLARE CURSOR 语句声明游标。
- 使用 OPEN 语句打开游标。
- 使用 FETCH 语句提取数据。
- 使用 CLOSE 语句关闭游标。
- 使用 DEALLOCATE 语句删除游标。

1. 声明游标

声明游标使用 DECLARE CURSOR 语句，语法格式如下。

语法格式：

```
DECLARE cursor_name [ INSENSITIVE ] [ SCROLL ] CURSOR
   FOR select_statement
   [ FOR { READONLY | UPDATE [ OF column_name [ ,…n ] ] } ]
```

说明：

● cursor_name：游标名，它是与某个查询结果集相联系的符号名。

● INSENSITIVE：指定系统将创建供所定义的游标使用的数据的临时复本，对游标的所有请求都从 tempdb 中的该临时表中得到应答；因此，在对该游标进行提取操作时，返回的数据中不反映对基表所做的修改，并且该游标不允许修改。如果省略 INSENSITIVE，则任何用户对基表提交的删除和更新都反映在后面的提取中。

● SCROLL：说明所声明的游标可以前滚、后滚，可使用所有的提取选项（FIRST、LAST、PRIOR、NEXT、RELATIVE、ABSOLUTE）。如果省略 SCROLL，则只能使用 NEXT 提取选项。

● select_statement：SELECT 语句，由该查询产生与所声明的游标相关联的结果集。该 SELECT 语句中不能出现 COMPUTE、COMPUTE BY、INTO 或 FOR BROWSE 关键字。

● READONLY：说明所声明的游标为只读的。

2. 打开游标

游标声明而且被打开以后，游标位置位于第一行。打开游标使用 OPEN 语句，其语法格式如下。

语法格式：

```
OPEN { { [ GLOBAL ] cursor_name } | cursor_variable_name }
```

其中，cursor_name 是要打开的游标名，cursor_variable_name 是游标变量名，该名称引用一个游标。GLOBAL 说明打开的是全局游标，否则打开局部游标。

【例 12.35】 使用游标 Cur_Empll，求员工表第一行的员工情况。

```
USE StoreSales
DECLARE Cur_Empl CURSOR FOR SELECT EmplID, EmplName, Sex, DeptID FROM
Employee
OPEN Cur_Empl
FETCH NEXT FROM Cur_Empl
CLOSE Cur_Empl
DEALLOCATE Cur_Empl
```

该语句定义和打开游标 Cur_Empl，求员工表第一行的员工情况。

语句执行结果：

```
EmplID   EmplName          Sex    DeptID
-----------  ----------------  -------  -------------------
E001     孙勇诚            男     D001
```

3. 提取数据

游标打开后，使用 FETCH 语句提取数据，语法格式如下。

语法格式：

```
[ [ NEXT | PRIOR | FIRST | LAST | ABSOLUTE { n | @nvar } | RELATIVE { n |
```

```
@nvar} ]
        FROM ]
    { { [ GLOBAL ] cursor_name } | @cursor_variable_name }
    [ INTO @variable_name [ ,…n ] ]
```

说明：

● cursor_name：要从中提取数据的游标名，@cursor_variable_name 游标变量名，引用要进行提取操作的已打开的游标。

● NEXT | PRIOR | FIRST | LAST：用于说明读取数据的位置。NEXT 说明读取当前行的下一行，并且使其置为当前行。如果 FETCH NEXT 是对游标的第一次提取操作，则读取的是结果集第一行，NEXT 为默认的游标提取选项。PRIOR 说明读取当前行的前一行，并且使其置为当前行。如果 FETCH PRIOR 是对游标的第一次提取操作，则无值返回且游标置于第一行之前。FIRST 读取游标中的第一行并将其作为当前行。LAST 读取游标中的最后一行并将其作为当前行。

● ABSOLUTE { n | @nvar }和 RALATIVE { n | @nvar }：给出读取数据的位置与游标头或当前位置的关系，其中 n 必须为整型常量，变量@nvar 必须为 smallint、tinyint 或 int 类型。

● INTO：将读取的游标数据存放到指定的变量中。

● GLOBAL：全局游标。

在提取数据时，用到的游标函数有@@CURSOR_STATUS，下面进行介绍。

@@ CURSOR_STATUS 函数用于返回上一条游标 FETCH 语句的状态，语法格式如下。

语法格式：

```
CURSOR_STATUS
(   { 'local' , 'cursor_name' }           /*指明数据源为本地游标*/
  | { 'global' , 'cursor_name' }          /*指明数据源为全局游标*/
  | { 'variable' , cursor_variable }      /*指明数据源为游标变量*/
)
```

其中，常量字符串 local、global 用于指定游标类型，local 表示为本地游标，global 表示为全局游标。参数 cursor_name 用于指定游标名。常量字符串 variable 用于说明其后的游标变量为一个本地变量，参数 cursor_variable 为本地游标变量名。@@CURSOR_STATUS 函数返回值如表 12.2 所示。

表 12.2 @@CURSOR_STATUS 函数返回值

返 回 值	说　　　明
0	FETCH 语句执行成功
−1	FETCH 语句执行失败
−2	被读取的记录不存在

【例 12.36】 使用游标 Cur_Empl2，求员工表各行的员工情况。

```
USE StoreSales
```

```
SET NOCOUNT ON
DECLARE @EmplID char(4), @EmplName char(8), @Sex char(2), @DeptID char(4)
                                              /* 声明变量 */
DECLARE Cur_Empl2 CURSOR                      /* 声明游标 */
        /* 查询产生与所声明的游标相关联的员工情况结果集 */
  FOR SELECT EmplID, EmplName, Sex, DeptID FROM Employee
OPEN Cur_Empl2                                /* 打开游标 */
FETCH NEXT FROM Cur_Empl2 INTO @EmplID, @EmplName, @Sex, @DeptID
                                              /* 提取第一行数据 */
        /* 查询产生与所声明的游标相关联的员工情况结果集 */
PRINT '员工号    姓名    性别   部门号   '      /* 打印表头 */
PRINT '-------------------------------'
WHILE @@fetch_status = 0                       /* 循环打印和提取各行数据 */
BEGIN
  PRINT CAST(@EmplID as char(8))+@EmplName+@Sex+'   '+CAST(@DeptID as char(6))
  FETCH NEXT FROM Cur_Empl2 INTO @EmplID, @EmplName, @Sex, @DeptID
END
CLOSE Cur_Empl2                                /* 关闭游标 */
DEALLOCATE Cur_Empl2                           /* 释放游标 */
```

该语句定义和打开游标 Cur_Empl2，为求员工表各行的员工情况，设置 WHILE 循环，在 WHILE 条件表达式中采用@@fetch_status 函数返回上一条游标 FETCH 语句的状态，当返回值为 0，FETCH 语句成功，循环继续进行，否则退出循环。

语句执行结果：

员工号	姓名	性别	部门号
E001	孙勇诚	男	D001
E002	罗秀文	女	D002
E003	刘强	男	D004
E004	徐莉思	女	D003
E005	廖小玉	女	D001
E006	李清林	男	D001

4. 关闭游标

游标使用完毕，要及时关闭。关闭游标使用 CLOSE 语句，语法格式如下。

语法格式：

```
CLOSE { { [ GLOBAL ] cursor_name } | @cursor_variable_name }
```

语句参数的含义与 OPEN 语句相同。

5. 删除游标

游标关闭后，如果不再需要游标，就应释放其定义所占用的系统空间，即删除游标。删除游标使用 DEALLOCATE 语句，语法格式如下。

语法格式：

```
DEALLOCATE { { [ GLOBAL ] cursor_name } | @cursor_variable_name }
```

语句参数的含义与 OPEN 和 CLOSE 语句相同。

12.5 应用举例

本章讲解了存储过程、触发器、用户定义函数和游标等内容，为进一步掌握数据库编程技术中的程序编写，分别结合对指定订单号输出订单信息和商品信息（例 12.37）、如果订单明细表中的数据在订单表中没有对应的订单号则不能插入数据（例 12.38）、返回指定员工姓名的销售信息（例 12.39）、对各专业课程平均分进行评价（例 12.40）等应用问题，介绍 T-SQL 语句的编写。

【例 12.37】 使用存储过程，对指定的订单号，输出订单信息和商品信息。

题目分析：

创建存储过程 P_OrderGoodsInfo，以订单号作为输入参数，订单信息和商品信息作为查询输出。

程序编写：

```
USE StoreSales
GO
CREATE PROCEDURE P_OrderGoodsInfo @OrderID char(6)
                    /* 参数@OrderID 是存储过程 P_OrderGoodsInfo 的输入参数 */
AS
SELECT b.OrderID AS 订单号, EmplName AS 姓名, GoodsName AS 商品名, Quantity
AS 销售数量, SaleUnitPrice AS 销售单价, DiscountTotal AS 折扣总价, Cost AS 总金额
    FROM Employee a, SalesOrder b, OrderDetail c, Goods d
    WHERE b.OrderID=@OrderID AND a.EmplID=b.EmplID AND b.OrderID=c.OrderID AND
c.GoodsID=d.GoodsID
    GO
```

程序分析：

该程序创建了存储过程 P_OrderGoodsInfo，其中，T-SQL 语句进行了订单表、订单明细表、商品表和员工表的连接，当订单号与输入参数值相等时，返回其订单信息和商品信息。

```
EXECUTE P_OrderGoodsInfo S00002
```

该语句执行存储过程 P_OrderGoodsInfo，将实参 S00002 传递给形参@OrderID。

程序执行结果：

订单号	姓名	商品名	销售数量	销售单价	折扣总价	总金额
S00002	孙勇诚	DELL XPS12 9250	6	5499.00	29694.60	41752.80
S00002	孙勇诚	DELL PowerEdgeT130	2	6699.00	12058.20	41752.80

【例 12.38】 使用触发器，如果插入订单明细表中的数据在订单表中没有对应的订单号，则将此记录删除，并提示不能插入。

题目分析：

在订单明细表上创建触发器 T_Insert，当执行 INSERT 操作时，新记录插入到订单明细表中，同时也添加到 inserted 表中，可从 inserted 表获取新记录的订单号，与订单表的订单号进行比较。如果订单表中无新记录的订单号，则从订单明细表中删除新记录并提示不能插入。

程序编写：

```
USE StoreSales
GO
CREATE TRIGGER T_Insert                /* 创建触发器 T_Insert */
ON OrderDetail
FOR INSERT
AS
DECLARE @OdID char(6)
SELECT @OdID=inserted.OrderID FROM inserted
IF NOT EXISTS(SELECT OrderID FROM SalesOrder WHERE SalesOrder.OrderID=@OdID)
    PRINT '不能插入在 SalesOrder 表中没有对应订单号的记录'
    DELETE OrderDetail WHERE OrderID=@OdID
GO
```

向订单明细表插入以下记录，该记录在订单表中没有对应的订单号。

```
USE StoreSales
INSERT INTO OrderDetail VALUES('S00006','1004',5499,3,16497,0.1,14847)
```

程序执行结果：

不能插入在 SalesOrder 表中没有对应订单号的记录。

由于向 OrderDetail 表中插入记录的订单号在 SalesOrder 表中不存在，出现上述运行结果，并且 OrderDetail 表的记录保持不变。

【例 12.39】 设计一个多语句表值函数，返回指定员工姓名的销售信息。

题目分析：

创建一个多语句表值函数 F_NameSalesInfo，对指定的员工姓名返回销售信息。

程序编写：

```
USE StoreSales
GO
CREATE FUNCTION F_NameSalesInfo(@EmplName char(16))
    /* 创建用户定义多语句表值函数 F_NameSalesInfo, @EmplName 为该函数的形参,
对应实参为员工姓名 */
RETURNS @SalesInfo TABLE
  (
    Name char(8),
    OdID char(6),
    DiscountTl money,
```

```
                Ct money
            )
            /* 函数的返回值类型为 table 类型,返回表@SalesInfo,定义了表的列 Name,OdID,
DiscountTl, Ct 及其属性 */
        AS
        BEGIN
          INSERT @SalesInfo(Name, OdID, DiscountTl, Ct)    /* 向@SalesInfo 表插
入满足条件的记录 */
            /* 由实参指定的课程值传递给形参 @EmplName 作为查询条件,查询统计出该员
工的销售信息,通过 INSERT 语句插入到@SalesInfo 表中 */
          SELECT EmplName, b.OrderID, DiscountTotal, Cost
            FROM Employee a, SalesOrder b, OrderDetail c
            WHERE  a.EmplID=b.EmplID  AND  c.OrderID=b.OrderID  AND  EmplName=
@EmplName
          RETURN
        END
    GO
```

程序分析：

该语句创建了一个多语句表值函数 F_NameSalesInfo，由实参指定的员工姓名传递给形参@EmplName 作为查询条件，查询统计出该员工的有关销售信息，通过 INSERT 语句插入到返回表@SpecAvg 中。

@SpecAvg 表包括 Name（员工姓名）列、OdID（订单号）列、DiscountTl（折扣总价）列和 Ct（总金额）列。

```
SELECT * FROM F_NameSalesInfo('李清林')
```

该语句使用 SELECT 语句对 F_NameSalesInfo 多语句表值函数进行调用，实参 '李清林' 为指定的员工姓名。

程序执行结果：

```
Name       OdID        DiscountTl           Ct
---------- ----------- -------------------- --------------------
李清林      S00003      14817.60             14817.60
```

【例 12.40】 对各专业课程平均分进行评价。

题目分析：

首先创建一个多语句表值函数 F_Average，对指定的课程名返回专业和平均分。然后创建一个游标 Cur_Evaluation，对各专业平均分进行评价，并打印出课程名、专业、平均分和等级。

程序编写 1：

创建用户定义多语句表值函数 F_Average。

```
USE StudentScore
GO
CREATE FUNCTION F_Average(@CourseName char(16))
        /* 创建用户定义多语句表值函数 F_Average, @CourseName 为该函数的形参, 对应
```

实参为课程值 */

```
        RETURNS @SpecAvg TABLE
          (
            Name char(16),
            Spec char(12),
            Average int
          )
```
/* 函数的返回值类型为 table 类型, 返回表@SpecAvg, 定义了表的列 Name, Spec, Average 及其属性 */

```
        AS
        BEGIN
          INSERT @SpecAvg(Name, Spec, Average)    /* 向 @SpecAvg 表插入满足条件
的记录 */
```
/* 由实参指定的课程值传递给形参 @CourseName 作为查询条件, 查询统计出该课程有关专业的平均成绩, 通过 INSERT 语句插入到@SpecAvg 表中 */

```
          SELECT CourseName, Speciality, AVG(Grade)
            FROM Student a, Score b, Course c
            WHERE   a.StudentID=b.StudentID   AND   c.CourseID=b.CourseID   AND
CourseName= @CourseName
            GROUP BY CourseName, speciality
            ORDER BY speciality
            RETURN
        END
GO
```

程序分析 1:

该语句创建了一个多语句表值函数 F_Average, 返回表@SpecAvg 包括 Name（课程名）列、Spec（专业）列和 Average（平均分）列。

由实参指定的课程值传递给形参 @CourseName 作为查询条件, 查询统计出该课程有关专业的平均成绩, 通过 INSERT 语句插入到@SpecAvg 表中。

程序编写 2:

定义和使用游标 Cur_Evaluation。

```
        USE StudentScore
        DECLARE @Name char(16), @Spec char(12), @Average int, @Level char(10)
                                                        /* 声明变量 */
        DECLARE Cur_Evaluation CURSOR                   /* 声明游标 */
            /*通过 SELECT 语句调用多语句表值函数 F_Average, 查询产生与所声明的游标相
关联的高等数学课程结果集*/
        FOR SELECT Name, Spec, Average from F_Average('高等数学')
        OPEN Cur_Evaluation                             /* 打开游标 */
        FETCH NEXT FROM Cur_Evaluation into @Name, @Spec, @Average   /* 提取第一行
数据 */
        PRINT '课程            专业            平均分   考试评价'
        PRINT '----------------------------------------------------'
        WHILE @@fetch_status = 0                        /* 循环打印和提取各行数据 */
          BEGIN
```

```
        SET @Level=CASE    /* 使用搜索型 CASE 函数将成绩转换为等级 */
          WHEN @Average>=90 THEN '优秀'
          WHEN @Average>=80 THEN '良好'
          WHEN @Average>=70 THEN '中等'
          WHEN @Average>=60 THEN '及格'
          ELSE '不及格'
        END
        PRINT @Name+' '+@Spec+'  '+CAST(@Average as char(10))+@Level
        FETCH NEXT FROM Cur_Evaluation into @Name, @Spec, @Average
    END
    CLOSE Cur_Evaluation                          /* 关闭游标 */
    DEALLOCATE Cur_Evaluation                     /* 释放游标 */
```

程序分析 2：

该程序声明游标 Cur_Evaluation 后，通过 SELECT 语句调用多语句表值函数 F_Average，实参为"高等数学"，查询产生与 Cur_Evaluation 相关联的 Name 列、Spec 列和 Average 列结果集，打开游标后，提取结果集第一行数据到@Name、@Spec、@Average 变量中。

在 WHILE 循环中，采用搜索型 CASE 函数对各专业平均分进行评价，将成绩转换为等级，循环提取各行数据和打印，完毕后，关闭游标，释放游标。

程序执行结果：

课程	专业	平均分	考试评价
高等数学	电子信息工程	83	良好
高等数学	计算机	90	优秀

12.6　小结

本章主要介绍了以下内容：

（1）存储过程（Stored Procedure）是一组完成特定功能的 T-SQL 语句集合，预编译后放在数据库服务器端，用户通过指定存储过程的名称并给出参数（如果该存储过程带有参数）来执行存储过程。存储过程的 T-SQL 语句编译以后可多次执行，由于 T-SQL 语句不需要重新编译，所以执行存储过程可以提高性能。存储过程分为用户存储过程、系统存储过程、扩展存储过程等。

（2）存储过程的创建和执行可采用 T-SQL 语句，也可采用图形界面方式。

T-SQL 创建存储过程的语句是 CREATE PROCEDURE，通过 EXECUTE（或 EXEC）命令可以执行一个已定义的存储过程。

参数用于在存储过程和调用方之间交换数据，输入参数允许调用方将数据值传递到存储过程，输出参数允许存储过程将数据值传递回调用方。

（3）修改和删除存储过程可以使用图形界面方式或使用 T-SQL 语句。

T-SQL 修改存储过程使用 ALTER PROCEDURE 语句，删除存储过程使用 DROP PROCEDURE 语句。

（4）触发器是一种特殊的存储过程，其特殊性主要体现在对特定表（或列）进行特定类型的数据修改时激发。SQL Server 提供约束和触发器两种主要机制来强制使用业务规则和数据完整性，触发器实现比约束更为复杂的限制。

（5）SQL Server 有两种常规类型的触发器：DML 触发器、DDL 触发器。

有两种方式创建 DML 触发器：使用图形界面或使用 T-SQL 语句，T-SQL 使用 CREATE TRIGGER 语句创建 DML 触发器。DML 触发器分为 AFTER 触发器和 INSTEAD OF 触发器。

AFTER 触发器为后触发型触发器，在引发触发器执行的语句中的操作都成功执行，并且所有约束检查已成功完成后，才执行触发器。在 AFTER 触发器中，一个表可以创建多个给定类型的 AFTER 触发器。

INSTEAD OF 触发器为前触发型触发器，指定执行触发器的不是执行引发触发器的语句，而是替代引发触发器语句的操作。在表或视图上，每个 INSERT、UPDATE、DELETE 语句最多可以定义一个 INSTEAD OF 触发器。

DDL 触发器在响应数据定义语言 DDL 的 CREATE、ALTER 和 DROP 语句而激发。

（6）修改触发器有两种方式：使用图形界面方式或使用 ALTER TRIGGER 语句。删除触发器可使用图形界面方式或 DROP TRIGGER 语句。启用或禁用触发器可以使用图形界面方式或 ENABLE/DISABLE TRIGGER 语句。

（7）用户定义函数是用户根据自己需要定义的函数，用户定义函数分为标量函数和表值函数两类，其中的表值函数分为内联表值函数和多语句表值函数两种。

（8）由 SELECT 语句返回的完整行集称为结果集，使用 SELECT 语句进行查询时可以得到这个结果集，但有时用户需要对结果集中的某一行或部分行进行单独处理，这在 SELECT 的结果集中无法实现，游标（Cursor）就是提供这种机制的对结果集的一种扩展，SQL Server 通过游标提供了对一个结果集进行逐行处理的能力。游标包括游标结果集和游标当前行指针两部分内容。

使用游标的基本过程：声明 T-SQL 变量，使用 DECLARE CURSOR 语句声明游标，使用 OPEN 语句打开游标，使用 FETCH 语句提取数据，使用 CLOSE 语句关闭游标，使用 DEALLOCATE 语句删除游标。

习 题 12

一、选择题

12.1 关于存储过程的描述正确的是_____。

    A. 存储过程的存在独立于表，它存放在客户端，供客户端使用

    B. 存储过程可以使用控制流语句和变量，增强了 SQL 的功能

    C. 存储过程只是一些 T-SQL 语句的集合，不能视为 SQL Server 的对象

    D. 存储过程在调用时会自动编译，因此使用方便

12.2 设有存储过程定义语句 CREATE PROC P1 @x int, @y int output, @z int output。下列调用该存储过程语句中，正确的是_____。

    A. EXEC P1 10, @a int output, @b int output

    B. EXEC P1 10, @a int, @b int output

C. EXEC P1 10, @a output, @b output

D. EXEC P1 10, @a, @b output

12.3　创建触发器的用处主要是_____。

  A. 提高数据查询效率   B. 实现复杂的约束

  C. 加强数据的保密性   D. 增强数据的安全性

12.4　当执行由 UPDATE 语句引发的触发器时，下列关于该触发器临时工作表的说法中，正确的是_____。

  A. 系统会自动产生 updated 表来存放更改前的数据

  B. 系统会自动产生 updated 表来存放更改后的数据

  C. 系统会自动产生 inserted 表和 deleted 表，用 inserted 表存放更改后的数据，用 deleted 表存放更改前的数据

  D. 系统会自动产生 inserted 表和 deleted 表，用 inserted 表存放更改前的数据，用 deleted 表存放更改后的数据

12.5　设某数据库在非工作时间（每天 8：00 以前、18：00 以后、周六和周日）不允许授权用户在职工表中插入数据。下列方法中能够实现此需求且最为合理的是_____。

  A. 建立存储过程   B. 建立后触发型触发器

  C. 定义内嵌表值函数   D. 建立前触发型触发器

12.6　SQL Server 声明游标的 T-SQL 语句是_____。

  A. DECLARE CURSOR   B. ALTER CURSOR

  C. SET CURSOR   D. CREATE CURSOR

12.7　下列关于游标的说法中，错误的是_____。

  A. 游标允许用户定位到结果集中的某行

  B. 游标允许用户读取结果集中当前行位置的数据

  C. 游标允许用户修改结果集中当前行位置的数据

  D. 游标中有个当前行指针，该指针只能在结果集中单向移动

二、填空题

12.8　存储过程是一组完成特定功能的 T-SQL 语句集合，_____放在数据库服务器端。

12.9　T-SQL 创建存储过程的语句是_____。

12.10　触发器是一种特殊的存储过程，其特殊性主要体现在对特定表或列进行特定类型的数据修改时_____。

12.11　用户定义函数有标量函数、内联表值函数和_____三类。

12.12　SQL Server 通过游标提供了对一个结果集进行_____的能力。

三、问答题

12.13　什么是存储过程？使用存储过程有什么好处？

12.14　什么是存储过程的参数？有哪几种类型？

12.15　什么是触发器？其主要功能是什么？

12.16　INSERT 触发器、UPDATE 触发器和 DELETE 触发器有什么不同？

12.17 AFTER 触发器和 INSTEAD OF 触发器有什么不同？

12.18 举例说明用户定义函数的分类和使用方法。

12.19 简述游标的概念。

四、上机实验题

12.20 创建存储过程，对指定的商品类型的商品单价降 10%。

12.21 使用存储过程，对指定的商品类型，输出商品种类数。

12.22 设计一个存储过程 P_StudentInfo，输出所有学生学号、姓名、课程名和分数。

12.23 设计一个存储过程 P_SpecAvg 实现求指定专业（默认专业为'计算机'）的平均分。

12.24 设计一个存储过程 P_CourseNameAvg，求指定课程号的课程名和平均分。

12.25 设计一个触发器，当插入、删除、更新 Deparement 表时，显示 inserted 表和 deleted 表的记录的变化。

12.26 设计一个触发器，该触发器防止用户修改订单表中的总金额。

12.27 设计一个触发器，当删除 Teacher 表中一个记录时，自动删除 Course 表中该教师所上课程记录。

12.28 设计一个触发器，当插入或修改 Score 表中 Grade 列时，该触发器检查插入的数据是否在 0～100 范围内。

12.29 在 StoreSales 数据库上设计一个 DDL 触发器，当删除或修改任何表结构时，显示相应的提示信息。

12.30 设计一个多语句表值函数，返回指定商品类别的商品种类数。

12.31 编写一个程序，采用游标方式输出所有部门的人数。

12.32 编写一个程序，采用游标方式输出所有学号、课程号和成绩等级。

12.33 编写一个程序，采用游标方式输出各专业各课程的平均分。

第13章 事务和锁

事务是一系列的数据库操作，是数据库应用程序的基本逻辑单元，事务用于保证连续多个操作的全部完成，从而保证数据的完整性，锁定机制用于对多个用户进行并发控制。本章介绍事务原理、事务类型、事务模式、事务处理语句、锁定概述、并发影响、可锁定资源和锁模式、死锁等内容。

13.1 事务

事务（Transaction）是 SQL Server 中的一个逻辑工作单元，该单元被视为一个整体进行处理，事务保证连续多个操作必须全部执行成功，否则必须立即返回到任何操作执行前的状态，执行事务的结果是：要么全部将数据所要执行的操作完成，要么全部数据都不修改。

13.1.1 事务原理

事务是作为一个逻辑工作单元执行的一系列操作，事务的处理必须满足 ACID 原则，即原子性（Atomicity）、一致性（Consistency）、隔离性（Isolation）和持久性（Durability）。

（1）原子性

事务必须是原子工作单元，即事务中包括的操作要么全执行，要么全不执行。

（2）一致性

事务在完成时，必须使所有的数据都保持一致状态。在相关数据库中，所有规则都必须应用于事务的修改，以保持所有数据的完整性。事务结束时，所有的内部数据结构都必须是正确的。

（3）隔离性

一个事务的执行不能被其他事务干扰。即一个事务内部的操作及使用的数据对其他并发事务是隔离的，并发执行的各个事务间不能互相干扰。事务查看数据时，数据所处的状态要么是另一并发事务修改它之前的状态，要么是另一事务修改它之后的状态，这称为事务的可串行性。因为它能够重新装载起始数据，并且重播一系列事务，以使数据结束时的状态与原始事务执行的状态相同。

（4）持久性

持久性是指一个事务一旦提交，它对数据库中数据的改变就应该是永久的。即使以后出现系统故障也不应该对其执行结果有任何影响。

13.1.2 事务类型

SQL Server 的事务可分为两类：系统提供的事务和用户定义的事务。

1. 系统提供的事务

系统提供的事务是指在执行某些 T-SQL 语句时，一条语句就构成了一个事务，这些语句如下：

CREATE, ALTER TABLE, DROP, INSERT, DELETE, UPDATE, SELECT, REVOKE, GRANT, OPEN, FETCH。

例如，执行如下的创建表语句：

```
CREATE TABLE course
(
    cno char(3) NOT NULL PRIMARY KEY,
    cname char(16) NOT NULL,
    credit int NULL,
    tno char (6) NULL,
)
```

这条语句本身就构成了一个事务，它要么建立起含 4 列的表结构，要么不能创建含 4 列的表结构，不会建立起含 1 列、2 列或 3 列的表结构。

2. 用户定义的事务

在实际应用中，大部分使用的是用户定义的事务。用户定义的事务用 BEGIN TRANSACTION 指定一个事务的开始，用 COMMIT 或 ROLLBACK 指定一个事务的结束。

注意：在用户定义的事务中，必须明确指定事务的结束，否则系统将把从事务开始到用户关闭连接前的所有操作都作为一个事务来处理。

13.1.3 事务模式

SQL Server 通过三种事务模式管理事务。

1. 自动提交事务模式

每条单独的语句都是一个事务。在此模式下，每条 T-SQL 语句在成功执行完成后，都被自动提交，如果遇到错误，则自动回滚该语句。该模式为系统默认的事务管理模式。

2. 显式事务模式

该模式允许用户定义事务的启动和结束。事务以 BEGIN TRANSACTION 语句显式开始，以 COMMIT 或 ROLLBACK 语句显式结束。

3. 隐性事务模式

隐性事务不需要使用 BEGIN TRANSACTION 语句标识事务的开始，但需要以 COMMIT 或 ROLLBACK 语句来提交或回滚事务。在当前事务完成提交或回滚后，新事务自动启动。

13.1.4 事务处理语句

应用程序主要通过指定事务启动和结束的时间来控制事务，可以使用 T-SQL 语句来控制事务的启动和结束。事务处理语句包括 BEGIN TRANSACTION、COMMIT

TRANSACTION、ROLLBACK TRANSACTION。

1. BEGIN TRANSACTION 语句

BEGIN TRANSACTION 语句用来标识一个事务的开始，语法格式如下。

语法格式：

```
BEGIN { TRAN | TRANSACTION }
    [ { transaction_name | @tran_name_variable }
    [ WITH MARK [ 'description' ] ]
    ]
[ ; ]
```

说明：

● transaction_name：分配给事务的名称，必须符合标识符规则，但标识符所包含的字符数不能大于32。

● @tran_name_variable：用户定义的、含有有效事务名称的变量的名称。

● WITH MARK ['description']：指定在日志中标记事务。description 是描述该标记的字符串。

BEGIN TRANSACTION 语句的执行使全局变量@@TRANCOUNT 的值加 1。

注意： 显式事务的开始可使用 BEGIN TRANSACTION 语句。

2. COMMIT TRANSACTION 语句

COMMIT TRANSACTION 语句是提交语句，它使得自从事务开始以来所执行的所有数据修改成为数据库的永久部分，也用来标识一个事务的结束，语法格式如下。

语法格式：

```
COMMIT { TRAN | TRANSACTION } [ transaction_name | @tran_name_variable ] ]
[ ; ]
```

说明：

● transaction_name：SQL Server 数据库引擎忽略此参数，transaction_name 指定由前面的 BEGIN TRANSACTION 分配的事务名称。

● @tran_name_variable：用户定义的、含有有效事务名称的变量的名称。

COMMIT TRANSACTION 语句的执行使全局变量@@TRANCOUNT 的值减 1。

注意： 隐性事务或显式事务的结束可使用 COMMIT TRANSACTION 语句。

【例 13.1】 建立一个显式事务以显示商店销售数据库的员工表数据。

```
BEGIN TRANSACTION
  USE StoreSales
  SELECT * FROM Employee
COMMIT TRANSACTION
```

该语句创建的显式事务以 BEGIN TRANSACTION 语句开始，以 COMMIT TRANS-

ACTION 语句结束。

【例 13.2】 建立一个显式命名事务，删除部门表和员工表中部门号为 D003 的记录行。

```
DECLARE @TranName char(20)
SELECT @TranName='TranDel'
BEGIN TRANSACTION @TranName
    DELETE FROM Department WHERE DeptID='D003'
    DELETE FROM Employee WHERE DeptID='D003'
COMMIT TRANSACTION TranDel
```

该语句创建的显式命名事务以删除部门表和员工表中部门号为 D003 的记录行，在 BEGIN TRANSACTION 和 COMMIT TRANSACTION 语句之间的所有语句作为一个整体，当执行到 COMMIT TRANSACTION 语句时，事务对数据库的更新操作才确认。

【例 13.3】 建立一个隐性事务，插入部门表和员工表部门号为 D003 的记录行。

```
SET IMPLICIT_TRANSACTIONS ON        /*启动隐性事务模式*/
GO
                                    /*第一个事务由 INSERT 语句启动*/
USE StoreSales
INSERT INTO Department VALUES  ('D003','物资部')
COMMIT TRANSACTION                  /*提交第一个隐性事务*/
GO
                                    /*第二个隐性事务由 SELECT 语句启动*/
USE StoreSales
SELECT COUNT(*) FROM Employee
INSERT INTO Employee VALUES ('E004','徐莉思','女','1985-07-16','公司集体宿
舍',3800,'D003')
COMMIT TRANSACTION                  /*提交第二个隐性事务*/
GO
SET IMPLICIT_TRANSACTIONS OFF       /*关闭隐性事务模式*/
GO
```

该语句启动隐性事务模式后，由 COMMIT TRANSACTION 语句提交了两个事务，第一个事务在 Department 表中插入一条记录，第二个事务统计 Employee 表的行数并插入一条记录。隐性事务不需要 BEGIN TRANSACTION 语句标识开始位置，而由第一个 T-SQL 语句启动，直到遇到 COMMIT TRANSACTION 语句结束。

3. ROLLBACK TRANSACTION 语句

ROLLBACK TRANSACTION 语句是回滚语句，它使得事务回滚到起点或指定的保存点处，也标志一个事务的结束，语法格式如下。

语法格式：

```
ROLLBACK { TRAN | TRANSACTION }
    [ transaction_name | @tran_name_variable
    | savepoint_name | @savepoint_variable ]
[ ; ]
```

说明：

- transaction_name: 事务名称。
- @tran_name_variable: 事务变量名。
- savepoint_name: 保存点名。
- @savepoint_variable: 含有保存点名称的变量名。

如果事务回滚到开始点，则全局变量@@TRANCOUNT 的值减 1，而如果只回滚到指定保存点，则@@TRANCOUNT 的值不变。

注意：ROLLBACK TRANSACTION 语句将显式事务或隐性事务回滚到事务的起点或事务内的某个保存点，也标志一个事务的结束。

【例 13.4】 建立事务，对部门表进行插入操作，使用 ROLLBACK TRANSACTION 语句标识事务结束。

```
BEGIN TRANSACTION
    USE StoreSales
    INSERT INTO Department VALUES('D005','财务部')
    INSERT INTO Department VALUES('D006','市场部')
ROLLBACK TRANSACTION
```

该语句建立的事务对部门表进行插入操作，但当服务器遇到回滚语句 ROLLBACK TRANSACTION 时，清除自事务起点所做的所有数据修改，将数据恢复到开始工作之前的状态，所以事务结束后，部门表不会改变。

【例 13.5】 建立的事务规定员工表只能插入 7 条记录，如果超出 7 条记录，则插入失败，现在该表已有 6 条记录，再向该表插入 2 条记录。

```
USE StoreSales
GO
BEGIN TRANSACTION
  INSERT INTO Employee VALUES('E008','周世海','男','1992-04-15',NULL,3100,'D001')
  INSERT INTO Employee VALUES('E009','向莉','女','1992-08-09',NULL,3100,'D001')
DECLARE @Count int
SELECT @Count=(SELECT COUNT(*) FROM Employee)
IF @Count>7
  BEGIN
    ROLLBACK TRANSACTION
    PRINT '插入记录数超过规定数，插入失败！'
  END
ELSE
  BEGIN
    COMMIT TRANSACTION
    PRINT '插入成功！'
  END
```

该语句从 BEGIN TRANSACTION 定义事务开始，向 Employee 表插入 2 条记录，插入完成后，对该表的记录计数，判断插入记录数已超过规定的 7 条记录，使用 ROLLBACK

TRANSACTION 语句撤销该事务的所有操作，将数据恢复到开始工作之前的状态，事务结束后，Employee 表未改变。

【例 13.6】 建立一个事务，向商品表插入一行数据，设置保存点，然后再删除该行。

```
BEGIN TRANSACTION
  USE StoreSales
  INSERT INTO Goods VALUES('1005','DELL GTX1050','10',5799,5,2)
  SAVE TRANSACTION GoodsPoint                    /* 设置保存点 */
  DELETE FROM Goods WHERE GoodsID='1005'
  ROLLBACK TRANSACTION GoodsPoint     /*回滚到保存点 GoodsPoint */
COMMIT TRANSACTION
```

该语句建立的事务执行完毕后，插入的一行并没有被删除，因为回滚语句 ROLLBACK TRANSACTION 将操作回退到保存点 GoodsPoint，删除操作被撤销，所以 Goods 表增加了一行数据。

【例 13.7】 建立事务更新员工表一行的列值，设置保存点，然后再插入一行到部门表。

```
BEGIN TRANSACTION TranUpdate
  USE StoreSales
  UPDATE Employee SET Wages='3400' WHERE EmplID='E002'
  SAVE TRANSACTION EmplPoint                       /* 设置保存点 */
  INSERT INTO Department VALUES('D005','财务部')
  IF (@@error=0)
    BEGIN
      ROLLBACK TRANSACTION EmplPoint
             /* 如果上一条 T-SQL 语句执行成功,回滚到保存点 EmplPoint */
    END
  ELSE
    COMMIT TRANSACTION TranUpdate
```

该语句建立的事务执行完毕后，并未插入一行到 Department 表，由 IF 语句，根据条件 IF(@@error=0,上一条 T-SQL 语句执行成功)，回滚语句 ROLLBACK TRANSACTION 将操作回退到保存点 EmplPoint，插入操作被撤销，所以仅更新了 Employee 表一行的列值。

4. 事务嵌套

在 SQL Server 中，BEGIN TRANSACTION 和 COMMIT TRANSACTION 语句也可以进行嵌套，即事务可以嵌套执行。

全局变量@@TRANCOUNT 用于返回当前等待处理的嵌套事务数量，如果没有等待处理的事务，该变量值为 0。BEGIN TRANSACTION 语句将@@TRANCOUNT 加 1。ROLLBACK TRANSACTION 将@@TRANCOUNT 递减 0,但 ROLLBACK TRANSACTION savepoint_name 除外，它不影响@@TRANCOUNT 。COMMIT TRANSACTION 或 COMMIT WORK 将@@TRANCOUNT 递减 1。

13.2　锁定

锁定是 SQL Server 用来同步多个用户同时对同一个数据块访问的一种机制，用于控制多个用户的并发操作，以防止用户读取在由其他用户更改的数据或者多个用户同时修改同一数据，从而确保事务的完整性和数据库的一致性。

13.2.1　并发影响

修改数据的用户会影响同时读取或修改相同数据的其他用户，即使这些用户可以并发访问数据。并发操作带来的数据不一致性包括丢失更新、脏读、不可重复读、幻读等。

1. 丢失更新（Lost Update）

当两个事务同时更新数据，此时系统只能保存最后一个事务更新的数据，导致另一个事务更新数据的丢失。

2. 脏读（Dirty Read）

当第一个事务正在访问数据，而第二个事务正在更新该数据，但尚未提交时，会发生脏读问题，此时第一个事务正在读取的数据可能是"脏"（不正确）数据，从而引起错误。

3. 不可重复读（Unrepeatable Read）

如果第一个事务两次读取同一文档，但在两次读取之间，另一个事务重写了该文档，当第一个事务第二次读取文档时，文档已更改，此时发生的原始读取不可重复。

4. 幻读

当对某行执行插入或删除操作，而该行属于某个事务正在读取的行的范围时，会发生幻读问题。由于其他事务的删除操作，事务第一次读取的行的范围显示有一行不再存在于第二次或后续读取内容中。同样，由于其他事务的插入操作，事务第二次或后续读取的内容显示有一行并不存在于原始读取内容中。

13.2.2　可锁定资源和锁模式

1. 可锁定资源

SQL Server 具有多粒度锁定，允许一个事务锁定不同类型的资源。为了尽量减少锁定的开销，数据库引擎自动将资源锁定在适合任务的级别。锁定在较小的粒度（例如行）可以提高并发度，但开销较高，因为如果锁定了许多行，则需要持有更多的锁。锁定在较大的粒度（例如表）会降低了并发度，因为锁定整个表限制了其他事务对表中任意部分的访问。但其开销较低，因为需要维护的锁较少。

可锁定资源的粒度由细到粗列举如下：

（1）数据行（Row）：数据页中的单行数据。

（2）索引行（Key）：索引页中的单行数据，即索引的键值。

（3）页（Page）：SQL Server 存取数据的基本单位，其大小为 8KB。

（4）扩展盘区（Extent）：一个扩展盘区由 8 个连续的页组成。

（5）表（Table）：包括所有数据和索引的整个表。

（6）数据库（DataBase）：整个数据库。

2. 锁模式

SQL Server 使用不同的锁模式锁定资源，这些锁模式确定了并发事务访问资源的方式，有以下 7 种锁模式，分别是共享锁、更新锁、排他锁、意向锁、架构锁、大容量更新锁、键范围锁。

（1）共享锁（S 锁）

共享锁允许并发事务在封闭式并发控制下读取资源。当资源上存在共享锁时，任何其他事务都不能修改数据。读取操作一完成，就立即释放资源上的共享锁，除非将事务隔离级别设置为可重复读或更高级别，或者在事务持续时间内用锁定提示保留共享锁。

（2）更新锁（U 锁）

更新锁可以防止常见的死锁。在可重复读或可序列化事务中，此事务读取数据，获取资源（页或行）的共享锁，然后修改数据，此操作要求锁转换为排他锁。如果两个事务获得了资源上的共享模式锁，然后试图同时更新数据，则一个事务尝试将锁转换为排他锁。共享模式到排他锁的转换必须等待一段时间，因为一个事务的排他锁与其他事务的共享模式锁不兼容；发生锁等待。第二个事务试图获取排他锁以进行更新。由于两个事务都要转换为排他锁，并且每个事务都等待另一个事务释放共享模式锁，因此发生死锁。

若要避免这种潜在的死锁问题，就要使用更新锁，一次只有一个事务可以获得资源的更新锁。如果事务修改资源，则更新锁转换为排他锁。

（3）排他锁（X 锁）

排他锁可防止并发事务对资源进行访问，其他事务不能读取或修改排他锁锁定的　数据。

（4）意向锁

意向锁表示 SQL Server 需要在层次结构中的某些底层资源（如表中的页或行）上获取共享锁或排他锁。例如，放置在表级的共享意向锁表示事务打算在表中的页或行上放置共享锁。在表级设置意向锁可防止另一个事务随后在包含那一页的表上获取排他锁。意向锁可以提高性能，因为 SQL Server 仅在表级检查意向锁来确定事务是否可以安全地获取该表上的锁，而无须检查表中的每行或每页上的锁以确定事务是否可以锁定整个表。

意向锁包括意向共享（IS）锁、意向排他（IX）锁以及意向排他共享（SIX）锁。

● 意向共享（IS）锁：通过在各资源上放置 S 锁，表明事务的意向是读取层次结构中的部分（而不是全部）底层资源。

● 意向排他（IX）锁：通过在各资源上放置 X 锁，表明事务的意向是修改层次结构中的部分（而不是全部）底层资源。IX 是 IS 的超集。

● 意向排他共享（SIX）锁：通过在各资源上放置 IX 锁，表明事务的意向是读取层次结构中的全部底层资源并修改部分（而不是全部）底层资源。

（5）架构锁

执行表的数据定义语言操作（如增加列或删除表）时使用架构修改（Sch-M）锁。当编译查询时，使用架构稳定性（Sch-S）锁。架构稳定性（Sch-S）锁不阻塞任何事务锁，包括排他锁。因此在编译查询时，其他事务（包括在表上有排他锁的事务）都能继续运行，但不能在表上执行 DDL 操作。在执行依赖于表架构的操作时使用。架构锁包含两种类型：架构修改（Sch-M）和架构稳定性（Sch-S）。

（6）大容量更新（BU）锁

当将数据大容量复制到表，且指定了 TABLOCK 提示或者使用 sp_tableoption 设置了 table lock on bulk 表选项时，将使用大容量更新锁。大容量更新锁允许进程将数据并发地大容量复制到同一个表，同时可防止其他不进行大容量复制数据的进程访问该表。

（7）键范围锁

键范围锁用于序列化的事务隔离级别，可以保护由 T-SQL 语句读取的记录集合中隐含的行范围。键范围锁可以防止幻读，还可以防止对事务访问的记录集进行幻像插入或删除。

13.2.3　死锁

两个事务分别锁定某个资源，而又分别等待对方释放其锁定的资源时，将发生死锁。

除非某个外部进程断开死锁，否则死锁中的两个事务都将无限期等待下去。SQL Server 死锁监视器自动定期检查陷入死锁的任务。如果监视器检测到循环依赖关系，将选择其中一个任务作为牺牲品，然后终止其事务并提示错误。这样，其他任务就可以完成其事务。对于事务已错误终止的应用程序，它还可以重试该事务，但通常要等到与它一起陷入死锁的其他事务完成后执行。

将哪个会话选为死锁牺牲品取决于每个会话的死锁优先级：如果两个会话的死锁优先级相同，则 SQL Server 实例将回滚开销较低的会话选为死锁牺牲品。例如，如果两个会话都将其死锁优先级设置为 HIGH，则此实例便将它估计回滚开销较低的会话选为牺牲品。

如果会话的死锁优先级不同，则将死锁优先级最低的会话选为死锁牺牲品。

下列方法可将死锁减至最少。

（1）按同一顺序访问对象。

（2）避免事务中的用户交互。

（3）保持事务简短并处于一个批处理中。

（4）使用较低的隔离级别。

（5）使用基于行版本控制的隔离级别。

（6）将 READ_COMMITTED_SNAPSHOT 数据库选项设置为 ON，使得已提交读事务使用行版本控制。

（7）使用快照隔离。

（8）使用绑定连接。

13.3　小结

本章主要介绍了以下内容：

（1）事务是作为单个逻辑工作单元执行的一系列操作，事务的处理必须满足 ACID 原则，即原子性（Atomicity）、一致性（Consistency）、隔离性（Isolation）和持久性（Durability）。

SQL Server 的事务可分为两类：系统提供的事务和用户定义的事务。

（2）SQL Server 通过三种事务模式管理事务：自动提交事务模式、显式事务模式和隐性事务模式。

显式事务模式以 BEGIN TRANSACTION 语句显式开始，以 COMMIT 或 ROLLBACK 语句显式结束。

隐性事务模式不需要使用 BEGIN TRANSACTION 语句标识事务的开始，但需要以 COMMIT 语句来提交事务，或以 ROLLBACK 语句来回滚事务。

（3）事务处理语句包括 BEGIN TRANSACTION、COMMIT TRANSACTION、ROLLBACK TRANSACTION 语句。

（4）锁定是 SQL Server 用来同步多个用户同时对同一个数据块访问的一种机制，用于控制多个用户的并发操作，以防止用户读取在由其他用户更改的数据或者多个用户同时修改同一数据，从而确保事务的完整性和数据库的一致性。

并发操作带来的数据不一致性包括丢失更新、脏读、不可重复读、幻读等。

可锁定资源的粒度由细到粗为：数据行（Row）、索引行（Key）、页（Page）、扩展盘区（Extent）、表（Table）、数据库（DataBase）。

SQL Server 使用不同的锁模式锁定资源，这些锁模式确定了并发事务访问资源的方式，有以下 7 种锁模式，分别是共享、更新、排他、意向、架构、大容量更新、键范围。

（5）两个事务分别锁定某个资源，而又分别等待对方释放其锁定的资源时，将发生死锁。

习 题 13

一、选择题

13.1 如果有两个事务，同时对数据库中同一数据进行操作，不会引起冲突的操作是_____。

    A. 一个是 DELETE，一个是 SELECT

    B. 一个是 SELECT，一个是 DELETE

    C. 两个都是 UPDATE

    D. 两个都是 SELECT

13.2 解决并发操作带来的数据不一致问题普遍采用_____技术。

    A. 存取控制   B. 锁   C. 恢复   D. 协商

13.3 若某数据库系统中存在一个等待事务集{T1, T2, T3, T4, T5}，其中 T1 正在等待被 T2 锁住的数据项 A2，T2 正在等待被 T4 锁住的数据项 A4，T3 正在等待被 T4 锁住的数据项 A4，T5 正在等待被 T1 锁住的数据项 A。下列有关此系统所处状态及需要进行的操作的说法中，正确的是_____。

    A. 系统处于死锁状态，需要撤销其中任意一个事务即可退出死锁状态

    B. 系统处于死锁状态，通过撤销 T4 可使系统退出死锁状态

    C. 系统处于死锁状态，通过撤销 T5 可使系统退出死锁状态

    D. 系统未处于死锁状态，不需要撤销其中的任何事务

二、填空题

13.4 事务的处理必须满足 ACID 原则，即原子性、一致性、隔离性和_____。

13.5 显式事务模式以_____语句显式开始，以 COMMIT 或 ROLLBACK 语句显式结束。

13.6 隐性事务模式需要以 COMMIT 语句来提交事务，或以_____语句来回滚事务。

13.7 锁定是 SQL Server 用来同步多个用户同时对同一个_____访问的一种机制。

13.8 并发操作带来的数据不一致性包括丢失更新、脏读、不可重复读、_____等。

13.9 两个事务分别锁定某个资源，而又分别等待对方_____其锁定的资源时，将发生死锁。

三、问答题

13.10 什么是事务？事务的作用是什么？

13.11 ACID 原则有哪几个？

13.12 事务模式有哪几种？

13.13 为什么要在 SQL Server 中引入锁定机制？

13.14 锁模式有哪些？

13.15 为什么会产生死锁？怎样解决死锁现象？

四、上机实验题

13.16 建立一个显式事务，以显示 StoreSales 数据库中的 Goods 表的数据。

13.17 建立一个隐性事务，以插入课程表和成绩表中一条新课程号的记录。

13.18 建立一个事务，向 Score 表插入一行数据，设置保存点，然后再删除该行。

第 14 章　系统安全管理

数据库的安全性是数据库服务器的重要功能之一,为了维护数据库的安全,SQL Server 提供了完善的安全管理机制,包括登录名管理、用户管理、角色管理和权限管理等。只有使用特定的身份验证方式的用户,才能登录到系统中。只有具有一定权限的用户,才能对数据库对象执行相应的操作。本章介绍 SQL Server 安全机制和身份验证模式、服务器登录名管理、数据库用户管理、角色管理、权限管理等内容。

14.1　SQL Server 安全机制和身份验证模式

SQL Server 安全性主体有三个级别,身份验证模式有两种,下面分别介绍。

14.1.1　SQL Server 安全机制

SQL Server 的安全机制主要通过 SQL Server 的安全性主体和安全对象来实现。SQL Server 安全性主体有三个级别:服务器级别、数据库级别、架构级别。

1. 服务器级别

服务器级别包含的安全对象有登录名、固定服务器角色等,登录名用于登录数据库服务器,固定服务器角色用于给登录名赋予相应的服务器权限。

2. 数据库级别

数据库级别包含的安全对象有用户、角色、应用程序角色、证书、对称密钥、非对称密钥、程序集、全文目录、DDL 事件、架构等。

3. 架构级别

架构级别包含的安全对象有表、视图、函数、存储过程、类型、同义词、聚合函数等。

架构的作用是将数据库中所有的对象分为不同的集合,这些集合没有交集,每个集合就成为一个架构。数据库中每个用户都有自己的默认架构,该默认架构可以在创建数据库时由创建者设定,若不设定,则系统默认架构为 dbo。

SQL Server 整个安全体系结构从顺序上可以分为认证和授权两个部分,其安全机制可以分为 5 个层级:客户机安全机制、网络传输的安全机制、服务器安全机制、数据库安全机制、数据对象安全机制。

14.1.2　SQL Server 身份验证模式

SQL Server 提供了两种身份认证模式：Windows 验证模式和 SQL Server 验证模式，这两种模式登录 SQL Server 服务器的情形如图 14.1 所示。

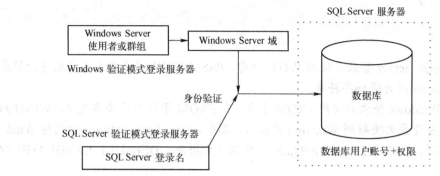

图 14.1　两种验证模式登录 SQL Server 服务器

1. Windows 验证模式

在 Windows 验证模式下，由于用户登录 Windows 时已进行身份验证，登录 SQL Server 时就不再进行身份验证。

2. SQL Server 验证模式

在 SQL Server 验证模式下，SQL Server 服务器要对登录的用户进行身份验证。

当 SQL Server 在 Windows 操作系统上运行时，系统管理员设定登录验证模式的类型可为 Windows 验证模式和混合模式。当采用混合模式时，SQL Server 系统既允许使用 Windows 账号登录，也允许使用 SQL Server 账号登录。

14.2　服务器登录名管理

服务器登录名管理包括创建登录名、修改登录名、删除登录名等，下面分别介绍。

14.2.1　创建登录名

Windows 验证模式和 SQL Server 验证模式，都可以使用 T-SQL 语句和图形界面两种方式创建登录名。

1. 使用 T-SQL 语句创建登录名

创建登录名使用 CREATE LOGIN 语句，语法格式如下。
语法格式：

```
CREATE LOGIN login_name
{ WITH PASSWORD = 'password' [ HASHED ] [ MUST_CHANGE ]
    [ , <option_list> [ ,... ] ] /*WITH 子句用于创建 SQL Server 登录名*/
  | FROM                        /*FROM 子句用于创建其他登录名*/
```

273

```
        {
            WINDOWS [ WITH <windows_options> [ ,... ] ]
            | CERTIFICATE certname
            | ASYMMETRIC KEY asym_key_name
        }
    }
```

说明：

● 创建 SQL Server 登录名使用 WITH 子句，PASSWORD 用于指定正在创建的登录名的密码，'password'为密码字符串。

● 创建 Windows 登录名使用 FROM 子句，在 FROM 子句的语法格式中，WINDOWS 关键字指定将登录名映射到 Windows 登录名，其中，<windows_options>为创建 Windows 登录名的选项，DEFAULT_DATABASE 指定默认数据库，DEFAULT_LANGUAGE 指定默认语言。

【例 14.1】 使用 T-SQL 语句创建登录名 Lee、Qian、Liu。

以下语句用于创建 SQL Server 验证模式登录名 Lee：

```
CREATE LOGIN Lee
    WITH PASSWORD='1234',
    DEFAULT_DATABASE=StoreSales
```

以下语句用于创建 SQL Server 验证模式登录名 Qian：

```
CREATE LOGIN Qian
    WITH PASSWORD='1234',
    DEFAULT_DATABASE=StoreSales
```

以下语句用于创建 Windows 验证模式登录名 Liu：

```
CREATE LOGIN Liu
    WITH PASSWORD='1234',
    DEFAULT_DATABASE=StoreSales
```

2. 使用图形界面方式创建登录名

【例 14.2】 使用图形界面方式创建登录名 Ben。

使用图形界面方式创建登录名的操作步骤如下：

（1）启动 SQL Server Management Studio，在对象资源管理器中，展开"安全性"节点，选中"登录名"选项，右键单击该选项，在弹出的快捷菜单中选择"新建登录名"命令，如图 14.2 所示。

（2）出现如图 14.3 所示的"登录名-新建"窗口，在"常规"选项卡"登录名"文本框中，输入创建的登录名"Ben"，选择"SQL Server 身份验证"（如果选择"Windows 身份验证"模式，可单击"搜索"按钮，在"选择用户或用户组"窗口中选择相应的用户名并添加到"登录名"文本框中）。

图 14.2 选择"新建登录名"命令   图 14.3 "登录名-新建"窗口

由于选择"SQL Server 身份验证",需要在"密码"和"确认密码"文本框中输入密码,此处输入"1234",将"强制实施密码策略"复选框中的对钩去掉,单击"确定"按钮,完成登录名设置。

14.2.2 修改登录名

修改登录名可以使用 T-SQL 语句和图形界面两种方式。

1. 使用 T-SQL 语句修改登录名

修改登录名使用 ALTER LOGIN 语句,语法格式如下。

语法格式:

```
ALTER LOGIN login_name
{
  status_option | WITH set_option [...]
)
```

其中,login_name 为需要更改的登录名,在 WITH set_option 选项中,可指定新的登录名和新的密码等。

【例 14.3】 使用 T-SQL 语句修改登录名 Liu,将其名称改为 Liu2。

```
ALTER LOGIN Liu
    WITH name=Liu2
```

2. 使用图形界面方式修改登录名

【例 14.4】 使用图形界面方式修改登录名 Ben 的密码,将它的密码改为 123456。

使用图形界面方式修改登录名的操作步骤如下：

（1）启动 SQL Server Management Studio，在对象资源管理器中，展开"安全性"节点，展开"登录名"节点，选中"Ben"选项，单击鼠标右键，在弹出的快捷菜单中选择"属性"命令。

（2）出现"登录属性-Ben"窗口，在"常规"选项卡"密码"和"确认密码"文本框中输入新密码"123456"，单击"确定"按钮，完成登录名密码修改。

14.2.3　删除登录名

可以使用 T-SQL 语句和图形界面两种方式删除登录名。

1. 使用 T-SQL 语句删除登录名

删除登录名使用 DROP LOGIN 语句，语法格式如下。

语法格式：

```
DROP LOGIN login_name
```

其中，login_name 为指定要删除的登录名。

【例 14.5】 使用 T-SQL 语句删除登录名 Liu2。

```
DROP LOGIN Liu2
```

2. 使用图形界面方式删除登录名

【例 14.6】 使用图形界面方式删除登录名 Ben。

使用图形界面方式删除登录名的操作步骤如下：

（1）启动 SQL Server Management Studio，在对象资源管理器中，展开"安全性"节点，展开"登录名"节点，选中"Ben"选项，单击鼠标右键，在弹出的快捷菜单中选择"删除"命令。

（2）在出现的"删除对象"窗口中，单击"确定"按钮，即可删除登录名 Ben。

14.3　数据库用户管理

一个用户取得合法的登录名，仅能够登录到 SQL Server 服务器，但不表明能对数据库和数据库对象进行某些操作。

用户对数据库的访问和对数据库对象进行的所有操作都是通过数据库用户来控制的。数据库用户总是基于数据库的，一个登录名总是与一个或多个数据库用户对应，两个不同的数据库可以有两个相同的数据库用户。

注意：数据库用户可以与登录名相同，也可以与登录名不同。

14.3.1　创建数据库用户

创建数据库用户可必须首先创建登录名，创建数据库用户有 T-SQL 语句和图形界面两种方式，以下将"数据库用户"简称"用户"。

1. 使用 T-SQL 语句创建用户

创建用户可使用 CREATE USER 语句，语法格式如下。

语法格式：

```
CREATE USER user_name
[{ FOR | FROM }
    {
        LOGIN login_name
        | CERTIFICATE cert_name
        | ASYMMETRIC KEY asym_key_name
    }
    | WITHOUT LOGIN
]
    [ WITH DEFAULT_SCHEMA = schema_name ]
```

说明：

● user_name：指定用户名。

● FOR 或 FROM 子句：指定相关联的登录名，LOGIN login_name 指定要创建用户的 SQL Server 登录名。login_name 必须是服务器中有效的登录名，当此登录名进入数据库时，它将获取正在创建的用户的名称和 ID。

● WITHOUT LOGIN：指定不将用户映射到现有登录名。

● WITH DEFAULT_SCHEMA：指定服务器为此用户解析对象名称时将搜索的第一个架构，默认为 dbo。

【例 14.7】 使用 T-SQL 语句创建用户 DbUser、Sur1、Sur2。

以下语句用于创建用户 DbUser，其登录名 Lee 已创建：

```
USE StoreSales
CREATE USER DbUser
    FOR LOGIN Lee
```

以下语句用于创建用户 Sur1，其登录名 Sg1 已创建：

```
USE StoreSales
CREATE USER Sur1
    FOR LOGIN Sg1
```

以下语句用于创建用户 Sur2，其登录名 Sg2 已创建：

```
USE StoreSales
CREATE USER Sur2
    FOR LOGIN Sg2
```

2. 使用图形界面方式创建用户

【例 14.8】 使用图形界面方式创建用户 Dbt。

使用图形界面方式创建用户的操作步骤如下：

（1）启动 SQL Server Management Studio，在对象资源管理器中，展开"数据库"节点，展开"StoreSales"节点，展开"安全性"节点，选中"用户"选项，右键单击该选项，在弹出的快捷菜单中选择"新建用户"命令，如图 14.4 所示。

（2）出现如图 14.5 所示的"数据库用户–新建"窗口，在"用户名"文本框中，输入创建的用户名"Dbt"，单击"登录名"右侧的".."按钮。

图 14.4 选择"新建用户"命令

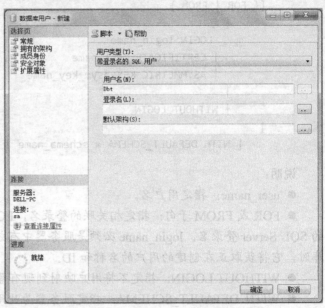

图 14.5 "数据库用户–新建"窗口

（3）出现如图 14.6 所示的"选择登录名"对话框，单击"浏览"按钮。出现如图 14.7 所示的"查找对象"对话框，在登录名列表中选择[Qian]，单击两次"确定"按钮。

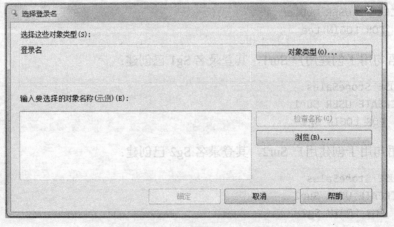

图 14.6 "选择登录名"对话框

图 14.7 "查找对象" 对话框

（4）返回"数据库用户-新建"窗口，单击"确定"按钮完成创建用户 Dbt。

14.3.2 修改数据库用户

修改数据库用户可使用 T-SQL 语句和图形界面两种方式。

1. 使用 T-SQL 语句修改用户

修改用户使用 ALTER USER 语句，语法格式如下。

语法格式：

```
ALTER USER user_name
    WITH NAME = new_ user_name
```

其中，user_name 为要修改的用户名，WITH NAME = new_ user_name 指定新的用户名。

【例 14.9】 使用 T-SQL 语句将用户 Sur2 修改为 Sur3。

```
USE StoreSales
ALTER USER Sur2
    WITH NAME=Sur3
```

2. 使用图形界面方式修改用户

【例 14.10】 使用图形界面方式修改用户 Dbt。

使用图形界面方式修改用户操作步骤如下：

（1）启动 SQL Server Management Studio，在对象资源管理器中，展开"数据库"节点，展开"StoreSales"节点，展开"安全性"节点，展开"用户"节点，选中"Dbt"选项，右键单击该选项，在弹出的快捷菜单中选择"属性"命令。

（2）出现"数据库用户-Dbt"窗口，在其中进行相应的修改，单击"确定"按钮，完成修改。

14.3.3 删除数据库用户

删除数据库用户可使用 T-SQL 语句和图形界面两种方式。

1. 使用 T-SQL 语句删除用户

删除用户使用 DROP USER 语句，语法格式如下。

语法格式：

```
DROP USER user_name
```

其中，user_name 为要删除的用户名，在删除之前要使用 USE 语句指定数据库。

【例 14.11】 使用 T-SQL 语句删除用户 Sur3。

```
USE StoreSales
DROP USER Sur3
```

2. 使用图形界面方式删除用户

【例 14.12】 使用图形界面方式删除用户 Sur1。

使用图形界面方式删除用户的操作步骤如下：

（1）启动 SQL Server Management Studio，在对象资源管理器中，展开"数据库"节点，展开"StoreSales"节点，展开"安全性"节点，展开"用户"节点，选中"Sur1"选项，右键单击该选项，在弹出的快捷菜单中选择"删除"命令。

（2）在出现的"删除对象"窗口中，单击"确定"按钮，即可删除用户 Sur1。

14.4 角色

为便于集中管理数据库中的权限，SQL Server 提供了若干"角色"，这些角色将用户分为不同的组，对相同组的用户进行统一管理，赋予相同的操作权限，它们类似于 Microsoft Windows 操作系统中的用户组。

SQL Server 将角色划分为服务器角色和数据库角色。服务器角色用于对登录名授权，数据库角色用于对数据库用户授权。

14.4.1 服务器角色

服务器级角色分为固定服务器角色和用户定义服务器角色。

1. 固定服务器角色

固定服务器角色是执行服务器级管理操作的权限集合，这些角色是系统预定义的，如果在 SQL Server 中创建一个登录名后，要赋予该登录者具有管理服务器的权限，此时可设置该登录名为服务器角色的成员。SQL Server 提供了以下固定服务器角色：

● sysadmin：系统管理员，角色成员可对 SQL Server 服务器进行所有的管理工作，为最高管理角色。这个角色一般适合于数据库管理员（DBA）。

● securityadmin：安全管理员，角色成员可以管理登录名及其属性。可以授予、拒绝、撤销服务器级和数据库级的权限，还可以重置 SQL Server 登录名的密码。

● serveradmin：服务器管理员，角色成员具有对服务器进行设置及关闭服务器的权限。

● setupadmin：设置管理员，角色成员可以添加和删除连接服务器，并执行某些系统存储过程。

● processadmin：进程管理员，角色成员可以终止 SQL Server 实例中运行的进程。

● diskadmin：用于管理磁盘文件。

● dbcreator：数据库创建者，角色成员可以创建、更改、删除或还原任何数据库。

● bulkadmin：可执行 BULK INSERT 语句，但是这些成员对要插入数据的表必须有 INSERT 权限。BULK INSERT 语句的功能是以用户指定的格式复制一个数据文件至数据库表或视图。

● public：其角色成员可以查看任何数据库。

用户只能将一个登录名添加为上述某个固定服务器角色的成员，不能自行定义服务器角色。

添加固定服务器角色成员有使用系统存储过程和图形界面两种方式。

（1）使用系统存储过程添加固定服务器角色成员

使用系统存储过程 **sp_addsrvrolemember** 将登录名添加到某一固定服务器角色的语法格式如下。

语法格式：

```
sp_addsrvrolemember [ @loginame = ] 'login', [@rolename =] 'role'
```

其中，login 指定添加到固定服务器角色 role 的登录名，login 可以是 SQL Server 登录名或 Windows 登录名；对于 Windows 登录名，如果还没有授予 SQL Server 访问权限，将自动对其授予访问权限。

【例 14.13】 在固定服务器角色 sysadmin 中，添加登录名 Qian。

```
EXEC sp_addsrvrolemember 'Qian', 'sysadmin'
```

（2）使用系统存储过程删除固定服务器角色成员

使用系统存储过程 **sp_dropsrvrolemember** 从固定服务器角色中删除登录名的语法格式如下。

语法格式：

```
sp_dropsrvrolemember [ @loginame = ] 'login' , [ @rolename = ] 'role'
```

其中，login 为将要从固定服务器角色删除的登录名。role 为服务器角色名，默认值为 NULL，必须是有效的固定服务器角色名。

【例 14.14】 在固定服务器角色 sysadmin 中，删除登录名 Qian。

```
EXEC sp_dropsrvrolemember 'Qian', 'sysadmin'
```

（3）使用图形界面方式添加固定服务器角色成员

【例 14.15】 在固定服务器角色 sysadmin 中添加登录名 Qian。

使用图形界面方式添加固定服务器角色成员的操作步骤如下：

① 启动 SQL Server Management Studio，在对象资源管理器中，展开"安全性"节点，展开"服务器角色"节点，选中"sysadmin"选项，右键单击该选项，在弹出的快捷菜单中选择"属性"命令，如图 14.8 所示。

② 出现如图 14.9 所示的"服务器角色属性-sysadmin"窗口，在角色成员列表中，没有登录名"Qian"，单击"添加"按钮。

图 14.8 选择"属性"命令

图 14.9 "服务器角色属性-sysadmin"窗口

③ 出现"选择服务器的登录名或角色"对话框，单击"浏览"按钮，出现如图 14.10 所示的"查找对象"对话框，在匹配的对象中选择[Qian]，单击两次"确定"按钮。

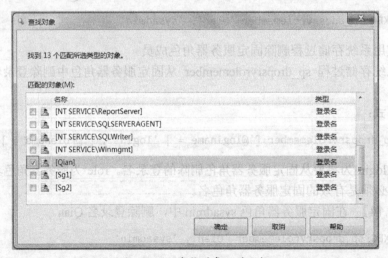

图 14.10 "查找对象"对话框

④ 出现"服务器角色属性-sysadmin"窗口，可以看出 Qian 登录名为 sysadmin 角色成员，单击"确定"按钮，完成在固定服务器角色 sysadmin 中添加登录名 Qian 的设置。

2. 用户定义服务器角色

用户定义服务器角色提供了灵活有效的安全机制，用户可以创建、修改和删除用户定义服务器角色，可以像固定服务器角色一样添加和删除角色成员，操作方法类似。

14.4.2 数据库角色

SQL Server 的数据库角色分为固定数据库角色、用户定义数据库角色。

1. 固定数据库角色

固定数据库角色是在数据库级别定义的，有权进行特定数据库的管理和操作。

固定数据库角色及其执行的操作如下：

- db_owner：数据库所有者，可以执行数据库的所有管理操作。
- db_securityadmin：数据库安全管理员，可以修改角色成员身份和管理权限。
- db_accessadmin：数据库访问权限管理员，可以为 Windows 登录名、Windows 组和 SQL Server 登录名添加或删除数据库访问权限。
- db_backupoperator：数据库备份操作员，可以备份数据库。
- db_ddladmin：数据库 DDL 管理员，可以在数据库中运行任何数据定义语言（DDL）命令。
- db_datawriter：数据库数据写入者，可以在所有用户表中添加、删除或更改数据。
- db_datareader：数据库数据读取者，可以从所有用户表中读取所有数据。
- db_denydatawriter：数据库拒绝数据写入者，不能添加、修改或删除数据库内用户表中的任何数据。
- db_denydatareader：数据库拒绝数据读取者，不能读取数据库内用户表中的任何数据。
- public：特殊的数据库角色，每个数据库用户都属于 public 数据库角色。如果未向某个用户授予或拒绝对安全对象的特定权限时，该用户将继承授予该对象的 public 角色的权限。

添加固定数据库角色成员有使用系统存储过程和图形界面两种方式。

（1）使用系统存储过程添加固定数据库角色成员

使用系统存储过程 sp_addrolemember 将一个数据库用户添加到某一固定数据库角色的语法格式如下。

语法格式：

```
sp_addrolemember [ @rolename = ] 'role', [ @membername = ] 'security_account'
```

其中，role 为当前数据库中数据库角色的名称。security_account 为添加到该角色的安全账户，可以是数据库用户或当前数据库角色。

【例 14.16】 在固定数据库角色 db_owner 中，添加用户 Sur1。

```
USE StoreSales
GO
EXEC sp_addrolemember 'db_owner', 'Sur1'
```

（2）使用系统存储过程删除固定数据库角色成员

使用系统存储过程 sp_droprolemember 将某一成员从固定数据库角色中删除的语法格

式如下：

语法格式：

```
sp_droprolemember [ @rolename = ] 'role' , [ @membername = ] 'security_account
```

【例 14.17】 在固定数据库角色 db_owner 中，删除用户 Sur1。

```
USE StoreSales
GO
EXEC sp_droprolemember 'db_owner', 'Sur1'
```

（3）使用图形界面方式添加固定数据库角色成员

使用图形界面方式添加固定数据库角色成员，举例如下：

【例 14.18】 在固定数据库角色 db_owner 中添加用户 Dbt。

使用图形界面方式添加固定数据库角色成员操作步骤如下：

① 启动 SQL Server Management Studio，在对象资源管理器中，展开"数据库"节点，展开"StoreSales"节点，展开"安全性"节点，展开"用户"节点，选中"Dbt"选项，右键单击该选项，在弹出的快捷菜单中选择"属性"命令，出现"数据库用户-Dbt"窗口，选择"成员身份"选项卡，在角色成员列表中，选择"db_owner"角色，如图 14.11 所示，单击"确定"按钮。

图 14.11　在"数据库用户-Dbt"窗口中选择"db_owner"角色

② 为了查看 db_owner 角色的成员中是否添加了 Dbt 用户，在对象资源管理器中，展开"数据库"节点，展开"StoreSales"节点，展开"安全性"节点，展开"角色"节点，展开"数据库角色"节点，选中"db_owner"选项，右键单击该选项，在弹出的快捷菜单中选择"属性"命令，出现"数据库角色属性-db_owner"窗口，可以看出在角色成员列表中已有"Dbt"成员，如图 14.12 所示。

284

图 14.12 固定数据库角色 db_owner 中已添加成员 Dbt

2. 用户定义数据库角色

若有若干用户需要获取数据库共同权限，可形成一个组，创建用户定义数据库角色，赋予该组相应权限，并将这些用户作为该数据库角色成员即可。

创建用户定义数据库角色有使用 T-SQL 语句和图形界面两种方式。

（1）使用 T-SQL 语句创建用户定义数据库角色

① 定义数据库角色

创建用户定义数据库角色，使用 CREATE ROLE 语句，其语法格式如下：

语法格式：

```
CREATE ROLE role_name [ AUTHORIZATION owner_name ]
```

其中，role_name 为要创建的用户定义数据库角色名称，AUTHORIZATION owner_name 指定新的用户定义数据库角色拥有者。

【例 14.19】 为 StoreSales 数据库创建一个用户定义数据库角色 UddRole。

```
USE StoreSales
GO
CREATE ROLE UddRole AUTHORIZATION dbo
```

② 添加数据库角色成员

向用户定义数据库角色中添加成员，使用存储过程 sp_addrolemember，其用法与前面介绍的基本相同。

【例 14.20】 为用户定义数据库角色 UddRole 添加成员 Dbt。

```
EXEC sp_addrolemember 'UddRole','Dbt'
```

（2）使用 T-SQL 语句删除用户定义数据库角色

删除数据库角色使用 DROP ROLE 语句，语法格式如下。

语法格式：

```
DROP ROLE role_name
```

【例 14.21】 删除用户定义数据库角色 UddRole。

```
DROP ROLE UddRole
```

（3）使用图形界面方式创建用户定义数据库角色

【例 14.22】 为 StoreSales 数据库创建一个用户定义数据库角色 UddRole2。

使用图形界面方式添加用户定义数据库角色成员的操作步骤如下：

（1）启动 SQL Server Management Studio，在对象资源管理器中，展开"数据库"节点，展开"StoreSales"节点，展开"安全性"节点，展开"角色"节点，选中"数据库角色"选项，右键单击该选项，在弹出的快捷菜单中选择"新建数据库角色"命令，如图 14.13 所示。

（2）出现如图 14.14 所示的"数据库角色-新建"窗口，在"角色名称"文本框中输入 UddRole2，单击"所有者"文本框后的"."按钮。

图 14.13 选择"新建数据库角色"命令　　　　图 14.14 "数据库角色-新建"窗口

（3）出现"选择数据库用户或角色"对话框，单击"浏览"按钮。出现如图 14.15 所示的"查找对象"对话框，从中选择数据库用户[DbUser]，单击两次"确定"按钮。

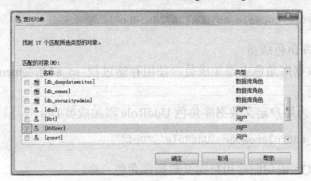

图 14.15 "查找对象"对话框

（4）单击"确定"按钮，完成用户定义数据库角色 UddRole2 的创建。

3. 应用程序角色

应用程序角色用于允许用户通过特定的应用程序获取特定数据，它是一种特殊的数据库角色。

应用程序角色是非活动的，在使用之前要在当前连接中将其激活，激活一个应用程序角色后，当前连接将失去它所有的用户权限，只获得应用程序角色所拥有的权限。应用程序角色在默认情况下不包含任何成员。

14.5 权限管理

登录名具有对某个数据库的访问权限，但并不表示对该数据库的数据库对象具有访问权限，只有对数据库用户授权后才能访问数据库对象。

14.5.1 登录名权限管理

使用图形界面方式给登录名授权，举例如下。

【例 14.23】 将固定服务器角色 serveradmin 的权限分配给一个登录名 Lee。

操作步骤如下：

（1）启动 SQL Server Management Studio，在对象资源管理器中，展开"安全性"节点，展开"登录名"节点，选中 Lee 选项，右键单击该选项，在弹出的快捷菜单中选择"属性"命令，如图 14.16 所示。

（2）在出现的"登录属性-Lee"窗口中，选择"服务器角色"选项卡，如图 14.17 所示，在"服务器角色"列表框中，勾选"serveradmin"固定服务器角色。

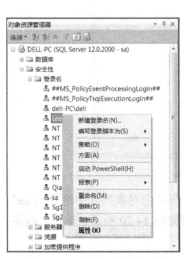

图 14.16　选择"属性"命令

图 14.17　"登录属性-Lee"窗口

（3）选择"用户映射"选项卡，出现如图 14.18 所示的窗口，在"映射到此登录名的用户"列表框中，勾选"StoreSales"数据库。设置数据库用户，此处设置为"DbUser"用户，可以看出数据库用户 DbUser 具有固定服务器角色 public 权限。

图 14.18　"用户映射"选项卡

（4）选择"安全对象"选项卡，单击"搜索"按钮，出现"添加对象"对话框，选择"特定类型的所有对象"单选按钮，单击"确定"按钮。出现如图 14.19 所示的"选择对象类型"对话框，勾选"登录名"复选按钮，单击"确定"按钮。

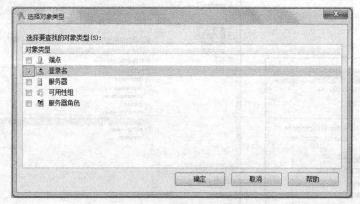

图 14.19　"选择对象类型"对话框

（5）返回到"登录属性-Lee"窗口"安全对象"选项卡，在安全对象列表中选择"Lee"，在"Lee 的权限"列表中勾选"更改"进行授予，设置结果如图 14.20 所示，单击"确定"按钮，完成对登录名 Lee 的授权操作。

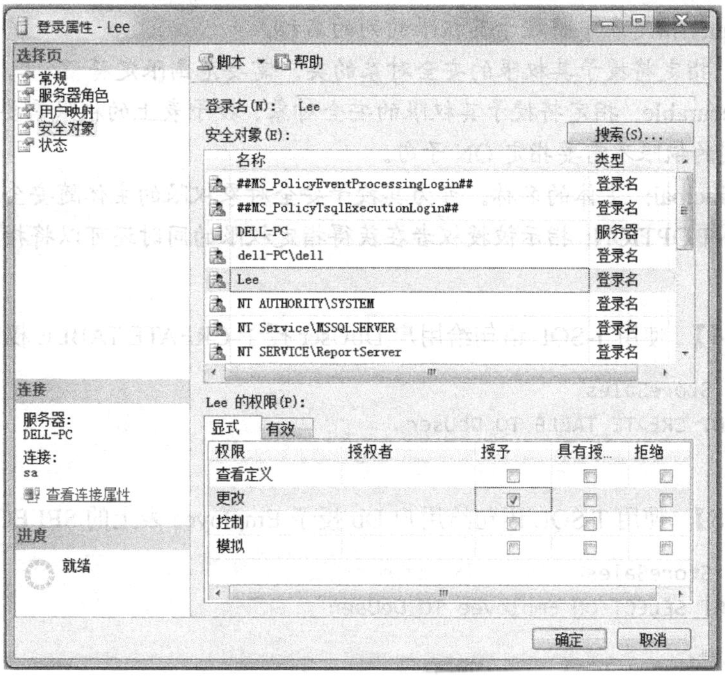

图 14.20 "安全对象"选项卡

14.5.2 数据库用户权限管理

可以使用 T-SQL 语句和图形界面方式给数据库用户授权,下面分别进行介绍。

1. 使用 GRANT 语句给用户授予权限

使用 GRANT 语句可以给数据库用户或数据库角色授予数据库级别或对象级别的权限,语法格式如下。

语法格式:

```
GRANT { ALL [ PRIVILEGES ] }| permission [ ( column [ ,...n ] ) ] [ ,...n ]
    [ ON [ class :: ] securable ] TO principal [ ,...n ]
    [ WITH GRANT OPTION ] [ AS principal ]
```

说明:

● ALL: 授予所有可用的权限。

● permission: 权限的名称。

对于数据库,权限取值可为: CREATE DATABASE、CREATE DEFAULT、CREATE FUNCTION、CREATE PROCEDURE、CREATE RULE、CREATE TABLE、CREATE VIEW、BACKUP DATABASE、BACKUP LOG。

对于表、视图或表值函数,权限取值可为: SELECT、INSERT、DELETE、UPDATE、REFERENCES。

对于存储过程库,权限取值可为: EXECUTE。

对于用户函数,权限取值可为: EXECUTE、REFERENCES。

- column：指定表中将授予其权限的列的名称。
- class：指定将授予其权限的安全对象的类。需要范围限定符"::"。
- ON securable：指定将授予其权限的安全对象。授予表上的权限需要 ON 子句，授予数据库级别的权限不需要指定 ON 子句。
- TO principal：主体的名称。可为其授予安全对象权限的主体随安全对象而异。
- GRANT OPTION：指示被授权者在获得指定权限的同时还可以将指定权限授予其他主体。

【例 14.24】 使用 T-SQL 语句给用户 DbUser 授予 CREATE TABLE 权限。

```
USE StoreSales
GRANT CREATE TABLE TO DbUser
GO
```

【例 14.25】 使用 T-SQL 语句给用户 Db 授予 Employee 表上的 SELECT 权限。

```
USE StoreSales
GRANT SELECT ON Employee TO DbUser
GO
```

2. 使用 DENY 语句拒绝授予用户权限

使用 DENY 语句可以拒绝给当前数据库用户授予权限，并防止数据库用户通过其组或角色成员资格继承权限，语法格式如下。

语法格式：

```
DENY { ALL [ PRIVILEGES ] }
    | permission [ ( column [ ,...n ] ) ] [ ,...n ]
    [ ON securable ] TO principal [ ,...n ]
    [ CASCADE] [ AS principal ]
```

其中，CASCADE 指示拒绝授予指定主体该权限，同时，对该主体授予了该权限的所有其他主体，也拒绝授予该权限。当主体具有带 GRANT OPTION 权限时，为必选项。DENY 语句语法格式中的其他项的含义与 GRANT 语句中的相同。

【例 14.26】 对所有 UddRole2 角色成员拒绝 CREATE TABLE 权限。

```
USE StoreSales
DENY CREATE TABLE TO UddRole2
GO
```

3. 使用 REVOKE 语句撤销用户权限

使用REVOKE语句可撤销以前给当前数据库用户授予或拒绝的权限，语法格式如下。

语法格式：

```
REVOKE [ GRANT OPTION FOR ]
    { [ ALL [ PRIVILEGES ] ]
        | permission [ ( column [ ,...n ] ) ] [ ,...n ]
    }
    [ ON securable ]
```

```
    { TO | FROM } principal [ ,...n ]
    [ CASCADE] [ AS principal ]
```

【例 14.27】 取消已授予用户 DbUser 的 CREATE TABLE 权限。

```
USE StoreSales
REVOKE CREATE TABLE FROM DbUser
GO
```

【例 14.28】 取消对 Dbt 授予的 Employee 表上的 SELECT 权限。

```
USE StoreSales
REVOKE SELECT ON Employee FROM Dbt
GO
```

4．使用图形界面方式给用户授予权限

【例 14.29】 使用图形界面方式给用户 DbUser 授予一些权限。

使用图形界面方式给用户 DbUser 授予权限的操作步骤如下：

（1）启动 SQL Server Management Studio，在对象资源管理器中，展开"数据库"节点，展开 StoreSales 节点，展开"安全性"节点，展开"用户"节点，选中 DbUser 用户，右键单击该用户，在弹出的快捷菜单中选择"属性"命令，如图 14.21 所示。

（2）在出现的"数据库用户-DbUser"窗口中，选择"安全对象"选项卡，如图 14.22 所示，单击"搜索"按钮。

图 14.21　选择"属性"命令

图 14.22　"数据库用户-DbUser"窗口

（3）出现"添加对象"对话框，选择"特定类型的所有对象"单选按钮，单击"确定"按钮。出现如图 14.23 所示的"选择对象类型"对话框，勾选"表"复选框，单击"确定"按钮。

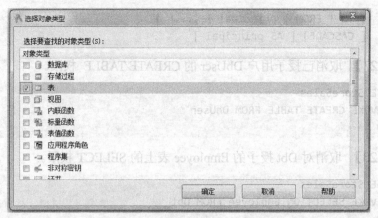

图 14.23 "选择对象类型"对话框

（4）返回到"数据库用户–DbUser"窗口"安全对象"选项卡，在安全对象列表中选择 Goods，在 dbo.Goods 列表中勾选"插入""更改""更新""删除""选择"等权限进行授予，设置结果如图 14.24 所示，单击"确定"按钮，完成对用户 DbUser 的授权操作。

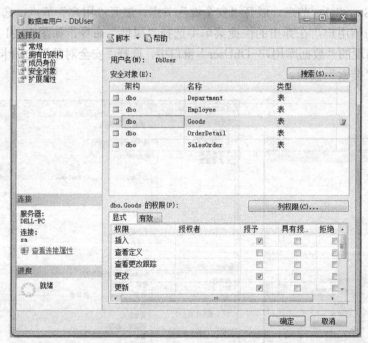

图 14.24 "安全对象"选项卡

14.6 应用举例

【例 14.30】培养自主创建服务器登录名、创建数据库用户、创建用户定义数据库角色和在数据库角色中添加用户的能力。

以系统管理员 sa 身份登录到 SQL Server。

（1）分别给 3 个员工创建登录名：Em1, Em2, Em3。

（2）给上述 3 个员工创建 StoreSales 数据库用户：Emp11, Emp12, Emp13。

（3）在数据库 StoreSales 上创建一个数据库角色 UserRole，并给该数据库角色授予在 Goods 表上执行 SELECT 语句的权限。

（4）将每个员工用户定义为数据库角色 UserRole 的成员。

根据题目要求，编写 T-SQL 语句如下：

（1）分别给 3 个员工创建登录名：Em1, Em2, Em3。

```
CREATE LOGIN Em1
  WITH PASSWORD='1234',
  DEFAULT_DATABASE=StoreSales
GO
CREATE LOGIN Em2
  WITH PASSWORD='1234',
  DEFAULT_DATABASE=StoreSales
GO
CREATE LOGIN Em3
  WITH PASSWORD='1234',
  DEFAULT_DATABASE=StoreSales
GO
```

（2）给上述 3 个员工创建 StoreSales 的数据库用户：Emp11, Emp12, Emp13。

```
CREATE USER Emp11
  FOR LOGIN Em1
GO
CREATE USER Emp12
  FOR LOGIN Em2
GO
CREATE USER Emp13
  FOR LOGIN Em3
GO
```

（3）在数据库 StoreSales 上创建一个数据库角色 UserRole，并给该数据库角色授予在 Goods 表上执行 SELECT 语句的权限。

```
USE StoreSales
GO
CREATE ROLE UserRole AUTHORIZATION dbo
GO
GRANT SELECT ON Goods TO UserRole
  WITH GRANT OPTION
GO
```

（4）将每个员工用户定义为数据库角色 UserRole 的成员。

```
EXEC sp_addrolemember 'UserRole','Emp11'
EXEC sp_addrolemember 'UserRole','Emp12'
EXEC sp_addrolemember 'UserRole','Emp13'
```

14.7　小结

本章主要介绍了以下内容：

（1）SQL Server 的安全机制主要通过 SQL Server 的安全性主体和安全对象来实现。安全性主体有三个级别：服务器级别、数据库级别、架构级别。

SQL Server 提供了两种身份认证模式：Windows 验证模式和 SQL Server 验证模式。

（2）可以使用 T-SQL 语句和图形界面方式两种方式创建登录名、修改登录名和删除登录名。在 T-SQL 语句中，创建登录名使用 CREATE LOGIN 语句，修改登录名使用 ALTER LOGIN 语句，删除登录名使用 DROP LOGIN 语句。

（3）创建数据库时，用户必须首先创建登录名。

创建数据库用户、修改数据库用户、删除数据库用户都有 T-SQL 语句和图形界面两种方式。在 T-SQL 语句中，创建数据库用户使用 CREATE USER 语句，修改数据库用户使用 ALTER USER 语句，删除数据库用户使用 DROP USER 语句。

（4）SQL Server 提供了若干角色，这些角色将用户分为不同的组，对相同组的用户进行统一管理，赋予相同的操作权限。SQL Server 提供了服务器角色和数据库角色。

服务器级角色分为固定服务器角色和用户定义服务器角色。

固定服务器角色是执行服务器级管理操作的权限集合，这些角色是系统预定义的，添加固定服务器角色成员有使用系统存储和图形界面过程两种方式。

在用户定义服务器角色中，提供了灵活有效的安全机制，用户可以创建、修改和删除用户定义服务器角色。

（5）数据库角色分为固定数据库角色、用户定义数据库角色和应用程序角色。

固定数据库角色是在数据库级别定义的，并且有权进行特定数据库的管理和操作，这些角色由系统预定义。

若有若干用户需要获取数据库共同权限，可形成一组，创建用户定义数据库角色赋予该组相应权限，并将这些用户作为该数据库角色成员即可。应用程序角色用于允许用户通过特定的应用程序获取特定数据，它是一种特殊的数据库角色。

（6）权限管理包括登录名权限管理和数据库用户权限管理。

给数据库用户授予权限有使用 T-SQL 语句和图形界面两种方式。

使用 GRANT 语句可以给数据库用户或数据库角色授予数据库级别或对象级别的权限。

使用 DENY 语句可以拒绝给当前数据库用户授予权限，并防止数据库用户通过其组或角色成员资格继承权限。

使用 REVOKE 语句可撤销以前给当前数据库用户授予或拒绝的权限。

习　题　14

一、选择题

14.1　下列 SQL Server 提供的系统角色中，具有 SQL Server 服务器上全部操作权限的角色是_____。

A. db_Owner B. dbcreator C. db_datawriter D. sysadmin

14.2 下列角色中，具有数据库中全部用户表数据的插入、删除、修改权限且只具有这些权限的角色是_____。

    A. db_owner B. db_datareader C. db_datawriter D. public

14.3 创建 SQL Server 登录账户的 SQL 语句是_____。

    A. CREATE LOGIN B. CREATE USER

    C. ADD LOGIN D. ADD USER

14.4 下列关于用户定义数据库角色的说法中，错误的是_____。

    A. 用户定义数据库角色只能是数据库级别的角色

    B. 用户定义数据库角色可以是数据库级别的角色，也可以是服务器级别的角色

    C. 定义用户定义数据库角色的目的是方便对用户的权限管理

    D. 用户定义数据库角色的成员可以是用户定义数据库角色

14.5 下列关于 SQL Server 数据库用户权限的说法中，错误的是_____。

    A. 数据库用户自动具有该数据库中全部用户数据的查询权

    B. 通常情况下，数据库用户都来源于服务器的登录名

    C. 一个登录名可以对应多个数据库中的用户

    D. 数据库用户都自动具有该数据库中 public 角色的权限

14.6 在 SQL Server 中，设用户 U1 是某数据库 db_datawriter 角色中的成员，则 U1 在该数据库中有权执行的操作是_____。

    A. SELECT

    B. SELECT 和 INSERT

    C. INSERT、UPDATE 和 DELETE

    D. SELECT、INSERT、UPDATE 和 DELETE

14.7 在 SQL Server 的某数据库中，设用户 U1 同时是角色 R1 和角色 R2 中的成员。现已授予角色 R1 对表 T 具有 SELECT、INSERT 和 UPDATE 权限，授予角色 R2 对表 T 具有 INSERT 和 DENY UPDATE 权限，没有对 U1 进行其他授权，则 U1 对表 T 有权执行的操作是_____。

    A. SELECT 和 INSERT B. INSERT、UPDATE 和 SELECT

    C. SELECT 和 UPDATE D. SELECT

二、填空题

14.8 SQL Server 安全性主体有三个级别：服务器级别、数据库级别、_____。

14.9 SQL Server 提供了两种身份认证模式：Windows 验证模式和_____验证模式。

14.10 在 SQL Server 中，创建登录名 Em1，请补全下面的语句：

    _____ Em1 WITH PASSWORD='1234' DEFAULT_DATABASE=StoreSales;

14.11 在 SQL Server 某数据库中，授予用户 Emp1 获得对 Sales 表数据的查询权限，请补全实现该授权操作的 T-SQL 语句：

    _____ ON Sales TO Emp1;

14.12 在 SQL Server 某数据库中，授予用户 Emp1 获得创建表的权限，请补全实现该授权操作的 T-SQL 语句：

14.13 在 SQL Server 某数据库中，设置不允许用户 Empl1 获得对 Employee 表的插入数据权限，请补全实现该拒绝权限操作的 T-SQL 语句：

_____ ON Employee TO Empl1;

14.14 在 SQL Server 某数据库中，撤销用户 U1 创建表的权限，请补全实现该撤销权限操作的 T-SQL 语句：

_____ FROM U1;

三、问答题

14.15 怎样创建 Windows 验证模式和 SQL Server 验证模式的登录名？

14.16 SQL Server 登录名和用户有什么区别？

14.17 什么是角色？固定服务器角色有哪些？固定数据库角色有哪些？

14.18 常见的数据库对象访问权限有哪些？

14.19 怎样给一个数据库用户或角色授予操作权限？怎样撤销授予的操作权限？

四、上机实验题

14.20 使用 T-SQL 语句创建一个登录名 MyLog，密码为 123456。然后将密码改为 234567，以 MyLog/234567 登录到 SQL Server，打开 StoreSales 数据库，查看出现的结果。完成上述实验后，删除登录名 MyLog。

14.21 创建一个登录名 MyEm，默认数据库为 Test，使用 T-SQL 语句为 MyEm 登录名在 Test 数据库中创建一个数据库用户 MyUsr。

14.22 将 Test 数据库中建表的权限授予 MyUsr 数据库用户，然后收回该权限。

14.23 将 Test 数据库中表 S 上的 INSERT、UPDATE 和 DELETE 权限授予 MyUsr 数据库用户，然后收回该权限。

14.24 拒绝 MyUsr 数据库用户对 Test 数据库中表 S 的 INSERT、UPDATE 和 DELETE 权限。

第 15 章　备份和恢复

备份是指从 SQL Server 数据库或其事务日志中将数据或日志记录复制到备份设备，如果数据库因意外而损坏，这些备份文件将在数据库恢复时被用来恢复数据库。本章介绍备份和恢复概述、创建备份设备、备份数据库、恢复数据库、复制数据库、分离和附加数据库等内容。

15.1　备份和恢复概述

备份是制作数据库结构、数据库对象和数据的副本的操作，当数据库遭到破坏时，使用备份能够还原和恢复数据。恢复是指从一个或多个备份中还原数据，并在还原最后一个备份后恢复数据库的操作。

用于还原和恢复数据的数据副本称为"备份"，通过妥善的备份，可以从多种故障中恢复数据，例如：

- 硬件故障（例如，磁盘驱动器损坏或服务器报废）。
- 存储媒体故障（例如，存放数据库的硬盘损坏）。
- 用户错误（例如，偶然或恶意地修改或删除数据）。
- 自然灾难（例如火灾、洪水或地震等）。
- 病毒（破坏性病毒会破坏系统软件、硬件和数据）。

此外，数据库备份对于进行数据库日常管理（如将数据库从一台服务器复制到另一台服务器，设置数据库镜像以及进行存档）非常有用。

1. 备份类型

SQL Server 有三种备份类型：完整数据库备份、差异数据库备份、事务日志备份。

（1）完整数据库备份：备份整个数据库或事务日志。

（2）差异数据库备份：备份自上次备份以来发生过变化的数据库的数据，差异备份也称为增量备份。

（3）事务日志备份：备份事务日志。

2. 恢复模式

SQL Server 有三种恢复模式：简单恢复模式、完整恢复模式和大容量日志恢复模式。

（1）简单恢复模式：无日志备份，自动回收日志空间以减少空间需求，实际上不再需要管理事务日志空间。

（2）完整恢复模式：需要日志备份，数据文件丢失或损坏不会导致丢失工作，可以恢复到任意时点（例如，应用程序或用户错误之前）。

（3）大容量日志恢复模式：需要日志备份，是完整恢复模式的附加模式，允许执行高性能的大容量复制操作，通过使用最小方式记录大多数大容量操作，减少日志空间的使用量。

15.2 创建备份设备

在备份操作过程中，需要将要备份的数据库备份到备份设备中，备份设备可以是磁盘设备或磁带设备。

创建备份设备需要一个物理名称或一个逻辑名称，将可以使用逻辑名称访问的备份设备称为命名备份设备，将可以使用物理名称访问的备份设备称为临时备份设备。

- 命名备份设备：又称为逻辑备份设备，用户可定义逻辑名称。
- 临时备份设备：又称为物理备份设备。

使用命名备份设备的一个优点是比使用临时备份设备路径简单。

提示： 物理备份设备的备份文件是常规操作系统文件。通过逻辑备份设备，可以在引用相应的物理备份设备时使用间接寻址。

15.2.1 使用 T-SQL 语句创建临时备份设备

使用 T-SQL 的 BACKUP DATABASE 语句创建临时备份设备，语法格式如下。
语法格式：

```
BACKUP DATABASE { database_name | @database_name_var }
  TO <backup_file> [, …n ]
```

其中，database_name 是被备份的数据库名，backup_file 的定义格式如下：

```
{ { backup_file_name | @backup_file_name_evar } |
  { DISK | TAPE } = { temp_file_name | @temp_file_name_evar }
```

【例 15.1】 使用 T-SQL 语句创建临时备份设备 D:\BackupDevice\DkBp.bak。

```
USE master
BACKUP DATABASE MySales TO DISK='D:\BackupDevice\DkBp.bak'
```

注意： 执行上述语句前，需要先在 Windows 中新建文件夹 D:\BackupDevice。

15.2.2 使用存储过程创建和删除命名备份设备

1. 使用存储过程创建命名备份设备

使用存储过程 sp_addumpdevice 创建命名备份设备，语法格式如下。

语法格式：

```
sp_addumpdevice [ @devtype = ] 'device_type',
[ @logicalname = ] 'logical_name',
[ @physicalname = ] 'physical_name'
```

其中，device_type 指出介质类型，可以是 DISK 或 TAPE，DISK 表示硬盘文件，TAPE 表示磁带设备；logical_name 和 physical_name 分别是逻辑名和物理名。

【例 15.2】 使用存储过程创建命名备份设备 Bp1。

命名备份设备 Bp1 的逻辑名为 Bp1，物理名为 D:\BackupDevice\Bp1.bak，语句如下：

```
USE master
GO
EXEC sp_addumpdevice 'disk', 'Bp1', 'D:\BackupDevice\Bp1.bak'
```

注意：备份磁盘应不同于数据库数据和日志的磁盘，这是数据或日志磁盘出现故障时访问备份数据必不可少的。

2. 使用存储过程删除命名备份设备

使用存储过程 sp_dropdevice 删除命名备份设备，举例如下。

【例 15.3】 使用存储过程删除命名备份设备 Bp1。

```
EXEC sp_dropdevice 'Bp1', DELFILE
```

15.2.3 使用图形界面方式创建和删除命名备份设备

1. 使用图形界面方式创建命名备份设备

【例 15.4】 使用图形界面方式创建命名备份设备 Bp2。

使用图形界面方式创建命名备份设备的操作步骤如下：

（1）启动 SQL Server Management Studio，在对象资源管理器中，展开"服务器对象"节点，选中"备份设备"选项，右键单击该选项，在弹出的快捷菜单中选择"新建备份设备"命令，如图 15.1 所示。

（2）出现如图 15.2 所示的"备份设备"窗口，在"设备名称"文本框中，输入创建的备份设备名 Bp2，单击"文件"文本框后的"…"按钮。

（3）出现如图 15.3 所示的"定位数据库文件-DELL-PC"窗口，在"所选路径"文本框中，输入路径 D:\BackupDevice，在"文件名"文本框中，输入文件名 Bp2，单击"确定"按钮完成设置。

（4）返回对象资源管理器后，在"备份设备"中出现已创建的命名备份设备 Bp2，如图 15.4 所示。

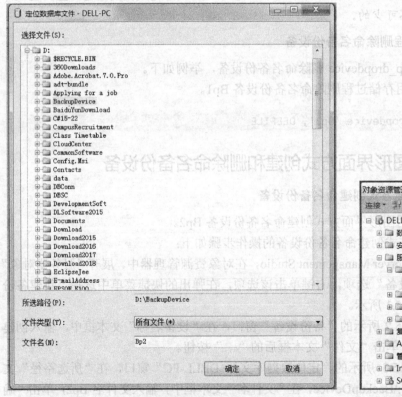

图 15.1 选择"新建备份设备"命令　　　　　　　　图 15.2 "备份设备"窗口

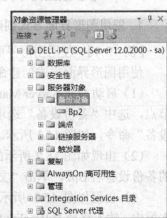

图 15.3 "定位数据库文件-DELL-PC"窗口　　　　　图 15.4 创建的命名备份设备 Bp2

　　注意： 请将数据库和备份放置在不同的设备上。否则，如果包含数据库的设备失败，备份也将不可用。此外，放置在不同的设备上还可以提高写入备份和使用数据库时的 I/O 性能。

2. 使用图形界面方式删除命名备份设备

【例 15.5】 设命名备份设备 Bp3 已创建，使用图形界面方式删除 Bp3。

操作步骤如下：

（1）启动 SQL Server Management Studio，在对象资源管理器中，展开"服务器对象"节点，展开"备份设备"节点，选中要删除的备份设备 Bp3，右键单击该选项，在弹出的快捷菜单中选择"删除"命令。

（2）出现"删除对象"窗口，单击"确定"按钮，删除备份设备完成。

15.3 备份数据库

首先创建备份设备，然后才能通过 T-SQL 语句或图形界面方式备份数据库到备份设备中。

15.3.1 使用 T-SQL 语句备份数据库

使用 T-SQL 中的 BACKUP 语句进行完整数据库备份、差异数据库备份、事务日志备份三种备份类型的操作，以及备份数据库文件或文件组。

1. 完整数据库备份

进行完整数据库备份使用 BACKUP 语句，语法格式如下。

语法格式：

```
BACKUP DATABASE { database_name | @database_name_var }  /* 被备份的数据库名 */
TO <backup_device> [ , … n ]                            /* 备份目标设备 */
[ WITH
    [BLOCKSIZE={blocksize | @blocksize_variable } ]
    [[,] {CHECKSUM | NO_ CHECKSUM }]
    [[,] {STOP_ON_ERROR | CONTINUE_AFTER_ERROR}]
    [[,] DESCRIPTION={'text | @ text_variable'}]
    [[,] DIFFERENTIAL ]
    /*其余选项略*/
]

<backup_device>::=
{
  { logical_device_name | @logical_device_name_var }            /* 使用逻辑设备 */
| { DISK | TAPE } =
      { 'physical_device_name' | @physical_device_name_var } /* 使用物理设备 */
}
```

其中，backup_device 指定备份操作时使用的逻辑备份设备或物理备份设备。

● 逻辑备份设备：又称为命名备份设备，由存储过程 sp_addumpdevice 创建。

● 物理备份设备：又称为临时备份设备。

【例 15.6】 创建一个命名的备份设备 FullBackup，并将数据库 MySales 完整备份到该设备。

```
USE master
EXEC sp_addumpdevice 'disk', 'FullBackup', 'E:\Data\FullBackup.bak'
BACKUP DATABASE MySales TO FullBackup
```

语句执行结果：

```
已为数据库 'MySales'，文件 'MySales' (位于文件 1 上)处理了 328 页。
已为数据库 'MySales'，文件 'MySales_log' (位于文件 1 上)处理了 2 页。
BACKUP DATABASE 成功处理了 330 页，花费 0.259 秒(9.925 MB/秒)。
```

2. 差异数据库备份

进行差异数据库备份时，将备份从最近的完全数据库备份后发生过变化的数据部分。对于需要频繁修改的数据库，该备份类型可以缩短备份和恢复的时间。

进行差异备份使用 BACKUP 语句，语法格式如下。

语法格式：

```
BACKUP DATABASE { database_name | @database_name_var }
    READ_WRITE_FILEGROUPS
    [ , FILEGROUP = { logical_filegroup_name | @logical_filegroup_name_var }
[ ,...n ] ]
    TO <backup_device> [ , … n ]
    [ WITH
      {[[,] DIFFERENTIAL ]
      /*其余选项与数据库的完全备份相同*/
      }
    ]
```

其中，DIFFERENTIAL 选项是差异备份的关键字。

【例 15.7】 创建临时备份设备 DiffBackup，并在所创建的临时备份设备上对数据库 MySales 进行差异备份。

```
BACKUP DATABASE MySales TO
    DISK = 'E:\Data\DiffBackup.bak' WITH DIFFERENTIAL
```

语句执行结果：

```
已为数据库 'MySales'，文件 'MySales' (位于文件 1 上)处理了 40 页。
已为数据库 'MySales'，文件 'MySales_log' (位于文件 1 上)处理了 1 页。
BACKUP DATABASE WITH DIFFERENTIAL 成功处理了 41 页，花费 0.123 秒(2.604 MB/秒)。
```

3. 事务日志备份

事务日志备份用于记录前一次的数据库备份或事务日志备份后数据库所做出的改变。事务日志备份需要在一次完全数据库备份后进行，这样才能将事务日志文件与数据库备份一起用于恢复。进行事务日志备份时，系统进行的操作如下：

（1）将事务日志中从前一次成功备份结束位置开始到当前事务日志结尾处的内容进

行备份。

（2）标识事务日志中活动部分的开始，所谓事务日志的活动部分是指从最近的检查点或最早的打开位置开始至事务日志的结尾处。

进行事务日志备份使用 BACKUP LOG 语句，语法格式如下。

语法格式：

```
BACKUP LOG { database_name | @database_name_var } /*指定被备份的数据库名*/
{
    TO <backup_device> [ ,...n ]                    /*指定备份目标*/
[ WITH
    {
        { NORECOVERY | STANDBY = undo_file_name }
        | NO_TRUNCATE ]
    |/*其余选项与数据库的完全备份相同*/
    }
}
```

其中，BACKUP LOG 语句指定只备份事务日志。

【例 15.8】 创建一个命名的备份设备 LogBackup，备份 MySales 数据库的事务日志。

```
EXEC sp_addumpdevice 'disk', 'LogBackup', 'E:\Data\LogBackup.bak'
BACKUP LOG MySales TO LogBackup
```

语句执行结果：

```
已为数据库 'MySales'，文件 'MySales_log' (位于文件 1 上)处理了 11 页。
BACKUP LOG 成功处理了 11 页，花费 0.074 秒(1.134 MB/秒)。
```

4. 备份数据库文件或文件组

使用 BACKUP 语句进行数据库文件或文件组的备份，语法格式如下。

语法格式：

```
BACKUP DATABASE { database_name | @database_name_var }
    <file_or_filegroup> [ ,...f ]                  /*指定文件或文件组名*/
TO <backup_device> [ ,...n ]
[ [ MIRROR TO <backup_device> [ ,...n ] ] [ ...next-mirror ] ]
[ WITH
    { [[,] DIFFERENTIAL ]
    /*选项与数据库的完全备份相同*/
}]
```

其中，参数<file_or_filegroup>指定的数据库文件或文件组备份到由参数 backup_device 指定的备份设备上。参数<file_or_filegroup>指定包含在数据库备份中的文件或文件组的逻辑名。

15.3.2 使用图形界面方式备份数据库

【例 15.9】 使用图形界面方式对数据库 MySales 进行备份。

使用图形界面方式备份数据库的操作步骤如下:

(1) 启动 SQL Server Management Studio,在对象资源管理器中,展开"数据库"节点,选中"MySales",右键单击该选项,在弹出的快捷菜单中选择"任务"→"备份"命令,如图 15.5 所示。

图 15.5　选择"任务"→"备份"命令

(2) 出现如图 15.6 所示的"备份数据库-MySales"窗口,在"目标"选项组中有一个默认值,单击"删除"按钮将它删除,再单击"添加"按钮。

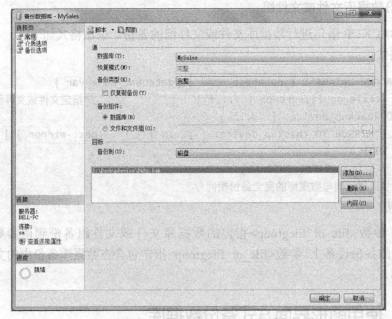

图 15.6　"备份数据库-MySales"窗口

（3）出现如图 15.7 所示的"选择备份目标"窗口，选中"备份设备"单选按钮，从组合框中选中已建备份设备 Bp2，单击"确定"按钮返回"备份数据库–MySales"窗口，单击"确定"按钮，数据库备份操作开始运行，备份完成后，出现 "备份成功"对话框，单击"确定"按钮，完成备份数据库操作。

图 15.7 "选择备份目标" 对话框

15.4 恢复数据库

恢复数据库有两种方式，一种是使用 T-SQL 语句，一种是使用图形界面方式。

15.4.1 使用 T-SQL 语句恢复数据库

在 SQL Server 中，恢复数据库的 T-SQL 语句是 RESTORE。BACKUP 语句所做的备份可使用 RESTORE 语句恢复，包括完整恢复数据库、恢复数据库的部分内容、恢复特定的文件或文件组和恢复事务日志。

1. 完整恢复数据库

当存储数据库的物理介质被破坏或整个数据库被误删除或被破坏时，需要完整恢复数据库。完整恢复数据库时，SQL Server 系统将重新创建数据库及与数据库相关的所有文件，并将文件存放在原来的位置，语法格式如下。

语法格式：

```
    RESTORE DATABASE { database_name | @database_name_var }  /*指定被还原的目标数据库*/
    [ FROM <backup_device> [ ,...n ] ]                        /*指定备份设备*/
    [ WITH
    {
      [ RECOVERY | NORECOVERY | STANDBY = {standby_file_name | @standby_
file_name_var } ]
      | , <general_WITH_options> [ ,...n ]
```

其中，database_name 指定被还原的目标数据库名称，FROM 子句指定用于恢复的备份设备。

【例 15.10】 创建命名备份设备 SalesBp，备份数据库 MySales 到 SalesBp 后，使用 RESTORE 语句从备份设备 SalesBp 中完整恢复数据库 MySales。

```
USE master
GO
EXEC sp_addumpdevice 'disk', 'SalesBp', 'E:\Data\SalesBp.bak'
BACKUP DATABASE MySales TO SalesBp
RESTORE DATABASE MySales FROM SalesBp
  WITH FILE=1, REPLACE
```

语句执行结果：

```
已为数据库 'MySales'，文件 'MySales' (位于文件 1 上)处理了 328 页。
已为数据库 'MySales'，文件 'MySales_log' (位于文件 1 上)处理了 1 页。
BACKUP DATABASE 成功处理了 329 页，花费 0.207 秒(12.409 MB/秒)。
已为数据库 'MySales'，文件 'MySales' (位于文件 1 上)处理了 328 页。
已为数据库 'MySales'，文件 'MySales_log' (位于文件 1 上)处理了 1 页。
RESTORE DATABASE 成功处理了 329 页，花费 0.257 秒(9.995 MB/秒)。
```

2. 恢复数据库的部分内容

将数据库的部分内容还原到另一个位置的机制，可以使损坏或丢失的数据复制回原始数据库，语法格式如下。

语法格式：

```
RESTORE DATABASE { database_name | @database_name_var }
   <files_or_filegroup> [ ,...n ]    /*指定需恢复的逻辑文件或文件组的名称*/
[ FROM <backup_device> [ ,...n ] ]
   WITH
     PARTIAL, NORECOVERY
     [ , <general_WITH_options> [ ,...n ] ]
[;]
```

其中，PARTIAL 为恢复数据库的部分内容时在 WITH 后面要加上的关键字。

3. 恢复事务日志

恢复事务日志，可将数据库恢复到指定的时间点，语法格式如下。

语法格式：

```
RESTORE LOG { database_name | @database_name_var }
[ <file_or_filegroup > [ ,...n ] ]
[ FROM <backup_device> [ ,...n ] ]
[ WITH
   {
     [ RECOVERY | NORECOVERY | STANDBY = {standby_file_name | @standby_
file_name_var } ]
     | , <general_WITH_options> [ ,...n ]
```

```
    } [ ,...n ]
  ]
```

4. 恢复特定的文件或文件组

若某个或某些文件被破坏或被误删除，则可以从文件或文件组备份中进行恢复，而不必进行整个数据库的恢复，语法格式如下。

语法格式：

```
RESTORE DATABASE { database_name | @database_name_var }
  <file_or_filegroup> [ ,...n ]
[ FROM <backup_device> [ ,...n ] ]
  WITH
  {
    [ RECOVERY | NORECOVERY ]
    [ , <general_WITH_options> [ ,...n ] ]
  } [ ,...n ]
```

15.4.2 使用图形界面方式恢复数据库

【例 15.11】 使用图形界面方式对数据库 MySales 进行数据库恢复。

使用图形界面方式恢复数据库的操作步骤如下：

（1）启动 SQL Server Management Studio，在对象资源管理器中，展开"数据库"节点，选中"MySales"，右键单击该数据库，在弹出的快捷菜单中选择"任务"→"还原"→"数据库"命令，如图 15.8 所示。

图 15.8 选择"任务"→"还原"→"数据库"命令

（2）出现如图 15.9 所示的"还原数据库-MySales"窗口，选择 "设备"单选按钮，单击其右侧的"..."按钮。

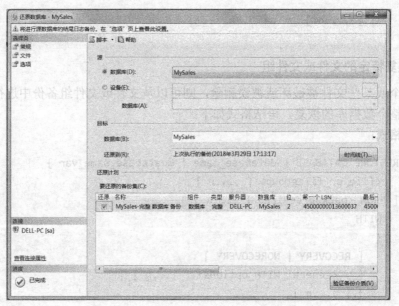

图 15.9 "还原数据库-MySales" 窗口

（3）出现"选择备份设备"窗口，从"备份介质类型"框中选择"备份设备"，单击"添加"按钮。

（4）出现"选择备份设备"窗口，从"备份设备"框中选择"Bp2"，单击"确定"按钮，返回"指定备份"窗口，单击"确定"按钮，返回"还原数据库-MySales"窗口，如图 15.10 所示。

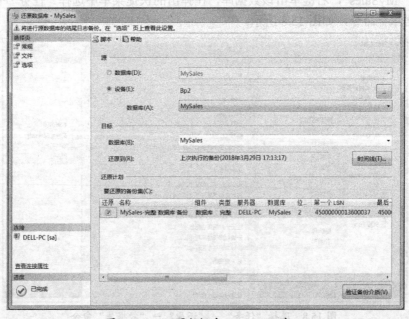

图 15.10 "还原数据库-MySales" 窗口

（5）选择"选项"选项卡，如图 15.11 所示，单击"确定"按钮，数据库恢复操作开始运行，还原完成后，出现"成功还原"对话框，单击"确定"按钮，完成数据库恢复操作。

图 15.11 "还原数据库-MySales"窗口 "选项"选项卡

15.5 复制数据库

通过"复制数据库向导",可以方便地将数据库及其对象从一台服务器移动或复制到另一台服务器上,下面举例说明复制数据库的过程。

【例 15.12】 将源数据库 MySales 复制到目标数据库 MySales_New。

操作步骤如下:

(1)启动 SQL Server Management Studio,在对象资源管理器中,右键单击"SQL Server 代理",在弹出的快捷菜单中选择"启动"命令,在弹出的对话框中单击"是"按钮。

(2)在对象资源管理器中,右键单击"管理",在弹出的快捷菜单中选择"复制数据库"命令,打开"复制数据库向导"窗口,单击"下一步"按钮,进入"选择源服务器"窗口,如图 15.12 所示。

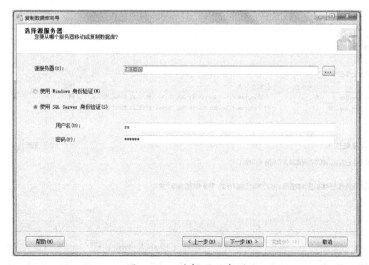

图 15.12 选择源服务器

单击"下一步"按钮，进入"选择目标服务器"窗口，此处不做修改，单击"下一步"按钮。进入"选择传输方法"窗口，这里选择默认方法，单击"下一步"按钮。

（3）进入"选择数据库"窗口，选择需要复制的数据库，这里选择"MySales"并在复制选项中打钩，如图 15.13 所示，单击"下一步"按钮。

图 15.13　选择数据库

（4）进入如图 15.14 所示的"配置目标数据库"窗口，在"目标数据库"文本框中，可改写目标数据库名称，还可修改目标数据库的逻辑文件和日志文件的文件名和路径，单击"下一步"按钮进入"配置包"窗口，这里选择默认设置，单击"下一步"按钮进入"安排运行包"窗口，这里选择"立即运行"选项，单击"下一步"按钮进入"完成该向导"窗口，单击"完成"按钮开始复制数据库，直至完成复制数据库操作。

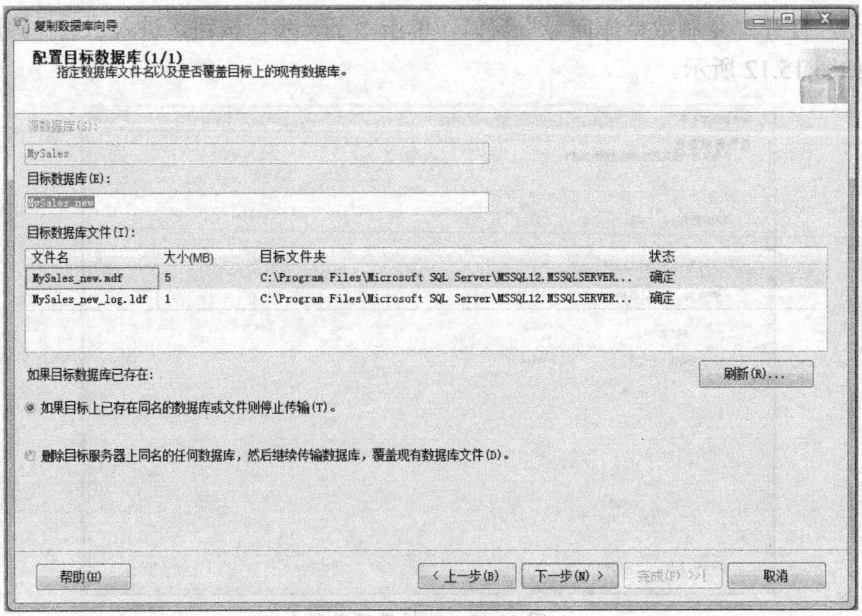

图 15.14　配置目标数据库

15.6　分离和附加数据库

可以分离数据库的数据和事务日志文件，然后将它们重新附加到同一或其他 SQL Server 服务器。如果要将数据库更改到同一计算机的不同 SQL Server 服务器或要移动数据库，分离和附加数据库是很有用的。

15.6.1　分离数据库

【例 15.13】 将数据库 MySales 从 SQL Server 中分离。

操作步骤如下：

（1）启动 SQL Server Management Studio，在对象资源管理器中，展开"数据库"节点，选中"MySales"，右键单击该数据库，在弹出的快捷菜单中选择"任务"→"分离"命令。

（2）进入"分离数据库"窗口，在"数据库名称"列，显示要分离的数据库逻辑名称，勾选"删除连接"，勾选"更新统计信息"，如图 15.15 所示，单击"确定"按钮。

图 15.15　"分离数据库"窗口

（3）完成分离数据库操作。在"数据库"节点下，已无"MySales"数据库。

15.6.2　附加数据库

【例 15.14】 将数据库 MySales 附加到 SQL Server 中。

操作步骤如下：

（1）启动 SQL Server Management Studio，在对象资源管理器中，右键单击"数据库"，在弹出的快捷菜单中选择"附加"命令，如图 15.16 所示。

（2）进入如图 15.17 所示的"附加数据库"窗口，单击"添加"按钮。

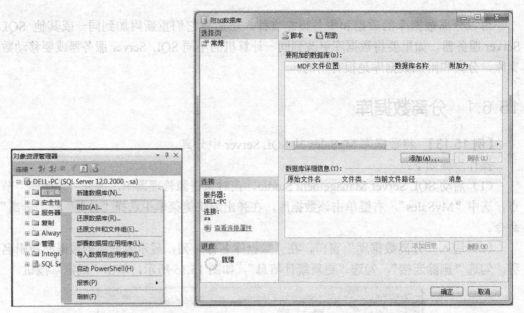

图 15.16 选择"附加"命令   图 15.17 "附加数据库"窗口

（3）出现如图 15.18 所示的"定位数据库文件–DELL-PC"窗口，选择"MySales.mdf"文件，单击"确定"按钮。

图 15.18 "定位数据库文件–DELL-PC"窗口

（4）返回到如图 15.19 所示的"附加数据库"窗口，单击"确定"按钮，完成附加数据库操作。在"数据库"节点下，可看到"MySales"数据库。

图 15.19 "附加数据库"窗口

15.7　小结

本章主要介绍了以下内容:

(1) 备份是制作数据库结构、数据库对象和数据的副本的操作,当数据库遭到破坏时,使用备份能够还原和恢复数据。恢复是指从一个或多个备份中还原数据,并在还原最后一个备份后恢复数据库的操作。

在 SQL Server 中,有三种备份类型:完整数据库备份、差异数据库备份、事务日志备份,有三种恢复模式:简单恢复模式、完整恢复模式和大容量日志恢复模式。

(2) 在备份操作过程中,需要将要备份的数据库备份到备份设备中,备份设备可以是磁盘设备或磁带设备。创建备份设备需要一个物理名称或一个逻辑名称,将可以使用逻辑名称访问的备份设备称为命名备份设备,将可以使用物理名称访问的备份设备称为临时备份设备。

使用存储过程 sp_addumpdevice 可创建命名备份设备,使用存储过程 sp_dropdevice 可删除命名备份设备。使用 T-SQL 的 BACKUP DATABASE 语句可创建临时备份设备,使用图形界面方式也可创建和删除命名备份设备。

(3) 备份数据库必须首先创建备份设备,然后才能通过 T-SQL 语句或图形界面方式备份数据库到备份设备中。

使用 T-SQL 中的 BACKUP 语句能进行完整数据库备份、差异数据库备份、事务日志备份,以及备份数据库文件或文件组。

(4) 恢复数据库有两种方式,一种是使用 T-SQL 语句,一种是使用图形界面方式。

BACKUP 语句所做的备份可使用 RESTORE 语句恢复，包括完整恢复数据库、恢复数据库的部分内容、恢复特定的文件或文件组和恢复事务日志。

（5）可以通过"复制数据库向导"复制数据库。可以使用图形界面方式分离和附加数据库，例如，分离数据库的数据和事务日志文件，然后将它们重新附加到同一个或其他 SQL Server 服务器中。

习　题　15

一、选择题

15.1　下列关于数据库备份的说法中，正确的是＿＿＿＿。

    A．对系统数据库和用户数据库都应采用定期备份的策略

    B．对系统数据库和用户数据库都应采用修改后即备份的策略

    C．对系统数据库应采用修改后即备份的策略，对用户数据库应采用定期备份的策略

    D．对系统数据库应采用定期备份的策略，对用户数据库应采用修改后即备份的策略

15.2　下列关于 SQL Server 备份设备的说法中，正确的是＿＿＿＿。

    A．备份设备可以是磁盘上的一个文件

    B．备份设备是一个逻辑设备，它只能建立在磁盘上

    C．备份设备是一台物理存在的有特定要求的设备

    D．一个备份设备只能用于一个数据库的一次备份

15.3　下列关于差异备份的说法中，正确的是＿＿＿＿。

    A．差异备份备份的是从上次备份到当前时间数据库变化的内容

    B．差异备份备份的是从上次完整备份到当前时间数据库变化的内容

    C．差异备份仅备份数据，不备份日志

    D．两次完整备份之间进行的各差异备份的备份时间都是一样的

15.4　下列关于日志备份的说法中，错误的是＿＿＿＿。

    A．日志备份仅备份日志，不备份数据

    B．日志备份的执行效率通常比差异备份和完整备份高

    C．日志备份的时间间隔通常比差异备份短

    D．第一次对数据库进行的备份可以是日志备份

15.5　在 SQL Server 中，有系统数据库 master、model、msdb、tempdb 和用户数据库。下列关于系统数据库和用户数据库的备份策略，最合理的是＿＿＿＿。

    A．对以上系统数据库和用户数据库都实行周期性备份

    B．对以上系统数据库和用户数据库都实行修改之后即备份

    C．对以上系统数据库实行修改之后即备份，对用户数据库实行周期性备份

    D．对 master、model、msdb 实行修改之后即备份，对用户数据库实行周期性备份，对 tempdb 不备份

15.6 设有如下备份操作：

现从备份中对数据库进行恢复，正确的恢复顺序为 _____。

    A. 完整备份 1，日志备份 1，日志备份 2，差异备份 1，日志备份 3，日志备份 4

    B. 完整备份 1，差异备份 1，日志备份 3，日志备份 4

    C. 完整备份 1，差异备份 1

    D. 完整备份 1，日志备份 4

二、填空题

15.7 SQL Server 支持的三种备份类型是完整数据库备份、差异数据库备份和_____。

15.8 SQL Server 的三种恢复模式是简单恢复模式、_____和大容量日志恢复模式。

15.9 第一次对数据库进行的备份必须是_____备份。

15.10 SQL Server 中，当恢复模式为简单恢复模式时，不能进行_____备份。

15.11 SQL Server 中，在进行数据库备份时，_____用户操作数据库。

15.12 备份数据库必须首先创建_____。

三、问答题

15.13 在 SQL Server 中有哪几种恢复模式？有哪几种备份类型？分别简述其特点。

15.14 怎样创建命名备份设备和临时备份设备？

15.15 备份数据库有哪些方式？

15.16 恢复数据库有哪些方式？

15.17 分离和附加数据库要做哪些操作？

四、上机实验题

15.18 编写一个程序，创建一个数据库备份设备 MyDisk，对应的磁盘文件为 E:\Data\MyDisk.bak。

15.19 编写一个程序，将 Test 数据库备份到数据库备份设备 MyDisk 中。

15.20 编写一个程序，从 MyDisk 中恢复 Test 数据库。

第16章　大数据和云计算

随着 PB 级巨大的数据容量存储、快速的并发读写速度、成千上万个节点的扩展，我们进入了大数据和云计算时代。本章介绍大数据、云计算、云数据库、NoSQL 数据库和 Microsoft Azure SQL DataBase 等内容。

16.1　大数据概述

由于人类的日常生活已经与数据密不可分，科学研究数据量急剧增加，各行各业也越来越依赖大数据手段来开展工作，而数据的产生越来越自动化，人类进入"大数据"时代。

1. 大数据的基本概念

大数据（Big Data）是指海量数据或巨量数据，大数据以云计算等新的计算模式为手段，获取、存储、管理、处理并提炼数据以帮助使用者决策。

大数据具有 4V+1C 的特点：

（1）数据量大（Volume）：存储的数据量巨大，PB 级别是常态，因而对其分析的计算量也大（1PB=1024TB，1TB=1024GB，1GB=1024MB，1MB=1024KB，1KB=1024 字节）。

（2）多样（Variety）：数据的来源及格式多样，数据格式除传统的结构化数据外，还包括半结构化或非结构化数据，比如用户上传的音频和视频内容。而随着人类活动的进一步拓宽，数据的来源更加多样。

（3）快速（Velocity）：数据增长速度快，而且越新的数据价值越大，这就要求对数据的处理速度也要快，以便能够从数据中及时地提取知识，发现价值。

（4）价值密度低（Value）：需要对大量数据进行处理，挖掘其潜在的价值。

（5）复杂度增加（Complexity）：对数据的处理和分析的难度增大。

大数据的技术支撑包括：计算速度的提高、存储成本的下降和对人工智能的需求，如图 16.1 所示。

（1）计算速度的提高

在大数据的发展过程中，计算速度是关键的因素。分布式系统基础架构 Hadoop 的高效性，基于内存的集群计算系统 Spark 的快速数据分析能力，HDFS 可为海量的数据提供存储，MapReduce 可为海量的数据提供并行计算，这些都能大幅度提高计算效率。

（2）存储成本的下降

新的云计算数据中心的出现，降低了企业的计算和存储成本，例如，建设企业网站，可通过租用硬件设备的方式，不需要购买服务器，也不需要雇用技术人员维护服务器，并可长期保留历史数据，为大数据做好基础工作。

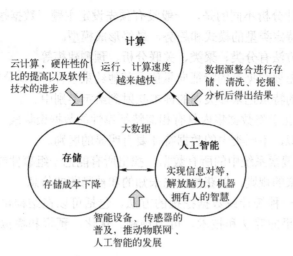

图16.1　大数据的技术支撑

（3）对人工智能的需求

大数据让机器具有智能，例如，Google 的 AlphaoGo 战胜世界围棋冠军李世石，阿里云小 Ai 成功预测出"我是歌手"的总决赛歌王。

2. 大数据的处理过程

大数据的处理过程包括数据的采集和预处理、大数据分析、数据可视化。

（1）数据的采集和预处理

大数据的采集一般采用多个数据库来接收终端数据，包括智能终端、移动 App 应用端、网页端、传感器端等。

数据预处理包括数据清理、数据集成、数据变换和数据归约等方法。

① 数据清理

目标是达到数据格式标准化，清除异常数据和重复数据、纠正数据错误。

② 数据集成

将多个数据源中的数据结合起来并统一存储，建立数据仓库。

③ 数据变换

通过平滑聚集、数据泛化、规范化等方式将数据转换成适用于数据挖掘的形式。

④ 数据归约

寻找依赖于发现目标的数据的有用特征，缩减数据规模，最大限度地精简数据量。

（2）大数据分析

大数据分析包括统计分析、数据挖掘等方法。

① 统计分析

统计分析使用分布式数据库或分布式计算集群，对存储于其内的海量数据进行分析和分类汇总。

统计分析、绘图的语言和操作环境通常采用 R 语言，它是一个用于统计计算和统计制图的、免费和源代码开放的优秀软件。

② 数据挖掘

数据挖掘与统计分析不同的是，一般没有预先设定主题。数据挖掘通过对提供的数据进行分析，查找特定类型的模式和趋势，最终形成模型。

数据挖掘常用方法有分类、聚类、关联分析、预测建模等。

● 分类：根据重要数据类的特征向量值及其他约束条件，构造分类函数或分类模型，目的是根据数据集的特点把未知类别的样本映射到给定类别中。

● 聚类：目的在于将数据集内具有相似特征属性的数据聚集成一类，同一类中的数据特征要尽可能相似，不同类中的数据特征要有明显的区别。

● 关联分析：搜索系统中的所有数据，找出所有能把一组事件或数据项与另一组事件或数据项联系起来的规则，以获得预先未知的和被隐藏的信息。

● 预测建模：一种统计或数据挖掘的方法，包括可以在结构化与非结构化数据中使用以确定未来结果的算法和技术，可为预测、优化、预报和模拟等许多业务系统所使用。

（3）数据可视化

通过图形、图像等技术直观形象和清晰有效地表达数据，从而为发现数据隐含的规律提供技术手段。

16.2 云计算概述

本节介绍云计算的基本概念、云计算的层次结构及其特点。

1. 云计算的基本概念

2006 年 8 月 9 日，Google 首席执行官 Eric Schmidt 在搜索引擎大会上，第一次提出云计算（Cloud Computing）的概念。

云计算是一种新的计算模式，它将计算任务分布在大量计算机构成的资源池上，使各种应用系统能够根据需要获取计算能力、存储空间和信息服务，即云计算是通过网络按需提供可动态伸缩的性能价格比高的计算服务。

"云"是指可以自我维护和管理的虚拟计算机资源，通常是大型服务器集群，包含计算服务器、存储服务器和网络资源等。"云"在某些方面具有现实中的云的特征：规模较大，可以动态伸缩，在空中位置飘忽不定，但它确实存在于某处。

云计算是并行计算（Parallel Computing）、分布式计算（Distributed Computing）、网格计算（Grid Computing）的发展，又是虚拟化（Virtualization）、效用计算（Utility Computing）等概念的演进和跃升的结果。

2. 云计算的层次结构

云计算的层次结构包括物理资源层、虚拟资源层、IaaS（基础设施即服务）、PaaS（平台即服务）、SaaS（软件即服务），如图 16.2 所示。

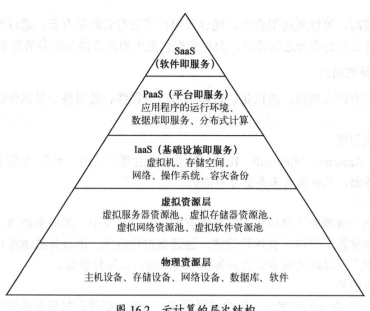

图 16.2　云计算的层次结构

（1）物理资源层

由服务器、存储器、网络设施、数据库、软件等构成。

（2）虚拟资源层

由虚拟服务器资源池、虚拟存储器资源池、虚拟网络资源池、虚拟软件资源池等构成。

（3）IaaS（基础设施即服务）

云计算服务的最基本类别，可从服务提供商处租用 IT 基础结构，如服务器和虚拟机、存储空间、网络和操作系统。用户相当于使用裸机和磁盘，既可以让它运行 Windows，也可以让它运行 Linux。例如，Microsoft Azure 和 AWS（Amazon Web Services）。

（4）PaaS（平台即服务）

平台即服务是指云计算服务，它们可以按需提供开发、测试、交付和管理软件应用程序所需的环境。例如，Google App Engine。

（5）SaaS（软件即服务）

软件即服务（SaaS）是通过 Internet 交付软件应用程序的方法，用户通常使用手机、平板电脑或 PC 上的 Web 浏览器通过 Internet 连接到应用程序。

有三种不同的方法来部署云计算资源：公有云、私有云和混合云。

（1）公有云（Public Clouds）

公有云由云服务提供商创建和提供，如 Microsoft Azure 就是公有云。在公有云中，所有硬件、软件和其他支持性基础结构均为云提供商所拥有和管理。

（2）私有云（Private Clouds）

私有云是企业或组织单独构建的云计算系统，私有云可以位于企业的现场数据中心，也可交由服务提供商进行构建和托管。

（3）混合云（Hybrid Clouds）

出于信息安全方面的考虑，有些企业的信息不能放在公有云上，但又希望能使用公有云的计算资源，可以采用混合云。混合云组合了公有云和私有云，通过允许数据和应用程序在私有云和公有云之间移动，为企业提供更大的灵活性和更多的部署选项。

3. 云计算的特点

云计算具有超大规模、虚拟化、按需服务、可靠性、通用性、灵活弹性、性能价格比高等特点。

（1）超大规模

Google、Amazon、Microsoft、IBM、阿里、百度等公司的"云"，都拥有几十万台到上百万台服务器，具有前所未有的计算能力。

（2）虚拟化

云计算是一种新的计算模式，它将现有的计算资源集中，组成资源池。传统意义上的计算机、存储器、网络、软件等设施，通过虚拟化技术，形成各类虚拟化的计算资源池，这样，用户可以通过网络来访问各类形式的虚拟化计算资源。

（3）按需服务

"云"是一个庞大的资源池，用户按需购买，云服务提供商按资源的使用量和使用时间收取用户的费用。

（4）可靠性

云计算采用了计算节点同构可互换、数据多个副本容错等措施来保障服务的高可靠性，使用云计算比使用本地计算更加可靠。

（5）通用性

"云"可以支撑千变万化的应用，同一片"云"可以同时支撑不同的应用运行。

（6）灵活弹性

云计算模式具有极大的灵活性，可以适应不同的用户开放和部署阶段的各种类型和规模的应用程序。"云"的规模可动态伸缩，以满足用户和用户规模增长的需要。

（7）性能价格比高

云计算使企业无须在购买硬件和软件以及设置和运行现场数据中心上进行资金投入，"云"的自动化管理降低了管理成本，其特殊的容错措施可以采用成本低的节点来构成云，其通用性提高了资源利用率，从而形成较高的性能价格比。

16.3 云数据库

云数据库是运行在云计算平台上的数据库系统，它是在 SaaS（软件即服务）模式下发展起来的云计算技术。

下面分别介绍 Microsoft Azure SQL DataBase、Amazon RDS、Google 的 Cloud SQL 和阿里云数据库。

1. Microsoft Azure SQL DataBase

使用 Microsoft Azure SQL DataBase，可以方便快速地使用 SQL 数据库服务而不需要采购硬件和软件。它像一个在 Internet 上已经创建好的 SQL Server 服务器，由微软托管和运行维护，并且部署在微软的全球数据中心。它可以提供传统的 SQL Server 功能，例如表、视图、函数、存储过程和触发器等，并且提供数据同步和聚合功能。

Microsoft Azure SQL DataBase 的基底是 SQL Server，但它是一种特殊设计的 SQL Server，它以 Microsoft Azure 为基底平台，配合 Microsoft Azure 的特性，它是一种分散在许多实体基础架构（Physical Infrastructure）及其内部的许多虚拟服务器（Virtual Servers）上的云端存储服务。它的特性有：自主管理、高可用性、可拓展性、熟悉的开发模式和关系数据模型。

2. Amazon RDS

Amazon Relational DataBase Service（Amazon RDS）使用户能在云中轻松设置、操作和扩展关系数据库，它在自动执行管理任务的同时，可提供经济实用的可调容量，使用户能够腾出时间专注于应用程序，具有快速性、高可用性、安全性和兼容性。

Amazon RDS 提供多种常用的数据库引擎，支持 SQL 数据库、NoSQL 和内存数据库，包括 Amazon Aurora、PostgreSQL、MySQL、MariaDB、Oracle 和 Microsoft SQL Server。可以使用 AWS DataBase Migration Service 将现有的数据库迁移或复制到 Amazon RDS 中。

3. Google 的 Cloud SQL

Google 推出的基于 MySQL 的云端数据库 Google Cloud SQL，具有以下特点：

（1）由 Google 维护和管理数据库。

（2）高可信性和可用性。用户数据会同步到多个数据中心，机器故障和数据中心出错都会自动调整。

（3）支持 JDBC（基于 Java 的 App Engine 应用）和 DB-API（基于 Python 的 App Engine 应用）。

（4）全面的用户界面管理数据库。

（5）与 Google App Engine（Google 应用引擎）集成。

4. 阿里云数据库

阿里云数据库提供多种数据库版本，支持 SQL 数据库、NoSQL 和内存数据库。

（1）阿里云数据库 SQL Server 版

SQL Server 是发行最早的商用数据库产品之一，支持复杂的 SQL 查询，支持基于 Windows 平台.NET 架构的应用程序。

（2）阿里云数据库 MySQL 版

MySQL 是全球受欢迎的开源数据库之一，作为开源软件组合 LAMP（Linux+ Apache + MySQL + Perl/PHP/Python）中的重要一环，广泛应用于各类应用场景。

（3）阿里云数据库 PostgreSQL 版

PostgreSQL 是先进的开源数据库，面向企业复杂 SQL 处理的 OLTP 在线事务处理场景，支持 NoSQL 数据类型（JSON/XML/hstore），支持 GIS 地理信息处理。

（4）阿里云数据库 HBase 版

阿里云数据库 HBase 版（ApsaraDB for HBase）是基于 Hadoop 且兼容 HBase 协议的高性能、可弹性伸缩、面向列的分布式数据库，轻松支持 PB 级大数据存储，满足千万级 QPS 高吞吐随机读写场景。

（5）阿里云数据库 MongoDB 版

阿里云数据库 MongoDB 版支持 ReplicaSet 和 Sharding 两种部署架构，具备安全审计、时间点备份等多项企业能力，在互联网、物联网、游戏、金融等领域被广泛采用。

（6）阿里云数据库 Redis 版

阿里云数据库 Redis 版兼容 Redis 协议标准，可提供持久化的内存数据库服务，基于高可靠双机热备架构及可无缝扩展的集群架构，能满足高读写性能场景及容量需弹性变配的业务需求。

（7）阿里云数据库 Memcache 版

阿里云数据库 Memcache 版（ApsaraDB for Memcache）是一种高性能、高可靠、可平滑扩容的分布式内存数据库。基于飞天分布式系统及高性能存储，并提供了双机热备、故障恢复、业务监控、数据迁移等方面的全套数据库解决方案。

16.4 NoSQL 数据库

在云计算和大数据时代，很多信息系统需要对海量的非结构化数据进行存储和计算，NoSQL 数据库应运而生。

1. 传统关系数据库存在的问题

随着互联网应用的发展，传统关系数据库在读写速度、支撑容量、扩展性能、管理和运营成本方面存在以下问题。

（1）读写速度慢

关系数据库由于其系统逻辑复杂，当数据量达到一定规模时，读写速度快速下滑，即使能勉强应付每秒上万次的 SQL 查询，硬盘 I/O 也无法承担每秒上万次的 SQL 写数据的要求。

（2）支撑容量有限

Facebook 和 Twitter 等社交网站，每月能产生上亿条用户动态，关系数据库在一个有数亿条记录的表中进行查询，效率极低，致使查询速度无法忍受。

（3）扩展困难

当一个应用系统的用户量和访问量不断增加时，关系数据库无法通过简单添加更多的硬件和服务节点来扩展性能和负载能力，该应用系统不得不停机维护以完成扩展工作。

（4）管理和运营成本高

企业级数据库的 License 价格高，加上系统规模不断上升，系统管理维护成本无法满足上述要求。

同时，关系数据库一些特性，例如，复杂的 SQL 查询、多表关联查询等，在云计算和大数据中却往往无用武之地，所以，传统关系数据库已难以独立满足云计算和大数据时代应用的需要。

2. NoSQL 的基本概念

NoSQL 数据库泛指非关系型数据库，NoSQL（Not Only SQL）在设计上和传统的关系数据库不同，常用的数据模型有 Cassandra、Hbase、BigTable、Redis、MongoDB、

CouchDB、Neo4j 等。

NoSQL 数据库具有以下特点：

（1）读写速度快、数据容量大

能够对数据进行高并发读写，并实现海量数据的存储。

（2）易于扩展

可以在系统运行时，动态增加或者删除节点，不需要停机维护。

（3）一致性策略

遵循 BASE（Basically Available, Soft state, Eventual consistency）原则，即 Basically Available（基本可用），指允许数据出现短期不可用；Soft state（柔性状态），指状态可以有一段时间不同步；Eventual consistency（最终一致），指最终一致，而不是严格的一致。

（4）灵活的数据模型

不需要事先定义数据模式、预定义表结构。数据中的每条记录都可能有不同的属性和格式，当插入数据时，并不需要预先定义它们的模式。

（5）高可用性

NoSQL 数据库将记录分散在多个节点上，对各个数据分区进行备份（通常是 3 份），应对节点的失败。

3. NoSQL 的种类

随着云计算和大数据的发展，出现了众多的 NoSQL 数据库，常用的 NoSQL 数据库根据其存储特点及存储内容可以分为以下 4 类：

（1）键值（Key-Value）模型

一个关键字（Key）对应一个值（Value），简单易用的数据模型能够提供快的查询速度、海量的数据存储和高并发操作，适合通过主键对数据进行查询和修改工作，例如，Redis 模型。

（2）列存储模型

按列对数据进行存储，可存储结构化和半结构化数据，有利于对数据进行查询，适用于数据仓库类的应用，代表模型有 Cassandra、Hbase、BigTable。

（3）文档型模型

该类模型也是一个关键字（Key）对应一个值（Value），但这个值以 Json 或 XML 等格式的文档进行存储，常用的模型有 MongoDB、CouchDB。

（4）图（Graph）模型

将数据以图形的方式进行存储，记为 $G(V, E)$，V 为节点（node）的结合，E 为边（edge）的结合，该模型支持图结构的各种基本算法，用于直观地表达和展示数据之间的联系，例如，Neo4j 模型。

4. NewSQL 的兴起

现有 NoSQL 数据库产品大多是面向特定应用的，缺乏通用性，其应用具有一定的局限性，虽然已有一些研究成果和改进的 NoSQL 数据存储系统，但它们都是针对不同应用需求而提出的相应解决方案，还没有形成系列化的研究成果，缺乏强有力的理论、技术、标准规范的支持，缺乏足够的安全措施。

NoSQL 数据库以其读写速度快、数据容量大、扩展性能好，在云计算和大数据时代取得迅速发展，但 NoSQL 不支持 SQL 语言，使应用程序开发困难，不支持应用所需 ACID 特性，新的 NewSQL 数据库将 SQL 和 NoSQL 的优势结合起来，代表的模型有 VoltDB、Spanner 等。

16.5　Microsoft Azure SQL DataBase

Microsoft 公司是一个面向移动优先、云优先的生产力和平台公司。Microsoft 的 Cloud OS 平台涵盖了客户的数据中心、服务供应商的数据中心和微软公有云。Cloud OS 云操作系统以 Windows Server 和 Microsoft Azure 为核心，Windows Server 负责交付私有云，Microsoft Azure 负责交付公有云。

Microsoft Azure 是 Microsoft 公司研发的公有云计算平台，中国 Microsoft Azure 是由中国公司世纪互联在位于大陆的数据中心运营并提供的独立 Microsoft Azure 平台。

16.5.1　申请试用 Microsoft Azure

下面介绍申请试用 Microsoft Azure 的步骤。

1. 通过实名认证审核获取激活码

Microsoft Azure 网站（由世纪互联运营）的网址为 https://www.azure.cn/，进入该网站。单击页面右上角的"申请试用"按钮，出现"Azure 试用申请表"页面，填写"Azure 试用申请表"后，单击"提交"按钮，将获得实名认证的审核结果，若审核通过，会收到一封由世纪互联发来的邮件。

2. 注册

获取激活码后，单击"输入激活码页"，进入该页后，在该页的"请输入激活码"框中输入激活码，单击"提交"按钮，进入"Microsoft Azure 欢迎"页面，如图 16.3 所示。

图 16.3　"Microsoft Azure 欢迎"页面

在"关于您"栏中，在"名字"框中输入名字，在"姓氏"框中输入姓氏，在"联系人电子邮件地址"框中输入电子邮件地址。

在"您的登录信息"栏中，"域名"框的内容即由名字和姓氏生成。单击"检查可用性"按钮，如果"域名"框内出现对钩，该页将全部拉开。

在"您的登录信息"栏中，在"新建用户 ID"框中输入用户 ID，在"创建新密码"框和"确认新密码"框中输入密码。

在"您的手机号码和验证"栏中，在"手机号码"框中输入手机号码，完成手机验证。

单击"继续"按钮后，不要关闭该页。回到 Microsoft Azure 网站主页，单击"登录 Azure 门户"，出现如图 16.4 所示的登录页面。

选择"ben@sqltest.partner.onmschina.cn"用户账号后，进入输入密码页面，如图 16.5 所示，在该页面中输入密码，单击"登录"按钮。

图 16.4　登录页面

图 16.5　输入密码页面

进入购买页面，在"1. 按电话验证"栏中，输入电话号码并完成短信验证后，"2. 付款信息"栏将拉开。付款方式可以选择"支付宝"或"银联在线支付"，预付金额已选定为 ¥1。在"3. 协议"栏的"我同意"复选框中打钩，单击"购买"按钮，完成注册。

16.5.2　进入 Microsoft Azure 管理门户

注册完成后，进入 Microsoft Azure 管理门户的步骤如下：

（1）打开 Microsoft Azure 网站主页。

（2）登录 Azure 门户。单击"登录 Azure 门户"，出现如图 16.4 所示的登录页面。选择"ben@sqltest.partner.onmschina.cn"用户账号后，进入输入密码页面，如图 16.5 所示，在该界面中输入密码，单击"登录"按钮。

（3）进入 Microsoft Azure 管理门户。出现"Microsoft Azure 管理门户"页面，如图 16.6 所示。

16.5.3　使用 Microsoft Azure 管理门户创建 Azure SQL 数据库

可以使用 Microsoft Azure 管理门户或 SQL Server Management Studio 客户端应用程序来管理 Azure SQL 数据库。

图 16.6　Microsoft Azure 管理门户页面

本节介绍使用 Microsoft Azure 管理门户创建 Microsoft Azure SQL 数据库。

（1）单击管理门户左边的"SQL 数据库"图标按钮，出现"SQL 数据库"页面，如图 16.7 所示，单击"创建 SQL 数据库"按钮。

图 16.7　"SQL 数据库"页面

（2）出现"SQL 数据库"选项卡，在"数据库名称"框中输入 StoreCloud，在"资源组"下边，选择"新建"单选按钮，输入 stgp，在"排序规则"框中输入 Chinese_PRC_CS_AS，单击"服务器配置所需的设置"。

出现"服务器"选项卡和"新服务器"选项卡，在"新服务器"选项卡中，在"服务器名称"框中输入 bensql，在"服务器管理员登录"框中输入 ben，在"密码"框和"确认密码"框中输入相同的密码，如图 16.8 所示，单击"选择"按钮。为避免中文乱码问题，需在"排序规则"框中输入 Chinese_PRC_CS_AS。

图 16.8　创建 SQL 数据库

（3）出现"SQL 数据库"选项卡，单击"创建"按钮，即可创建 bensql 服务器和 StoreCloud 数据库。

（4）单击管理门户左边的"仪表板"图标按钮，出现"仪表板"页面，单击其中的 StoreCloud 链接。出现 StoreCloud 数据库概要页面，如图 16.9 所示。可在该页面浏览和配置数据库。

图 16.9　StoreCloud 数据库概要页面

16.5.4　使用集成开发环境管理 Azure SQL 数据库

在本地数据库可以使用 SQL Server Management Studio 集成开发环境来管理云数据库 Azure SQL。

1. 启动 SQL Server Management Studio，连接到 Azure SQL 数据库 BookCloud

选择"开始"→"所有程序"→"Microsoft SQL Server 2014"，单击"SQL Server 2014 Management Studio"，出现"连接到服务器"对话框，在"服务器名称"框中输入 bensq1.database.chinacloudapi.cn，在"身份验证"框中选择 SQL Server 身份验证，在"登录名"框中选择 ben，在"密码"框中输入密码，这里是安装过程中设置的密码 123456，如图 16.10 所示。

单击"选项"按钮，在"连接属性"选项卡中，在"连接到数据库"框中输入 StoreCloud，单击"连接"按钮，连接到云数据库 StoreCloud，如图 16.11 所示。

图 16.10　连接到 Azure SQL 数据库服务器　　图 16.11　连接到云数据库 StoreCloud

注意：在"连接属性"选项卡中，可以输入需要连接的数据库，从而在该数据库中进行创建表、插入数据、查询数据等操作。

由于没有将本地 IP 地址添加到 Azure SQL 服务器防火墙的设置中，所以在连接过程中 Azure SQL 拒绝连接，如图 16.12 所示。

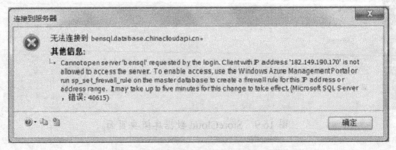

图 16.12　无法连接到服务器的提示信息

登录 Azure 门户，进入 Microsoft Azure 管理门户，在"仪表板"页面中，单击 StoreCloud 链接，在出现的 StoreCloud 数据库概要页面中，单击"设置服务器防火墙"按钮，出现"防火墙设置"页面，键入规则名和提示的客户端 IP 地址，单击"保存"按钮。

成功连接到 Azure SQL 后，出现如图 16.13 所示的界面，可以看出，已连接到 Azure SQL 数据库 StoreCloud。

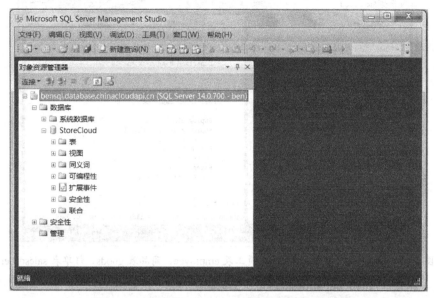

图 16.13　连接到 Azure SQL 数据库服务器的界面

2. 使用 T-SQL 语句，在云数据库 StoreCloud 中，创建表和插入数据

（1）创建表

【例 16.1】　使用 T-SQL 语句，在 Azure SQL 数据库 StoreCloud 中，创建部门表 department、员工表 employee、商品表 goods、订单表 salesorder。

启动 SQL Server Management Studio，连接到 Azure SQL 数据库 StoreCloud，创建部门表 department、员工表 employee、商品表 goods、订单表 salesorder 的语句如下：

```
CREATE TABLE department
(
    DepartmentID char(4) NOT NULL PRIMARY KEY,
    DepartmentName nvarchar(10) NOT NULL
)
GO
…
```

在 SQL Server Management Studio 中，单击左上方工具栏"新建查询"按钮，右边出现查询分析器编辑窗口，输入上述 T-SQL 语句，单击"执行"按钮，该语句运行结果如图 16.14 所示。

（2）在表中插入数据

在云数据库 StoreCloud 中的部门表、员工表、商品表、订单表中插入样本数据。

【例 16.2】　对 Azure SQL 数据库 StoreCloud 中的部门表 department、员工表 employee、商品表 goods、订单表 salesorder，插入样本数据。

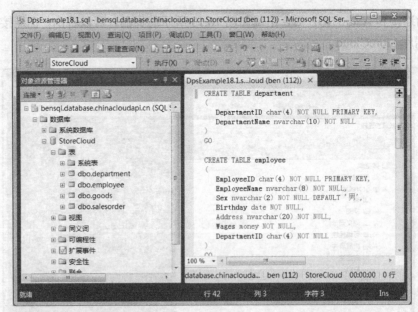

图 16.14 创建部门表 department、员工表 employee、商品表 goods、订单表 salesorder

```
INSERT INTO department VALUES
    ('D001','销售部'),
    ('D002','人事部'),
    ('D003','物资部'),
    ('D004','经理办');
GO
...
```

该语句运行结果如图 16.15 所示。

图 16.15 在部门表 department、员工表 employee、商品表 goods、订单表 salesorder 中插入样本数据

3. 使用 T-SQL 语句，在 Azure SQL 数据库 StoreCloud 中查询数据

启动 SQL Server Management Studio，连接到 Azure SQL 数据库 StoreCloud，使用 T-SQL 语句进行查询。

【例 16.3】 在 Azure SQL 数据库 StoreCloud 中，查询商品表数据。

```
SELECT *
FROM goods
```

在 SQL Server Management Studio 中，单击左上方工具栏中的 "新建查询" 按钮，右边出现查询分析器编辑窗口，输入上述 T-SQL 语句，单击 "执行" 按钮，查询结果如图 16.16 所示。

图 16.16　查询商品表数据

16.6　小结

本章主要介绍了以下内容：

（1）大数据（Big Data）是指海量数据或巨量数据，大数据以云计算等新的计算模式为手段，获取、存储、管理、处理并提炼数据以帮助使用者决策。

大数据具有数据量大、多样、快速、价值密度低、复杂度增加等特点。

大数据的技术支撑有：计算速度的提高、存储成本的下降和对人工智能的需求。

大数据的处理过程包括数据的采集和预处理、大数据分析、数据可视化。

（2）云计算是一种新的计算模式，它将计算任务分布在大量计算机构成的资源池上，使各种应用系统能够根据需要获取计算能力、存储空间和信息服务，即云计算是通过网络按需提供可动态伸缩的性能价格比高的计算服务。

云计算具有超大规模、虚拟化、按需服务、可靠性、通用性、灵活弹性、性能价格比高等特点。

云计算的层次结构包括物理资源层、虚拟资源层、IaaS（基础设施即服务）、PaaS（平台即服务）、SaaS（软件即服务）。

（3）云数据库是运行在云计算平台上的数据库系统，它是在 SaaS（软件即服务）模式下发展起来的云计算技术。主要的云数据库有 Microsoft Azure SQL DataBase、Amazon RDS、Google 的 Cloud SQL 和阿里云数据库。

（4）NoSQL 数据库泛指非关系型的数据库，NoSQL（Not Only SQL）是指其在设计上和传统的关系数据库不同，常用的数据模型有 Cassandra、Hbase、BigTable、Redis、MongoDB、CouchDB、Neo4j 等。

NoSQL 数据库具有读写速度快、数据容量大，易于扩展、一致性策略、灵活的数据模型、高可用性等特点。

常用的 NoSQL 数据库可以分为键值（Key-Value）模型、列存储模型、文档型模型、图（Graph）模型等 4 类。

新的 NewSQL 数据库将 SQL 和 NoSQL 的优势结合起来，代表的模型有 VoltDB、Spanner 等。

（5）Microsoft Azure SQL DataBase 的基底是 SQL Server，但它是一种特殊设计的 SQL Server，它以 Microsoft Azure 为基底平台，配合 Microsoft Azure 的特性，它是一种分散在许多实体基础架构（Physical Infrastructure）及其内部的许多虚拟服务器（Virtual Servers）上的云端存储服务。

申请试用 Microsoft Azure 的步骤包括：通过实名认证审核、获取激活码和注册。

进入 Microsoft Azure 管理门户的步骤包括：打开 Microsoft Azure 网站（由世纪互联运营），登录 Azure 门户，进入 Microsoft Azure 管理门户。

（6）使用 Microsoft Azure 管理门户或 SQL Server Management Studio 客户端应用程序可以管理 Azure SQL 数据库。

习 题 16

一、选择题

16.1　下列哪一项不属于 NoSQL 数据库的类型_____。

    A．键值模型　　　　　　　　　　B．列存储模型

    C．文档型模型　　　　　　　　　　D．树模型

16.2　云计算的层次结构不包括 _____。

    A．虚拟资源层　　　　　　　　　　B．会话层

    C．IaaS　　　　　　　　　　　　　D．PaaS

二、填空题

16.3　大数据（Big Data）是指_____海量数据或巨量数据，大数据以云计算等新的计算模式为手段，获取、存储、管理、处理并提炼数据以帮助使用者决策。

16.4　大数据的技术支撑有：计算速度的提高、存储成本的下降和对_____的需求。

16.5　云计算是一种新的计算模式，它将计算任务分布在大量计算机构成的_____上。

16.6　云计算具有 _____、虚拟化、按需服务、可靠性、通用性、灵活弹性、性能价格比高等特点。

16.7 云数据库是运行在 ＿＿＿＿＿＿ 上的数据库系统，它是在 SaaS（软件即服务）模式下发展起来的云计算技术。

16.8 NoSQL 数据库泛指 ＿＿＿＿＿＿ 的数据库，NoSQL（Not Only SQL）指其在设计上和传统的关系数据库不同。

16.9 NoSQL 数据库具有 ＿＿＿＿＿＿、数据容量大，易于扩展、一致性策略、灵活的数据模型、高可用性等特点。

三、问答题

16.10 简述大数据的基本概念及其特点。

16.11 什么是云计算？它有哪些特点？

16.12 什么是云数据库？

16.13 比较 NoSQL 数据库和 NewSQL 数据库。

第 17 章 基于 Visual C#和 SQL Server 数据库的学生管理系统的开发

本章以 Visual Studio 2012 作为开发环境,以 Visual C#作为脚本语言,以 SQL Server 数据库的学生成绩数据库作为后台数据库,进行学生管理系统的开发。学生管理系统的功能包括学生信息录入、学生信息管理、学生信息查询等。

17.1 学生管理系统的数据库和表

在基于 Visual C#和 SQL Server 数据库的学生管理系统的开发中,以学生成绩数据库 StudentScore 为后台,使用其中的学生表 Student,其表结构如表 17.1 所示,样本数据如表 17.2 所示。

表 17.1 Sudent 表的表结构

列名	数据类型	允许 Null 值	是否主键	说明
StudentID	char(6)		主键	学号
Name	char(8)			姓名
Sex	char(2)			性别
Birthday	date			出生日期
Speciality	char(12)	√		专业
TotalCredits	int	√		总学分

表 17.2 Sudent 表的样本数据

学号	姓名	性别	出生日期	专业	总学分
161001	周浩然	男	1995-09-14	电子信息工程	52
161002	王丽萍	女	1997-02-21	电子信息工程	48
161004	程杰	男	1996-10-08	电子信息工程	50
162001	李建伟	男	1995-07-12	计算机	48
162002	杨倩	女	1996-11-07	计算机	50
162005	胡小翠	女	1996-04-16	计算机	52

17.2 新建项目和窗体

1. 新建项目

启动 Visual Studio 2012(以下简称 VS 2012),选择“文件”→“新建”→“项目”

命令，弹出"新建项目"对话框，在"已安装"→"模板"→"Visual C#"→"Windows"中，选择"Windows 窗体应用程序"模板，在"名称"框中输入 StudentManagement，如图 17.1 所示，单击"确定"按钮，在 VS 2012 窗口右边的"解决方案资源管理器"中出现项目名 StudentManagement。

图 17.1　"新建项目"对话框

2. 新建父窗体

右键单击项目名 StudentManagement，选择"添加"→"Windows 窗体"命令，出现"添加新项"对话框，在"Windows Forms"中，选择"MDI 父窗体"模板，在"名称"框中输入 SM.cs，如图 17.2 所示，单击"添加"按钮，完成父窗体的添加。

图 17.2　新建父窗体

3. 新建子窗体

本项目 StudentManagement 包括学生信息录入、学生信息查询、学生信息管理等功能，相应地需要新建 3 个子窗体。

首先新建学生信息录入窗体,右键单击项目名 StudentManagement,选择"添加"→"Windows 窗体"命令,出现"添加新项"对话框,在"Windows Forms"中,选择"Windows 窗体"模板,在"名称"框中输入 St_Input.cs,如图 17.3 所示,单击"添加"按钮,完成窗体的添加。

　　按照同样的方法添加学生信息查询窗体 St_Query、学生信息管理窗体 St_Management。

图 17.3　新建学生信息录入窗体

17.3　父窗体设计

　　父窗体包含学生管理系统所有功能选择,各个功能界面作为父窗体的子窗体。设计父窗体步骤如下。

　　(1)设置父窗体属性

　　打开父窗体,在父窗体属性窗口中,将 Text 属性设置为"学生成绩管理系统",删除父窗体下边的 menuStrip 控件和 ToolStrip 控件。

　　(2)添加菜单

　　从工具箱中拖放一个 menuStrip 菜单控件到父窗体中,分别添加"录入""管理""查询"等菜单,如图 17.4 所示。

图 17.4　添加菜单

　　(3)保留 SM 类中构造函数的代码,删除其余代码

　　打开 SM.cs 代码页,保留 SM 类中构造函数的代码,删除其余代码,如下所示。

```
public partial class SM : Form
{
  public SM()
  {
    InitializeComponent();
  }
}
```

（4）在 SM 类中添加代码

在 SM.cs 代码页中，添加"录入 ToolStripMenuItem_Click"方法，此方法为单击"录入"菜单时所执行的事件方法，代码如下。

```
private void 录入ToolStripMenuItem_Click(object sender, EventArgs e)
{
  St_Input input = new St_Input();
  input.MdiParent = this;                  //St_Input 的父窗体为 SM
  input.Show();                            //显示学生信息录入窗体
}
```

用同样的方法添加"管理"和"查询"菜单的事件方法，代码所示。

```
private void 管理ToolStripMenuItem_Click(object sender, EventArgs e)
{
  St_Management manager = new St_Management();
  manager.MdiParent = this;                //St_Management 的父窗体为 SM
  manager.Show();                          //显示学生信息管理窗体
}

private void 查询ToolStripMenuItem_Click(object sender, EventArgs e)
{
  St_Query query = new St_Query();
  query.MdiParent = this;                  //St_Query 的父窗体为 SM
  query.Show();                            //显示学生信息查询窗体
}
```

（5）设置父窗体为首选执行窗体

打开 Program.cs 文件代码页，将 Form1 修改为 SM，修改后的代码如下。

```
static class Program
{
  /// <summary>
  /// 应用程序的主入口点
  /// </summary>
  [STAThread]
  static void Main()
  {
    Application.EnableVisualStyles();
    Application.SetCompatibleTextRenderingDefault(false);
    Application.Run(new SM());
  }
}
```

17.4 学生信息录入

1. 主要功能

用户在学号、姓名、出生时间、班级、总学分文本框中分别输入有关信息，在性别单选钮中选择"男"或"女"，在专业下拉框中选择"计算机"或"电子信息工程"，单击"录入"按钮，即可录入数据，学生信息录入界面如图 17.5 所示。

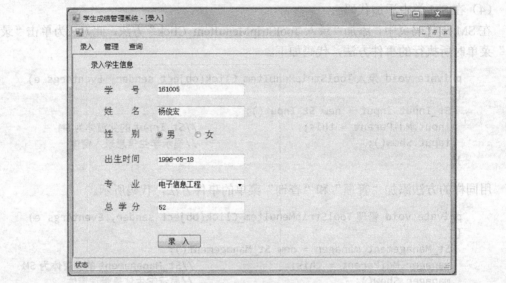

图 17.5 学生信息录入界面

2. 窗体设计

打开 St_Input 窗体设计模式，将 St_Input 窗体的 Text 属性设置为"录入"。在窗体中添加一个 GroupBox 容器，在 GroupBox 中，新建 6 个 Label 控件用于标识学生的学号、姓名、性别等信息，4 个 TextBox 控件用于保存学生学号、姓名、出生日期、总学分等信息，1 个 RadioButton 控件用于选择学生的性别，1 个 ComboBox 控件用于选择学生的专业，1 个 Button 控件用于执行学生信息的录入，窗体设计界面如图 17.6 所示。

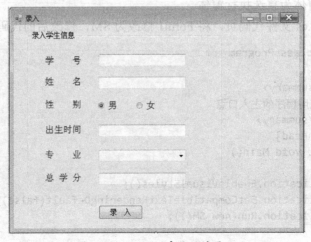

图 17.6 St_Input 窗体设计界面

St_Input 窗体中各个控件的命名和设置如表 17.3 所示。

表 17.3 St_Input 窗体的控件设置

控件类型	控件名称	属性设置	说明
Label	Label1- Label6	设置各自的 Text 属性	标识学生的学号、姓名、性别等信息
TextBox	StudentNo	Text 值清空	保存学生学号
TextBox	StudentName	Text 值清空	保存学生姓名
TextBox	StudentBirthday	Text 值清空	保存学生出生日期
TextBox	TotalCredit	Text 值清空	保存学生总学分
RadioButton	Man 和 Woman	将 Man 的 Text 属性设置为 True	选择学生性别
ComboBox	Speciality	在窗体加载时初始化	选择学生专业
Button	insertBtn	设置 Text 属性为插入	执行学生信息的插入

下拉框 Speciality 控件设置如下：打开 Speciality 控件属性窗口，单击 Item 属性后的图标，打开"字符串集合编辑器"，分别添加"计算机"和"电子信息工程"，如图 17.7 所示，另外，将 Text 属性设置为"所有专业"。

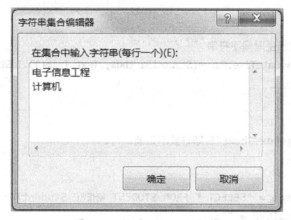

图 17.7 设置 Speciality 控件

3. 主要代码

（1）定义数据库连接字符串

在 St_Input.cs 代码页的 public partial class St_Input : Form 类代码首部，添加以下代码：

```
string constr = "server=.;database=StudentScore;uid=sa;pwd=123456";
```

（2）窗体初始化

```
public St_Input()
{
    InitializeComponent();
}
```

（3）单击录入按钮后，提交录入数据

```
private void insertBtn_Click(object sender, EventArgs e)
{
```

```csharp
        string no = StudentNo.Text.Trim().ToString();           //学号控件
        string name = StudentName.Text.Trim().ToString();       //姓名控件
        string sex = "";                                        //性别控件
        string brith = "";                                      //出生时间控件
        string spe = Speciality.Text.Trim().ToString();         //专业控件
        string credit = TotalCredit.Text.Trim().ToString();     //总学分控件
        if (Man.Checked == true)
            sex = "男";
        else
            sex = "女";
        if (no == "" || name == "")
        {
            MessageBox.Show("学号和姓名不能为空！");
            return;                                             //如果学号和姓名为空，则返回
        }
        try
        {
            //获取出生时间字符串
            brith = DateTime.Parse(StudentBirthday.Text.Trim()).ToString("yyyy-MM- dd");
        }
        catch
        {
            MessageBox.Show("日期格式不正确！");
            return;
        }
        string sql = "SELECT * FROM STUDENT WHERE StudentID='" + no + "'";
        string sqlStr = "";
        // 新建数据库连接对象
        System.Data.SqlClient.SqlConnection sqlConnection = new System.Data.
SqlClient.SqlConnection(constr);
        sqlConnection.Open();
        System.Data.SqlClient.SqlCommand sqlCmd1 = new System.Data.SqlClient.
SqlCommand(sql, sqlConnection);
        Object o = sqlCmd1.ExecuteNonQuery();
        if (o==null)                                            //如果学号已存在，则修改信息
            sqlStr = "UPDATE STUDENT SET Name='" + name + "',Sex='" + sex +
"',Birthday='" + brith + "',Speciality='" + spe + "',TotalCredits=" + credit + " WHERE
StudentID='" + no + "'";
        else
            sqlStr = "INSERT INTO STUDENT Values('" + no + "','" + name + "','" + sex
+ "','" + brith + "','" + spe + "'," + credit + ")";
        try
        {
```

```
        System.Data.SqlClient.SqlCommand sqlCmd = new System.Data.SqlClient.
SqlCommand(sqlStr, sqlConnection);
        sqlCmd.ExecuteNonQuery();
        MessageBox.Show("录入成功！");
        sqlConnection.Close();
    }
    catch (Exception ex)
    { MessageBox.Show("出错！" + ex.Message); }
    }
```

17.5　学生信息查询

1. 主要功能

当未输入任何查询条件时，可以显示所有记录。当输入查询条件时，可以按照条件的"与"关系进行简单的模糊查询，学生信息查询界面如图 17.8 所示。

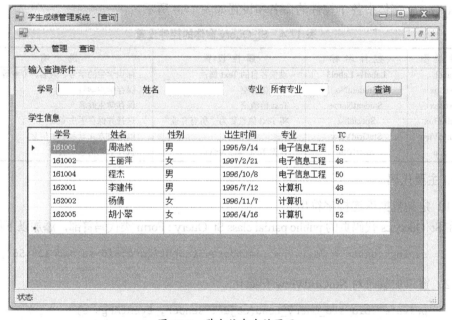

图 17.8　学生信息查询界面

2. 窗体设计

打开 St_Query 窗体设计模式，将 St_Query 窗体的 Text 属性设置为"查询"。在窗体中添加 2 个 GroupBox 容器对窗体进行分割，在第 1 个 GroupBox 中，新建 3 个 Label 控件用于标识学生的学号、姓名、专业，2 个 TextBox 控件用于保存学生学号、姓名，1 个 ComboBox 控件用于选择学生的专业，1 个 Button 控件用于执行学生信息的查询。在第 2 个 GroupBox 中，新建 1 个 DataGridView 控件用于显示学生的信息。窗体设计界面如图 17.9 所示。

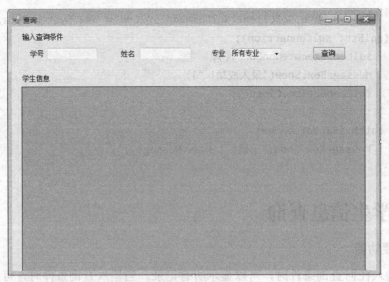

图 17.9　St_Query 窗体设计界面

St_Query 窗体中各个控件的命名和设置如表 17.4 所示。

表 17.4　St_Query 窗体的控件设置

控 件 类 型	控 件 名 称	属 性 设 置	说　　明
Label	Label1- Label3	设置各自的 Text 属性	标识学生的学号、姓名、专业等信息
TextBox	StudentNo	Text 值清空	保存学生学号
TextBox	StudentName	Text 值清空	保存学生姓名
ComboBox	Specialist	将 Text 值设置为"所有专业"	选择并保存学生专业
DataGridView	StuGridView		以列表方式显示学生信息
Button	insertBtn	设置 Text 属性为查询	执行学生信息的查询

3. 主要代码

（1）定义数据库连接字符串

在 St_Query.cs 代码页的 public partial class St_Query : Form 类代码首部，添加以下代码：

```
string constr = "server=.;database=StudentScore;uid=sa;pwd=123456";
```

（2）窗口加载时对 StuGridView 初始化

```
private void stu_Query_Load(object sender, EventArgs e)
{
    System.Data.SqlClient.SqlConnection sqlConnection = new System.Data.SqlClient.SqlConnection(constr);
    //定义连接对象
    string sql = "SELECT StudentID AS 学号,Name AS 姓名, Sex AS 性别,Birthday AS 出生时间,Speciality AS 专业,TotalCredits AS TC FROM Student";
    try
    {
        System.Data.SqlClient.SqlDataAdapter sqlDa = new System.Data.SqlClient.SqlDataAdapter(sql, sqlConnection);                     //实例化数据库适配器
        DataTable dt = new DataTable();          //定义数据集 dt
        sqlDa.Fill(dt);                          //填充数据集
```

342

```
        StuGridView.DataSource = dt;              //dt 为 StuGridView 的数据源
        StuGridView.Show();                       //显示 StuGridView 的数据
    }
    catch (Exception ex)
    { MessageBox.Show(ex.Message); }
    finally
    { sqlConnection.Close(); }
}
```

（3）定义产生查询字符串的方法

```
private string MakeSql()
{
    string Sql = "";
    if (StudentNo.Text.Trim() != string.Empty)
    {
        Sql = " AND StudentID LIKE '%" + StudentNo.Text.Trim() + "%'";
    }
    if (StudentName.Text.Trim() != string.Empty)
    {
        Sql = Sql + " AND Name LIKE '%" + StudentName.Text.Trim() + "%'";
    }
    if (Speciality.Text != "所有专业")
    {
        Sql = Sql + " AND Speciality LIKE '%" + Speciality.Text + "%'";
    }
    return Sql;
}
```

（4）单击查询按钮时触发的事件

```
private void queryBtn_Click(object sender, EventArgs e)
{
    string sql = MakeSql();
    string str_sql = "SELECT StudentID AS 学号,Name AS 姓名, Sex AS 性
别,Birthday AS 出生时间, Speciality AS 专业,TotalCredits AS 总学分 FROM STUDENT WHERE
1=1" + sql;

    System.Data.SqlClient.SqlConnection sqlConnection = new System.Data.
SqlClient.SqlConnection(constr);
    System.Data.SqlClient.SqlDataAdapter sqlDa = new System.Data.SqlClient.
SqlDataAdapter(str_sql, sqlConnection);
    DataTable dt = new DataTable();
    sqlDa.Fill(dt);
    StuGridView.DataSource = dt;
    StuGridView.Show();
}
```

17.6 学生信息管理

1. 主要功能

输入学生学号后单击"查询"按钮，在窗口中的各个控件会显示该学生的具体信息。单击"更新"按钮，可对学生信息进行添加和修改。单击"删除"按钮，可以删除相应的学生记录。学生信息管理界面如图 17.10 所示。

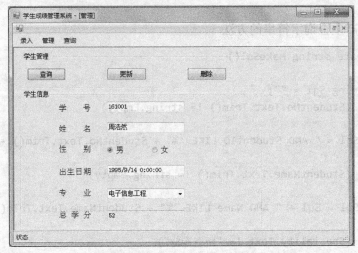

图 17.10 学生信息管理界面

2. 窗体设计

打开 St_Management 窗体设计模式，将 St_Management 窗体的 Text 属性设置为"管理"。在窗体中添加 2 个 GroupBox 容器对窗体进行分割，在第 1 个 GroupBox 中，新建 3 个 Button 控件分别用于执行学生信息的查询、更新和删除操作。在第 2 个 GroupBox 中，新建 6 个 Label 控件用于标识学生的学号、姓名、性别等信息，4 个 TextBox 控件用于保存学生学号、姓名、出生日期、总学分，1 个 RadioButton 控件用于选择学生的性别，1 个 ComboBox 控件用于选择学生的专业。窗体设计界面如图 17.11 所示。

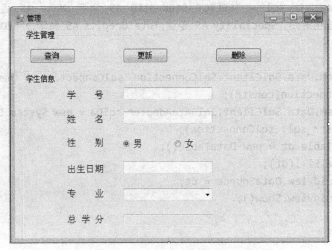

图 17.11 St_Management 窗体设计界面

St_Management 窗体中各个控件的命名和设置如表 17.5 所示。

表 17.5　St_Management 窗体的控件设置

控件类型	控件名称	属性设置	说明
Label	Label1- Label6	设置各自的 Text 属性	标识学生的学号、姓名、性别等信息
TextBox	StudentNo	Text 值清空	保存学生学号
TextBox	StudentName	Text 值清空	保存学生姓名
TextBox	StudentBirthday	Text 值清空	保存学生出生日期
TextBox	TotalCredit	Text 值清空	保存学生总学分
RadioButton	Man 和 Woman	将 Man 的 Text 属性设置为 True	选择学生性别
ComboBox	Speciality	在窗体加载时初始化	选择学生专业
Button	queryBtn, updateBtn, deleteBtn	设置 Text 属性为查询、更新和删除	执行学生信息的查询、更新和删除操作

17.7　学生管理系统的启动

开发完学生管理系统后，启动 SQL Server 数据库系统，在 StudentManagement 文件夹中，双击 stsys.sln，启动 Visual Studio 2012，单击"启动"按钮，出现学生管理系统主界面，可分别进入学生信息录入、学生信息管理、学生信息查询子系统，例如，单击"查询"菜单，即出现学生信息查询界面。

17.8　小结

本章主要介绍了以下内容:

（1）本章以 Visual Studio 2012 作为开发环境，以 Visual C#作为脚本语言，以 SQL Server 数据库的学生成绩数据库作为后台数据库，进行学生管理系统的开发，在 Visual C# 语言中对数据库的访问是通过.NET 框架中的 ADO.NET 实现的。

（2）在 Visual Studio 2012 开发环境中，新建项目 StudentManagement、父窗体 SM.cs 和学生信息录入窗体 St_Input.cs、学生信息查询窗体 St_Query、学生信息管理窗体 St_Management。

（3）在学生信息录入、学生信息查询、学生信息管理窗体中，分别进行功能设计、窗体设计、代码编写和调试。

习　题　17

一、选择题

17.1　在 Visual C#程序中，如果需要连接 SQL Server 数据库，那么需要使用的连接对象是_____。

　　A. SqlConnection　　　　　　　　　B. OleDbConnection

　　C. OdbcConnection　　　　　　　　D. OracleConnection

17.2　以下关于 DataSet 的说法错误的是_____。

　　A. 在 DataSet 中可以创建多个表

　　B. DataSet 数据库存放在内存中

C. 在 DataSet 中的数据不能修改

D. 在关闭数据库连接时，仍能使用 DataSet 中的数据

二、填空题

17.3 在 Visual C# 语言中，对数据库的访问是通过_____框架中 ADO.NET 实现的。

17.4 DataSet 对象是 ADO.NET 的核心组件，它是一个_____数据库。

三、应用题

17.5 参照本章的内容，以 Visual Studio 2012 作为开发环境，以 Visual C#为脚本语言，以学生成绩数据库 StudentScore 为后台，使用其中的课程表 Course，开发一个课程管理系统项目，根据业务需求修改录入、查询、管理等界面和有关代码。

附录 A　习题参考答案

第1章　数据库概述

一、选择题

1.1 B　　1.2 D　　1.3 A　　1.4 B　　1.5 C　　1.6 A　　1.7 B　　1.8 D

1.9 A　　1.10 C　　1.11 B　　1.12 D

二、填空题

1.13 数据完整性约束

1.14 内模式

1.15 减少数据冗余

三、问答题　略

第2章　关系数据库

一、选择题

2.1 C　　2.2 B　　2.3 A　　2.4 B　　2.5 D　　2.6 A　　2.7 B　　2.8 D

2.9 C　　2.10 D

二、填空题

2.11 关系完整性

2.12 集合

2.13 实体完整性和参照完整性

2.14 $R(U, D, \text{DOM}, F)$

2.15 结构化查询语言

2.16 并

三、问答题　略

四、应用题

2.23 关系运算结果如图 A.1 所示。

R_1		
A	B	C
a	b	c
b	a	c
c	a	b
c	b	a
a	c	b
b	c	a

R_2		
A	B	C
a	b	c
b	a	c
c	b	a

R_3		
A	B	C
c	a	b

R_4					
R.A	R.B	R.C	S.A	S.B	S.C
a	b	c	a	c	b
a	b	c	b	c	a
a	b	c	c	a	c
b	a	c	b	c	a
b	a	c	a	c	b
b	a	c	c	a	c
c	a	b	a	c	b
c	a	b	b	c	a
c	a	b	c	a	c
c	b	a	a	b	c
c	b	a	b	a	c
c	b	a	c	b	a
c	b	a	c	c	b
c	b	a	c	a	c
c	b	a	c	d	b

图 A.1　关系运算结果

2.24 关系运算结果如图 A.2 所示。

R_1			
A	B	C	D
a	b	c	d
b	c	a	b

R_2				
R.A	R.B	R.C	S.B	S.D
a	b	c	b	d
a	b	c	c	d
b	c	a	c	d

R_3				
R.A	R.B	R.C	S.B	S.D
a	b	c	b	a
b	c	a	c	b

图 A.2　关系运算结果

2.25

（1）

关系代数表示为 $\Pi_{\text{Sno,Sname}}(\sigma_{\text{Speciality}=\text{'计算机应用'}}(S))$

元组关系演算表示为 $\{t^{(2)} \mid (\exists u)(S(u) \wedge u[5] = \text{'计算机应用'} \wedge t[1] = u[1] \wedge t[2] = u[2])\}$

（2）

关系代数表示为 $\Pi_{\text{Sno,Sname,Sex}}(\sigma_{\text{Age}>20\wedge\text{Age}<22\wedge\text{Sex}=\text{'男'}}(S))$

元组关系演算表示为 $\{t^{(3)} \mid (\exists u)(S(u) \wedge t[4] > 20 \wedge t[4] < 22 \wedge t[3] = \text{'男'} \wedge t[1] = u[1] \wedge t[2] = u[2] \wedge t[3] = u[4])\}$

（3）

关系代数表示为 $\Pi_{\text{Sno,Sname}}(S \bowtie (\sigma_{\text{Cname}=\text{'信号与系统'}\vee\text{Cname}=\text{'英语'}}(SC \bowtie C)))$

元组关系演算表示为 $\{t^{(2)} \mid (\exists u)(\exists v)(\exists w)(S(u) \wedge SC(v) \wedge C(w) \wedge u[1] = v[1] \wedge v[2] = w[1] \wedge (u[2] = \text{'信号与系统'} \vee u[2] = \text{'英语'}) \wedge t[1] = u[1] \wedge t[2] = u[2])\}$

（4）

关系代数表示为 $\Pi_{\text{Sno}}(\sigma_{1=4\wedge\text{Cno}=\text{'1001'}\vee\text{Cno}=\text{'2004'}}(SC \times SC))$

元组关系演算表示为 $\{t \mid (\exists u)(\exists v)(SC(u) \wedge SC(v) \wedge u[1] = v[1] \wedge u[2] = \text{'1001'} \wedge v[2] = \text{'2004'} \wedge t[1] = u[1])\}$

（5）

关系代数表示为 $\Pi_{\text{Sno,Sname,Grade}}(\sigma_{\text{Cname}=\text{'数据库原理与应用'}}(C) \bowtie SC \bowtie S)$

元组关系演算表示为 $\{t^{(3)} \mid (\exists u)(\exists v)(\exists w)(S(u) \wedge SC(v) \wedge C(w) \wedge u[1] = v[1] \wedge v[2] = w[1] \wedge w[2] = \text{'数据库原理与应用'} \wedge t[1] = u[1] \wedge t[2] = u[2] \wedge t[3] = v[3])\}$

2.26

（1）中文查询含义为：

从 R 与 S 的笛卡儿积中选择 R 的第 2 列与 S 的第 2 列相等的元组，并投影 R 的第 1 列和 S 的第 2 列。

（2）关系代数表达式为 $\Pi_{1,4}(\sigma_{2=4}(R \times S))$

第3章 关系数据库规范化理论

一、选择题

3.1 B   3.2 D   3.3 A   3.4 B   3.5 A   3.6 C   3.7 D   3.8 B
3.9 B   3.10 C

二、填空题

3.11 模式设计

3.12 标准或准则

3.13 模式分解

3.14 更新异常

3.15 4NF

3.16 增广律

3.17 完备

3.18 $R.A \to R.C$

3.19 $R.A \to R.(B, C)$

3.20 $R(B, C) \to R.A$

三、问答题 略

四、应用题

3.28

（1）由 $CD \to B$，$B \to A$，得 $CD \to A$，存在传递函数依赖，所以 R 不是 3NF。

（2）将关系 R 分解为 $R_1(C, D, B), R_2(B, A)$。

3.29

（1）R 属于 1NF。因为候选码为 WX，则 Y, Z 为非主属性，由 $X \to Z$，因此 F 存在非主属性对候选码的部分函数函数依赖，所以 R 不是 3NF。

（2）将关系 R 分解为

$R_1(W, X, Y), F_1 = \{WX \to Y\}$

$R_2(X, Z), F_1 = \{X \to Z\}$

消除了非主属性对候选码的部分函数函数依赖。F_1 和 F_2 的函数依赖都是非平凡的，并且决定因素是候选码，所以上述关系模式是 BCNF。

3.30

（1）R 中的 L 类属性：C

因为 $C_F^+ = CBA = U$，所以 R 的唯一候选码为 C。

（2）由于 C 是候选码，可得 $C \to A$，由已知 $C \to B$，$B \to A$，传递导出 $C \to A$，所以 R 不是 3NF。

（3）$R_1(C, B), R_2(B, A)$。

3.31

（1）$(AD)^+ = ACD$

（2）R 中 L 属性：BD

又因为 $(BD)_F^+ = ABCD$，所以 BD 是 R 的唯一候选码。

（3）

① 使函数依赖右部仅含有一个属性

$F_1 = \{A{\to}C,\ C{\to}A,\ B{\to}A,\ B{\to}C,\ D{\to}A,\ D{\to}C,\ BD{\to}A\}$

② 消除冗余的函数依赖

由 $B{\to}A$，$A{\to}C$，可得 C 传递依赖于 B，因此，$B{\to}C$ 冗余，

由 $D{\to}A$，$A{\to}C$，可得 C 传递依赖于 D，因此，$D{\to}C$ 冗余。

所以 $F_2 = \{A{\to}C,\ C{\to}A,\ B{\to}A,\ D{\to}A,\ BD{\to}A\}$

判断 $BD{\to}A$ 是否冗余，判断 A 是否属于 BD 在函数依赖集 $F_2{-}\{BD{\to}A\}$ 的闭包

$(BD)_{F-\{BD{\to}A\}}^+ = ABCD$，因此 $BD{\to}A$ 冗余。

$F_3 = \{A{\to}C,\ C{\to}A,\ B{\to}A,\ D{\to}A\}$

③ 判断左部有没有冗余的属性

$F3$ 左部均是单属性，因此 $F_{\min} = \{A{\to}C,\ C{\to}A,\ B{\to}A,\ D{\to}A\}$

（4）由算法 3.3 可得保持函数依赖的 3NF 为：$\rho = \{AC,\ BA,\ DA\}$

由算法 3.4 可得既具无损连接性又具保持函数依赖性的 3NF 为：$\rho = \{AC,\ BA,\ DA,\ BD\}$

第 4 章　数据库设计

一、选择题

4.1 A　　4.2 C　　4.3 B　　4.4 C　　4.5 B　　4.6 C　　4.7 C　　4.8 D

4.9 C　　4.10 B　　4.11 D　　4.12 C　　4.13 D　　4.14 A

二、填空题

4.15 逻辑结构设计阶段

4.16 数据字典

4.17 数据库

4.18 E-R 模型

4.19 关系模型

4.20 存取方法

4.21 时间和空间效率

4.22 数据库的备份和恢复

三、问答题　略

四、应用题

4.29

（1）

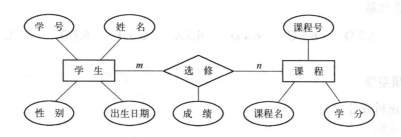

（2）

学生(<u>学号</u>, 姓名, 性别, 出生日期)

课程(<u>课程号</u>, 课程名, 学分)

选修(<u>学号, 课程号</u>, 成绩)

外码：学号, 课程号

4.30

（1）

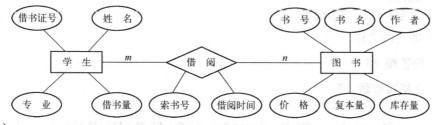

（2）

学生(<u>借书证号</u>, 姓名, 专业, 借书量)

图书(<u>书号</u>, 书名, 作者, 价格, 复本量, 库存量)

借阅(<u>书号, 借书证号</u>, 索书号, 借阅时间)

外码：书号, 借书证号

第5章 SQL Server数据库基础

一、选择题

5.1 B   5.2 C   5.3 D

二、填空题

5.4 集成服务

5.5 网络

三、问答题 略

四、上机实验题 略

第6章 创建数据库和创建表

一、选择题

6.1 B   6.2 D   6.3 C   6.4 D   6.5 A   6.6 B   6.7 D   6.8 C

6.9 B

二、填空题

6.10 逻辑成分

6.11 视图

6.12 数据库文件

6.13 64KB

6.14 日志文件

6.15 数据类型

6.16 不可用

6.17 列名

6.18 tinyint

6.19 可变长度字符数据类型

6.20 非英语语种

三、问答题 略

四、上机实验题 略

第7章 数据定义语言和数据操纵语言

一、选择题

7.1 C   7.2 D   7.3 A   7.4 B

二、填空题

7.5 ALTER DATABASE

7.6 CREATE TABLE

7.7 INSERT

7.8 model

7.9 当前数据库

7.10 列的顺序

三、问答题 略

四、上机实验题

7.13

```
CREATE DATABASE StudentScore
GO
```

```
USE StudentScore
GO

CREATE TABLE Student
(
    StudentID char(6) NOT NULL PRIMARY KEY,
    Name char(8) NOT NULL,
    Sex char(2) NOT NULL,
    Birthday date NOT NULL,
    Speciality char(12) NULL,
    TotalCredits int NULL
)
GO

CREATE TABLE Course
(
    CourseID char(4) NOT NULL PRIMARY KEY,
    CourseName char(16) NOT NULL,
    Credit int NULL,
    TeacherID char (6) NULL,
)
GO

CREATE TABLE Score
(
    StudentID char (6) NOT NULL ,
    CourseID char(4) NOT NULL,
    Grade int NULL,
    PRIMARY KEY(StudentID,CourseID)
)
GO

CREATE TABLE Teacher
(
    TeacherID char (6) NOT NULL PRIMARY KEY,
    TeacherName char(8) NOT NULL,
    TeacherSex char (2) NOT NULL,
    TeacherBirthday date NOT NULL,
    Title char (12) NULL,
    School char (12) NULL
)
GO
```

7.14

```
USE StudentScore
GO

INSERT INTO Student VALUES('161001','周浩然','男','1995-09-14','电子信息工
```

```
程',52),
        ('161002','王丽萍','女','1997-02-21','电子信息工程',48),
        ('161004','程杰','男','1996-10-08','电子信息工程',50),
        ('162001','李建伟','男','1995-07-12','计算机',48),
        ('162002','杨倩','女','1996-11-07','计算机',50),
        ('162005','胡小翠','女','1996-04-16','计算机',52);
        GO

        INSERT INTO Course VALUES('1002','信号与系统',4,'204102'),('1007','微机原
理',4,'204105'),('2005','数据库系统',3,'601104'),
        ('2014','软件工程',3,NULL),('8001','高等数学',4,'802103');
        GO

        INSERT INTO Score VALUES('161001','1002',93),('161002','1002',70),('161004',
'1002',86),
        ('161001','1007',92),('161002','1007',68),('161004','1007',84),('162002',
'2005',93),('162005','2005',85),
        ('161001','8001',95),('161002','8001',74),('161004','8001',81),
        ('162001','8001',NULL),('162002','8001',94),('162005','8001',87);
        GO

        INSERT INTO teacher values('204102','孙博伟','男','1966-05-14','教授','电
子工程学院'),
        ('204105','钱晓兰','女','1985-07-24','讲师','电子工程学院'),
        ('601104','周天宇','男','1982-11-07','教授','计算机学院'),
        ('601107','冯燕','女','1972-02-28','副教授','计算机学院'),
        ('802103','朱海波','男','1978-12-18','副教授','数学学院');
        GO
```

7.15 略

7.16 略

第8章　数据查询语言

一、选择题

8.1 D　　8.2 C　　8.3 C　　8.4 B　　8.5 D

二、填空题

8.6 外层表的行数

8.7 内　外

8.8 外　内

8.9 ALL

8.10 WHERE

三、问答题　略

四、上机实验题

8.19

```
USE StoreSales
SELECT *
FROM Goods
WHERE UnitPrice>5000
```

8.20

```
USE StoreSales
SELECT EmplID, EmplName, Wages
FROM Employee a, Department b
WHERE a.DeptID=b.DeptID AND DeptName='人事部'
UNION
SELECT EmplID, EmplName, Wages
FROM Employee a, Department b
WHERE a.DeptID=b.DeptID AND DeptName='经理办'
```

8.21

```
USE StoreSales
SELECT DeptName AS '部门名称',COUNT(EmplID) AS '人数'
FROM Employee a, Department b
WHERE a.DeptID=b.DeptID AND DeptName='销售部'
GROUP BY DeptName
UNION
SELECT DeptName AS '部门名称',COUNT(EmplID) AS '人数'
FROM Employee a, Department b
WHERE a.DeptID=b.DeptID AND DeptName='物资部'
GROUP BY DeptName
```

8.22

```
USE StoreSales
SELECT DeptName AS '部门名称',AVG(Wages) AS '平均工资'
FROM Employee a, Department b
WHERE a.DeptID=b.DeptID
GROUP BY DeptName
```

8.23

```
USE StoreSales
SELECT OrderID, SaleDate, Cost
FROM Employee a, Salesorder b
WHERE a.EmplID=b.EmplID AND EmplName='孙勇诚'
```

8.24

```
USE StoreSales
SELECT b.EmplName, c.SaleDate, c.Cost
FROM Department a, Employee b, Salesorder c
WHERE a.DeptID=b.DeptID AND b.EmplID =c.EmplID AND DeptName='销售部'
ORDER BY c.Cost DESC
```

8.25

```
USE StudentScore
SELECT a.Name,c.Grade
FROM Student a, Course b, Score c
WHERE a.StudentID=c.StudentID AND b.CourseID=c.CourseID AND b.CourseName=
'信号与系统'
ORDER BY c.Grade DESC
```

8.26

```
USE StudentScore
SELECT a.CourseName,AVG(b.grade) AS 平均成绩
FROM course a, score b
WHERE a.CourseID=b.CourseID AND a.CourseName='数据库系统' OR a.CourseName=
'微机原理'
GROUP BY a.CourseName
```

8.27

```
USE StudentScore
SELECT a.Speciality,b.CourseName,MAX(c.Grade) AS 最高分
FROM Student a, Course b, Score c
WHERE a.StudentID=c.StudentID AND b.CourseID=c.CourseID
GROUP BY a.Speciality,b.CourseName
```

8.28

```
SELECT st.StudentID,st.Name,sc.CourseID,sc.Grade
FROM Student st,Score sc
WHERE st.StudentID=sc.StudentID AND st.Speciality='电子信息工程' AND sc.
Grade IN
   (SELECT MAX(Grade)
    FROM Score
    WHERE st.StudentID=sc.StudentID
    GROUP BY CourseID
    )
```

8.29

```
WITH tempt(name, avg_grade ,total)
AS ( SELECT  Name,avg(sc.Grade) AS avg_grade,COUNT(sc.StudentID) AS total
     FROM Student s INNER JOIN Score sc ON s.StudentID=sc.StudentID
     WHERE sc.Grade>=80
     GROUP BY s.Name
     )
SELECT name AS 姓名, avg_grade AS 平均成绩 FROM tempt WHERE total>=2
```

第9章　索引和视图

一、选择题

9.1 C　　9.2 B　　9.3 C　　9.4 C　　9.5 D　　9.6 A　　9.7 B　　9.8 D
9.9 C

二、填空题

9.10 UNIQUE CLUSTERED

9.11 提高查询速度

9.12 CREATE INDEX

9.13 一个或多个表或其他视图

9.14 虚表

9.15 定义

9.16 基表

三、问答题 略

四、上机实验题

9.26

```
USE StoreSales
CREATE UNIQUE CLUSTERED INDEX IX_OrderID ON SalesOrder(OrderID)
```

9.27

```
USE StoreSales
CREATE INDEX IX_UnitPrice ON Goods(UnitPrice)

USE StoreSales
ALTER INDEX IX_UnitPrice
  ON Goods
  REBUILD
    WITH (PAD_INDEX=ON, FILLFACTOR=90)
GO
```

9.28

```
USE StudentScore
GO
CREATE VIEW V_StudentAchievement
AS
SELECT a.StudentID, Name, Sex, b.CourseID, CourseName, Grade
   FROM Student a, Course b, Score c
   WHERE a.StudentID=c.StudentID AND b.CourseID=c.CourseID
   WITH CHECK OPTION
GO

USE StudentScore
SELECT *
FROM V_StudentAchievement
```

9.29

```
USE StudentScore
GO
```

```
       CREATE VIEW V_StudentAchievement_Computer
       AS
       SELECT Name, CourseName, Grade
         FROM Student a,Course b, Score c
         WHERE a.StudentID=c.StudentID AND b.CourseID=c.CourseID AND Speciality=
'计算机'
         WITH CHECK OPTION
       GO

       USE StudentScore
       SELECT *
       FROM V_StudentAchievement_Computer
```

9.30

```
       USE StudentScore
       GO
       CREATE VIEW V_AvgAchievement
       AS
       SELECT NAME AS 姓名, AVG(Grade) AS 平均分
         FROM Student a, Score b
         WHERE a.StudentID=b.StudentID
         GROUP BY Name
         WITH CHECK OPTION
       GO

       USE StudentScore
       SELECT *
       FROM V_AvgAchievement
```

9.31

```
       USE StoreSales
       GO
       CREATE VIEW V_GoodsStatus
       AS
       SELECT GoodsID, GoodsName, UnitPrice, StockQuantity, GoodsAfloat
         FROM Goods
         WHERE Classification='10'
         WITH CHECK OPTION
       GO

       USE StoreSales
       SELECT *
       FROM V_GoodsStatus
```

9.32

```
       USE StoreSales
       GO
       CREATE VIEW V_SalesStatus
```

```
        AS
        SELECT SalesOrder.OrderID, EmplName, GoodsName, OrderDetail.UnitPrice,
DiscountTotal, Cost
            FROM OrderDetail INNER JOIN Goods ON OrderDetail.GoodsID = Goods.GoodsID
                INNER JOIN SalesOrder ON OrderDetail.OrderID = SalesOrder.OrderID
                INNER JOIN Employee ON SalesOrder.EmplID = Employee.EmplID
            WHERE Employee.DeptID = 'D001'
        GO

        USE StoreSales
        SELECT *
        FROM V_SalesStatus
```

9.33

```
        USE StoreSales
        GO
        CREATE VIEW V_DeptStatus
        AS
        SELECT DeptName, AVG(Wages) AS 平均工资, Count(EmplID) AS 人数
            FROM Employee a, Department b
            WHERE a.DeptID=b.DeptID
            GROUP BY DeptName
            WITH CHECK OPTION
        GO

        USE StoreSales
        SELECT *
        FROM V_DeptStatus
```

第 10 章　数据完整性

一、选择题

10.1 C　　10.2 B　　10.3 D　　10.4 A　　10.5 C

二、填空题

10.6 行完整性

10.7 列

10.8　DEFAULT '男' FOR 性别

10.9　CHECK(成绩>=0 AND 成绩<=100)

10.10　PRIMARY KEY (商品号)

10.11　FOREIGN KEY(商品号) REFERENCES 商品表(商品号)

三、问答题　略

四、上机实验题

10.16

```
USE StoreSales
CREATE TABLE Employee
(
    EmplID char(4) NOT NULL,
    EmplName char(8) NOT NULL,
    Sex char(2) NOT NULL,
    Birthday date NOT NULL,
    Address char(20) NULL,
    Wages money NOT NULL,
    DeptID char(4) NOT NULL,
    CONSTRAINT PK_EmplID PRIMARY KEY (EmplID),
    CONSTRAINT FK_DeptID FOREIGN KEY (DeptID) REFERENCES Department (DeptID)
)
GO
```

10.17

```
USE StoreSales
ALTER TABLE Goods
ADD CONSTRAINT DF_Classification  DEFAULT '10' FOR Classification
GO

ALTER TABLE Goods
ADD CONSTRAINT CK_StockQuantity  CHECK(StockQuantity>=4)
GO
```

10.18

```
USE StoreSales
CREATE TABLE SalesOrder
(
    OrderID char(6) NOT NULL,
    EmplID char(4),
    CurstomerID char(4),
    SaleDate date NOT NULL DEFAULT (GETDATE()),
    Cost money NOT NULL,
    CONSTRAINT PK_OrderID PRIMARY KEY (OrderID),
    CONSTRAINT FK_EmplID FOREIGN KEY (EmplID) REFERENCES Employee (EmplID)
)
GO
```

10.19

```
USE StudentScore
ALTER TABLE Student
DROP CONSTRAINT PK_Student
GO

ALTER TABLE Student
```

```
        ADD CONSTRAINT PK_Student_StudentID PRIMARY KEY(StudentID)
        GO
```

10.20

```
    USE StudentScore
    CREATE TABLE Score
    (
        StudentID char (6) NOT NULL,
        CourseID char(4) NOT NULL,
        Grade int NULL,
        CONSTRAINT PK_StudentIDCourseID PRIMARY KEY (StudentID, CourseID),
        CONSTRAINT FK_StudentID FOREIGN KEY (StudentID) REFERENCES Student
(StudentID)
            ON DELETE NO ACTION
            ON UPDATE NO ACTION,
        CONSTRAINT FK_CourseID FOREIGN KEY (CourseID) REFERENCES Course
(CourseID)
            ON DELETE CASCADE
            ON UPDATE CASCADE
    )
    GO
```

第 11 章   数据库程序设计

一、选择题

11.1 D   12.5 B   11.3 D   11.4 C   11.5 B

二、填空题

11.6 可以改变

11.7 操作

11.8 运算符

11.9 T-SQL 语句

11.10 结束标志

11.11 标量函数

三、问答题 略

四、上机实验题

11.18

```
    USE StoreSales
    IF EXISTS(
        SELECT name FROM sysobjects WHERE type='u' and name='Employee')
        PRINT '存在'
    ELSE
```

```
        PRINT '不存在'
    GO
```

11.19

```
    USE StoreSales
    DECLARE @Sum money
    SET @Sum=(SELECT Cost FROM Employee e INNER JOIN SalesOrder s on e.EmplID
=s.EmplID WHERE EmplName='孙勇诚')
    PRINT CAST(@Sum AS char(10))
```

11.20

```
    USE StudentScore
    DECLARE @Name char(10), @Average int
    SELECT @Name=c.CourseName, @Average=AVG(Grade)
    FROM Course c INNER JOIN Score sc on c.CourseID=sc.CourseID, Teacher t
    WHERE t.TeacherName='钱晓兰' and t.TeacherID=c.TeacherID
    GROUP BY CourseName
    PRINT @name + CAST(@Average AS char(10))
```

11.21

```
    USE StudentScore
    SELECT s.Name, sc.Grade, Level=
        CASE
            WHEN sc.Grade>=90 THEN 'A'
            WHEN sc.Grade>=80 THEN 'B'
            WHEN sc.Grade>=70 THEN 'C'
            WHEN sc.Grade>=60 THEN 'D'
            WHEN sc.Grade BETWEEN 0 AND 60 THEN 'E'
            WHEN sc.Grade IS NULL THEN '未考试'
        end
    FROM Student s INNER JOIN Score sc ON sc.StudentID=s.StudentID
    GO
```

11.22

```
    DECLARE @i int, @sum int
    SET @i=1
    SET @sum=0
    while(@i<100)
        BEGIN
            SET @sum=@sum+@i
            SET @i=@i+2
        END
    PRINT CAST(@sum AS char(10))
```

11.23

```
    DECLARE @out int,@in int,@s int,@f int
```

```
      /* @out 为外层循环控制变量，@in 为内层循环控制变量，@s 存储阶乘和，@f 为@out 的
阶乘值*/
      SET @s=0
      SET @out=1
      WHILE @out<=10
        BEGIN
          SET @in=1
          SET @f=1
          WHILE @in<=@out
            BEGIN
              SET @f=@f*@in
              SET @in=@in+1
            END
          SET @s=@s+@f
          SET @out=@out+1
        END
      SELECT @s,@out
```

第 12 章 数据库编程技术

一、选择题

12.1 B   12.2 C   12.3 B   12.4 C   12.5 D   12.6 A   12.7 D

二、填空题

12.8 预编译后

12.9 CREATE PROCEDURE

12.10 激发

12.11 多语句表值函数

12.12 逐行处理

三、问答题 略

四、上机实验题

12.20

```
USE StoreSales
GO
CREATE PROCEDURE P_Update @Class char(6)
AS
UPDATE Goods SET UnitPrice=UnitPrice*0.9
  WHERE GoodsID IN (
    SELECT GoodsID FROM Goods
    WHERE Classification=@Class )
GO

EXEC P_Update '40'
```

```
                                           GO
```

12.21

```
USE StoreSales
GO
CREATE PROCEDURE P_GoodsCount @Class char(6), @Count int OUTPUT
AS
  SELECT @Count=COUNT(*)
    FROM Goods
    WHERE Classification=@Class
GO

DECLARE @Ct int
EXEC P_GoodsCount 40, @Ct OUTPUT
PRINT @Ct
```

12.22

```
USE StudentScore
GO
CREATE PROCEDURE P_StudentInfo
AS
    SELECT a.StudentID, Name, CourseName,Grade
      FROM Student a, Course b, Score c
      WHERE a.StudentID=c.StudentID AND b.CourseID=c.CourseID
      ORDER BY a.StudentID
GO

EXEC P_StudentInfo
GO
```

12.23

```
USE StudentScore
GO
CREATE PROCEDURE P_SpecAvg @Specialit char(12) = '计算机'
AS
    SELECT AVG(Grade) AS '平均分'
      FROM Student a,Score b
      WHERE Speciality=@Specialit AND a.StudentID=b.StudentID
      GROUP BY Speciality
GO

EXEC P_SpecAvg
GO
```

12.24

```
USE StudentScore
GO
```

```
CREATE PROCEDURE P_CourseNameAvg
(
    @CourseID int,
    @CourseName char(16) OUTPUT,
    @Average float OUTPUT
)
AS
    SELECT @CourseName=CourseName, @Average=AVG(Grade)
        FROM Course a, Score b
        WHERE a.CourseID=b.CourseID AND NOT Grade is NULL
        GROUP BY a.CourseID, CourseName
        HAVING a.CourseID=@CourseID
GO

DECLARE @CourseName char(16)
DECLARE @Average float
EXEC P_CourseNameAvg '1002', @CourseName OUTPUT, @Average OUTPUT
SELECT '课程名'=@CourseName, '平均分'=@Average
GO
```

12.25

```
USE StoreSales
GO
CREATE TRIGGER T_Test
  ON Department
AFTER INSERT, DELETE, UPDATE
AS
  SELECT * FROM inserted
  SELECT * FROM deleted
GO
```

12.26

```
USE StoreSales
GO
CREATE TRIGGER T_UpdateCost
  ON SalesOrder
AFTER UPDATE
AS
IF UPDATE(Cost)
    BEGIN
        PRINT '不能修改总金额'
        ROLLBACK TRANSACTION
    END
GO

UPDATE SalesOrder
SET Cost=Cost*1.1
WHERE OrderID='S0001'
GO
```

12.27

```
USE StudentScore
GO
CREATE TRIGGER T_Delete
ON Teacher
AFTER DELETE
AS
    BEGIN
        DECLARE @TeacherID char(6)
        SELECT @TeacherID=deleted.TeacherID FROM deleted
        DELETE course
        WHERE course.TeacherID = @TeacherID
    END
GO
DELETE Teacher
WHERE TeacherID='204105'
GO

SELECT * FROM course
GO
```

12.28

```
USE StudentScore
GO
CREATE TRIGGER T_Grade
  ON Score
AFTER INSERT,UPDATE
AS
BEGIN
    DECLARE @Grade int
    SELECT @Grade=inserted.Grade FROM inserted
    IF @Grade<=100 and @Grade>=0
        PRINT '插入数值正确！'
    ELSE
        BEGIN
            PRINT '插入数值不在正确范围内！'
            ROLLBACK TRANSACTION
        END
END
GO

INSERT INTO Score VALUES('161005','1002',180)
GO
```

12.29

```
USE StoreSales
GO
CREATE TRIGGER T_Database
  ON DATABASE
AFTER DROP_TABLE, ALTER_TABLE
AS
BEGIN
    PRINT '不能修改表结构'
    ROLLBACK TRANSACTION
END
GO


ALTER TABLE Department ADD Telephone char(11)
GO
```

12.30

```
USE StoreSales
GO
CREATE FUNCTION F_ClassCount(@Classification char(6))
RETURNS @GoodsCount TABLE
  (
    Class char(6),
    Count int
  )
AS
    BEGIN
      INSERT @GoodsCount(Class, Count)
      SELECT Classification, COUNT(GoodsID)
        FROM Goods
        WHERE Classification=@Classification
        GROUP BY Classification
      RETURN
    END
GO


SELECT * FROM F_ClassCount('10')
GO
```

12.31

```
USE StoreSales
DECLARE @DeptName char(10),@Count int
DECLARE Cur_DeptCount CURSOR
    FOR SELECT DeptName, COUNT(EmplID)
        FROM Department a,Employee b
        WHERE a.DeptID=b.DeptID
```

```
        GROUP BY DeptName
OPEN Cur_DeptCount
FETCH NEXT FROM Cur_DeptCount INTO @DeptName, @Count
PRINT '部门名称  人数'
PRINT '------------'
WHILE @@fetch_status = 0
BEGIN
    PRINT CAST(@DeptName AS char(10))+' '+CAST(@Count AS char(4))
    FETCH NEXT FROM Cur_DeptCount INTO @DeptName, @Count
END
CLOSE Cur_DeptCount
DEALLOCATE Cur_DeptCount
```

12.32

```
USE StudentScore
DECLARE Cur_Grading CURSOR
    FOR SELECT Grade FROM Sco WHERE Grade IS NOT NULL
DECLARE @Degree int, @Level char(1)
OPEN Cur_Grading
FETCH NEXT FROM Cur_Grading INTO @Degree
WHILE @@fetch_status = 0
    BEGIN
        SET @Level=CASE
            WHEN @Degree>=90 THEN 'A'
            WHEN @Degree>=80 THEN 'B'
            WHEN @Degree>=70 THEN 'C'
            WHEN @Degree>=60 THEN 'D'
            WHEN @Degree IS NULL THEN NULL
            ELSE 'E'
        END
        UPDATE Sco
        SET Gd=@Level
        WHERE CURRENT OF Cur_Grading
        FETCH NEXT FROM Cur_Grading INTO @Degree
    END
CLOSE Cur_Grading
DEALLOCATE Cur_Grading

DECLARE @StudentID char(6), @CourseID char(4), @Gd char(1)
DECLARE Cur_StuIDCouIDGrading CURSOR
    FOR SELECT StudentID, CourseID, Gd
        FROM Sco
        WHERE Grade IS NOT NULL
OPEN Cur_StuIDCouIDGrading
FETCH NEXT FROM Cur_StuIDCouIDGrading INTO @StudentID, @CourseID, @Gd
PRINT '学号   课程号  成绩等级'
PRINT '-----------------------'
WHILE @@fetch_status = 0
    BEGIN
        PRINT CAST(@StudentID AS char(6))+' '+CAST(@CourseID AS char(6))+' '+ @Gd
```

```
                FETCH NEXT FROM Cur_StuIDCouIDGrading INTO @StudentID, @CourseID, @Gd
            END
        CLOSE Cur_StuIDCouIDGrading
        DEALLOCATE Cur_StuIDCouIDGrading
```

12.33

```
    USE StudentScore
    DECLARE @Speciality char(12), @CourseName char(16), @Average float
    DECLARE Cur_SpecNameAvg CURSOR
        FOR SELECT Speciality, CourseName, AVG(Grade)
            FROM Student a, Score b,Course c
            WHERE a.StudentID=b.StudentID AND Grade>0 AND c.CourseID=b.CourseID
            GROUP BY Speciality, CourseName
    OPEN Cur_SpecNameAvg
    FETCH NEXT FROM Cur_SpecNameAvg INTO @Speciality, @CourseName, @Average
    PRINT '专业           课程              平均分'
    PRINT '----------------------------------------'
    WHILE @@fetch_status = 0
        BEGIN
            PRINT @Speciality+'  '+@CourseName+' '+CAST(@Average as char(6))
            FETCH NEXT FROM Cur_SpecNameAvg INTO @Speciality, @CourseName,
@Average
        END
    CLOSE Cur_SpecNameAvg
    DEALLOCATE Cur_SpecNameAvg
```

第13章 事务和锁

一、选择题

13.1 D   13.2 B   13.3 D

二、填空题

13.4 持久性

13.5 BEGIN TRANSACTION

13.6 ROLLBACK

13.7 数据块

13.8 幻读

13.9 释放

三、问答题 略

四、上机实验题

13.16

```
    BEGIN TRANSACTION
        USE StoreSales
```

```
        SELECT * FROM Goods
        COMMIT TRANSACTION
```

13.17

```
    SET IMPLICIT_TRANSACTIONS ON     /*启动隐性事务模式*/
    GO
    USE StudentScore
    INSERT INTO Course VALUES ('2002','操作系统',4,'601107')
    COMMIT TRANSACTION
    GO
    USE StudentScore
    SELECT COUNT(*) FROM score
    INSERT INTO score VALUES ('162001','2002',74)
    INSERT INTO score VALUES ('162002','2002',92)
    INSERT INTO score VALUES ('162005','2002',87)
    COMMIT TRANSACTION
    GO
    SET IMPLICIT_TRANSACTIONS OFF     /*关闭隐性事务模式*/
    GO
```

13.18

```
    BEGIN TRANSACTION
      USE StudentScore
      INSERT INTO Score VALUES('162001','2005',81)
      SAVE TRANSACTION ScorePoint                    /*设置保存点*/
      DELETE FROM Score WHERE StudentID='162001' AND CourseID='2005'
      ROLLBACK TRANSACTION ScorePoint    /*回滚到保存点 sco_point */
    COMMIT TRANSACTION
```

第 14 章　系统安全管理

一、选择题

14.1 D　　14.2 C　　14.3 A　　14.4 B　　14.5 A　　14.6 C　　14.7 A

二、填空题

14.8 架构级别

14.9　SQL Server

14.10　CREATE LOGIN

14.11　GRANT SELECT

14.12　GRANT CREATE TABLE

14.13　DENY INSERT

14.14　REVOKE CREATE TABLE

三、问答题 略

四、上机实验题

14.20

```
CREATE LOGIN MyLog
  WITH PASSWORD = '123456'

ALTER LOGIN MyLog
  WITH PASSWORD = '234567'

DROP LOGIN MyLog
```

14.21

```
CREATE LOGIN MyEm
  WITH PASSWORD = '123',
  DEFAULT_DATABASE = Test

USE Test
CREATE USER MyUsr
  FOR LOGIN MyEm
```

14.22

```
USE Test
GRANT CREATE TABLE TO MyUsr
GO

USE Test
REVOKE CREATE TABLE FROM MyUsr
GO
```

14.23

```
USE Test
GRANT INSERT,UPDATE,DELETE ON S TO MyUsr
GO

USE Test
REVOKE INSERT,UPDATE,DELETE ON S FROM MyUsr
GO
```

14.24

```
USE Test
DENY INSERT,UPDATE,DELETE ON S TO MyUsr
GO
```

第 15 章　备份和恢复

一、选择题

15.1 C　　15.2 A　　15.3 B　　15.4 D　　15.5 D　　15.6 B

二、填空题

15.7 事务日志备份

15.8 完整恢复模式

15.9 完整

15.10 日志

15.11 允许

15.12 备份设备

三、问答题　略

四、上机实验题

15.18

```
USE master
GO
EXEC sp_addumpdevice 'disk','MyDisk','E:\Data\MyDisk.bak'
```

15.19

```
USE master
BACKUP DATABASE Test TO MyDisk
```

15.20

```
USE master
RESTORE DATABASE Test FROM MyDisk
WITH FILE=1, REPLACE
```

第 16 章　大数据和云计算

一、选择题

16.1 D　　16.2 B

二、填空题

16.3 海量数据或巨量数据

16.4 人工智能

16.5 资源池

16.6 超大规模

16.7 云计算平台

16.8 非关系型

16.9 读写速度快

三、问答题 略

第 17 章　基于 Visual C#和 SQL Server 数据库的学生管理系统的开发

一、选择题

17.1 A　　17.2 B

二、填空题

17.3 .NET

17.4 内存

三、应用题 略

附录 B StoreSales 数据库的表结构和样本数据

1. StoreSales 数据库的表结构

StoreSales 数据库的表结构见表 B-1～表 B-5。

表 B-1　Employee（员工表）的表结构

列名	数据类型	允许 Null 值	是否主键	说明
EmplID	char(4)		主键	员工号
EmplName	char(8)			姓名
Sex	char(2)			性别
Birthday	date			出生日期
Address	char(20)	√		地址
Wages	money			工资
DeptID	char(4)			部门号

表 B-2　SalesOrder（订单表）的表结构

列名	数据类型	允许 Null 值	是否主键	说明
OrderID	char(6)		主键	订单号
EmplID	char(4)	√		员工号
CurstomerID	char(4)	√		客户号
SaleDate	date			销售日期
Cost	money			总金额

表 B-3　OrderDetail（订单明细表）的表结构

列名	数据类型	允许 Null 值	是否主键	说明
OrderID	char(6)		主键	订单号
GoodsID	char(4)		主键	商品号
SaleUnitPrice	money			销售单价
Quantity	int			数量
Total	money			总价
Discount	float			折扣率
DiscountTotal	money			折扣总价

表 B-4　Goods（商品表）的表结构

列名	数据类型	允许 Null 值	是否主键	说明
GoodsID	char(4)		主键	商品号
GoodsName	char(30)			商品名称
Classification	char(6)			商品类型代码
UnitPrice	money			单价
StockQuantity	int			库存量
GoodsAfloat	int			未到货商品数量

表 B-5　Department（部门表）的表结构

列名	数据类型	允许 Null 值	是否主键	说明
DeptID	char(4)		主键	部门号
DeptName	char(10)			部门名称

2. StoreSales 数据库的样本数据

StoreSales 数据库的样本数据见表 B-6～表 B-10。

表 B-6　Employee（员工表）的样本数据

员工号	姓名	性别	出生日期	地址	工资	部门号
E001	孙勇诚	男	1981-09-24	东大街 28 号	4000	D001
E002	罗秀文	女	1988-05-28	通顺街 64 号	3200	D002
E003	刘强	男	1972-11-05	玉泉街 48 号	6800	D004
E004	徐莉思	女	1985-07-16	公司集体宿舍	3800	D003
E005	廖小玉	女	1986-03-19	NULL	3500	D001
E006	李清林	男	1976-12-07	顺城街 35 号	4200	D001

表 B-7　SalesOrder（订单表）的样本数据

订单号	员工号	客户号	销售日期	总金额
S00001	E005	C001	2017-06-25	25825.5
S00002	E001	C002	2017-06-25	41752.8
S00003	E006	C003	2017-06-25	14817.6

表 B-8　OrderDetail（订单明细表）的样本数据

订单号	商品号	销售单价	数量	总价	折扣率	折扣总价
S00001	3002	6099	2	12198	0.1	10978.2
S00001	1004	5499	3	16497	0.1	14847.3
S00002	3001	6699	2	13398	0.1	12058.2
S00002	1004	5499	6	32994	0.1	29694.6
S00003	1001	5488	3	16464	0.1	14817.6

商品号	商品名称	商品类型代码	单价	库存量	未到货商品数量
1001	Microsoft Surface Pro 4	10	5488	12	4
1002	Apple iPad Pro	10	5888	12	5
1004	DELL XPS12 9250	10	5499	10	0
2001	HP Pavilion 14-al128TX	20	4199	8	4
3001	DELL PowerEdgeT130	30	6699	10	4
3002	HP ML10 GEN9	30	6099	5	3
4001	EPSON L565	40	1899	8	4
4002	HP LaserJet M226dw	40	2699	7	2

表 B-10   Department（部门表）的样本数据

部门号	部门名称
D001	销售部
D002	人事部
D003	物资部
D004	经理办

附录 C StudentScore 数据库的表结构和样本数据

1. StudentScore 数据库的表结构

StudentScore 数据库的表结构见表 C-1～表 C-4。

表 C-1 Sudent（学生表）的表结构

列名	数据类型	允许 Null 值	是否主键	说明
StudentID	char(6)		主键	学号
Name	char(8)			姓名
Sex	char(2)			性别
Birthday	date			出生日期
Speciality	char(12)	√		专业
TotalCredits	int	√		总学分

表 C-2 Course（课程表）的表结构

列名	数据类型	允许 Null 值	是否主键	说明
CourseID	char(4)		主键	课程号
CourseName	char(16)			课程名
Credit	Int	√		学分
TeacherID	char(6)	√		编号

表 C-3 Score（成绩表）的表结构

列名	数据类型	允许 Null 值	是否主键	说明
StudentID	char(6)		主键	学号
CourseID	char(4)		主键	课程号
Grade	int	√		成绩

表 C-4 Teacher（教师表）的表结构

列名	数据类型	允许 Null 值	是否主键	说明
TeacherID	char(6)		主键	编号
TeacherName	char(8)			姓名
TeacherSex	char(2)			性别
TeacherBirthday	date			出生日期
Title	char(12)	√		职称
School	char(12)	√		学院

2. StudentScore 数据库的样本数据

StudentScore 数据库的样本数据见表 C-5～表 C-8。

表 C-5 Student（学生表）的样本数据

学号	姓名	性别	出生日期	专业	总学分
161001	周浩然	男	1995-09-14	电子信息工程	52
161002	王丽萍	女	1997-02-21	电子信息工程	48
161004	程杰	男	1996-10-08	电子信息工程	50
162001	李建伟	男	1995-07-12	计算机	48
162002	杨倩	女	1996-11-07	计算机	50
162005	胡小翠	女	1996-04-16	计算机	52

表 C-6 Course（课程表）的样本数据

课程号	课程名	学分	教师编号
1002	信号与系统	4	204102
1007	微机原理	4	204105
2005	数据库系统	3	601104
2014	软件工程	3	NULL
8001	高等数学	4	802103

表 C-7 Score（成绩表）的样本数据

学号	课程号	成绩	学号	课程号	成绩
161001	1002	93	162005	2005	85
161002	1002	70	161001	8001	95
161004	1002	86	161002	8001	74
161001	1007	92	161004	8001	81
161002	1007	68	162001	8001	NULL
161004	1007	84	162002	8001	94
162002	2005	93	162005	8001	87

表 C-8 Teacher（教师表）的样本数据

编号	姓名	性别	出生日期	职称	学院
204102	孙博伟	男	1966-05-14	教授	电子工程学院
204105	钱晓兰	女	1985-07-24	讲师	电子工程学院
601104	周天宇	男	1982-11-07	教授	计算机学院
601107	冯燕	女	1972-02-28	副教授	计算机学院
802103	朱海波	男	1978-12-18	副教授	数学学院

参 考 文 献

[1] Abraham Silberschatz, Henry F.Korth, S.Sudarshan. DataBase System Concepts. Sixth Editon. The McGraw-Hill Copanies, Inc, 2011.

[2] 王珊, 萨师煊. 数据库系统概论. 5 版. 北京：高等教育出版社，2014.

[3] 宋金玉, 陈萍, 陈刚. 数据库原理与应用. 2 版. 北京：清华大学出版社，2014.

[4] 李春葆, 等. 数据库原理与应用——基于 SQL Server. 北京：清华大学出版社，2012.

[5] 何玉洁. 数据库原理与应用教程. 4 版. 北京：机械工业出版社，2016.

[6] 肖海容, 任民宏. 数据库原理与应用. 北京：清华大学出版社，2016.

[7] 王立平, 刘祥淼, 彭羿. SQL Server 2014 从入门到精通. 北京：清华大学出版社，2017.

[8] 郑阿奇. SQL Server 实用教程. 4 版. 北京：电子工业出版社，2015.